"十四五"职业教育国家规划教材

机械制图

JIXIE ZHITU

（第5版）

主编 王幼龙 孙 簃

中国教育出版传媒集团

高等教育出版社·北京

内容简介

本书是"十四五"职业教育国家规划教材，是在第4版的基础上根据新形势下的教学需求、课程改革成果和相关新技术、新国标等修订而成的。

本书保留第4版的内容框架结构，根据职业教育的类型特点，修订时坚持以学生为本，服务学生发展。本书的主要内容包括：制图基本知识与技能、正投影法与三视图、轴测图、组合体视图、图样表示法、常用标准件及齿轮和弹簧表示法、零件图、装配图、常用零部件的测绘及其他图样等。《机械制图习题集》（第5版）与本书同时出版，配套使用。

本书配套电子教案、教学课件等辅教辅学资源，请登录高等教育出版社Abook新形态教材网（http://abook.hep.com.cn）获取相关资源。详细使用方法见本书最后一页"郑重声明"下方的"学习卡账号使用说明"。

本书可作为中等职业学校机械类专业教材，也可作为岗位培训用书。

图书在版编目（CIP）数据

机械制图:机械类／王幼龙,孙镲主编. --5 版
. --北京:高等教育出版社,2019.11（2024.5 重印）

ISBN 978－7－04－053094－0

Ⅰ.①机… Ⅱ.①王… ②孙… Ⅲ.①机械制图-中等专业学校-教材 Ⅳ.①TH126

中国版本图书馆 CIP 数据核字（2019）第 275383 号

策划编辑 张春英　　责任编辑 张春英　　封面设计 张 志　　版式设计 童 丹
插图绘制 于 博　　责任校对 李大鹏　　责任印制 赵义民

出版发行	高等教育出版社	网　址	http://www.hep.edu.cn
社　址	北京市西城区德外大街4号		http://www.hep.com.cn
邮政编码	100120	网上订购	http://www.hepmall.com.cn
印　刷	北京中科印刷有限公司		http://www.hepmall.com
开　本	850mm×1168mm　1/16		http://www.hepmall.cn
印　张	19.25	版　次	2001 年 8 月第 1 版
字　数	370 千字		2019 年 11 月第 5 版
购书热线	010-58581118	印　次	2024 年 5 月第 12 次印刷
咨询电话	400-810-0598	定　价	39.80 元

与本书配套的数字化资源使用说明

本书配套在线开放课程"机械制图",可通过计算机或手机 APP 端进行视频学习、测验考试、互动讨论。同时,还提供"机械基础""计算机绘图能手——玩转 AutoCAD""极限配合与技术测量""数控车削加工技术与技能""走进数控""走进模具"等相关课程供参考学习。

职教MOOC

- 计算机端学习方法:访问地址 http://www.icourses.cn/vemooc,或搜索"爱课程",进入"爱课程"网"中国职教 MOOC"频道,在搜索栏内搜索课程"机械制图"。

- 手机端学习方法:扫描右侧二维码,或在手机应用商店中搜索"中国大学 MOOC",安装 APP 后,搜索学校为"职教 MOOC 建设委员会"下的课程"机械制图"。

中国大学 MOOC APP

本书开发了视频、动画等资源,以二维码形式添加在相关内容处,扫描二维码即可随时随地浏览学习资源,享受立体化阅读体验。

二维码教学资源

打开书中附二维码的页面   扫描二维码   查看相应资源

本书配套电子教案、教学课件等助教助学资源,请登录高等教育出版社 Abook 网站 http://abook.hep.com.cn 免费获取,详细使用方法见本书最后一页"郑重声明"下方的"学习卡账号使用说明"。

Abook教学资源
http://abook.hep.com.cn/sve

Abook APP

第5版前言

本书是"十四五"职业教育国家规划教材,是在 2013 年出版的王幼龙主编的《机械制图》(第 4 版)的基础上,经过充分调研企业生产和学校教学实际,广泛听取师生对教材使用情况的反馈意见,并严格按照教育部 2009 年颁布的《中等职业学校机械制图教学大纲》修订而成的。

本书自 2001 年初版和 2005 年、2007 年、2013 年三次修订,紧跟职业教育教学改革的时代步伐,不断体现新理念、吸收新知识、依据新规范,符合中等职业教育对本课程的教学要求,因而被众多中等职业学校和岗位培训部门采用,教学反响甚好。为使教材内容更加符合当下技术技能型人才的培养需要,更好地达成本课程的教学目标和要求、提高教学成效,本次修订仍保留了第 4 版的编写体系,主要就以下内容进行了修订:

1. 坚持立德树人,落实课程思政。党的二十大报告指出,"要坚持教育优先发展","办好人民满意的教育。教育是国之大计、党之大计。培养什么人、怎样培养人、为谁培养人是教育的根本问题。育人的根本在于立德。"本书系统构建了课程思政体系,将执行标准、规范练习、持续专注、开拓进取、精益求精、追求极致、推陈出新、继续前进、爱岗敬业、无私奉献等课程思政元素有机融入教材编写之中,培养学生的职业道德意识、吃苦耐劳精神和严谨细致态度。

2. 严格执行现行国家标准。如按照 GB/T 16675.1—2012 对简化画法的内容进行修订,按照 GB/T 276—2013 对滚动轴承进行修订。

3. 对部分内容进行了整合和充实。如将第 4 版中的第一章"制图基本知识"与第二章"几何作图"合并为"制图基本知识与技能",旨在课程开篇即引导学生"学""做"结合,体现知行合一;将第八章"零件图"中"零件的测绘"部分和第九章"装配图"中"装配体的测绘"内容抽出,适当增加内容,整合为"常用零部件的测绘",旨在加强学生制图综合能力的培养,更加贴近企业需求。

I

4. 更正了第 4 版图文中的个别疏漏或不够严谨之处。

5. 应用新技术开发新资源。本书配套动画、三维模型等多种数字化资源,在书中以二维码的形式呈现,通过扫描二维码,即可随时随地获取学习资源,享受立体化阅读体验。标有"SView"的二维码即为与图样匹配的三维模型,扫描这些二维码,可打开三维模型操作界面,在移动终端通过屏幕即可完成三维模型的旋转、移动及剖切等,展示三维模型的仰视图、左视图、主视图、右视图、后视图、俯视图、轴测图及剖视图。对于装配体,还可展示其爆炸图,在装配面板选择零件名称,使对应零件变成红色以突出显示。通过多视角观察三维模型,帮助学生分析复杂形体的结构,培养空间想象力,攻克制图学习中二维与三维互换的难点。

本书由孙籀修订。北京中教华兴科技有限公司的技术人员对本书的修订提出了一些有益的建议。

本书配套电子教案、教学课件等辅教辅学资源,请登录高等教育出版社 Abook 新形态教材网(http://abook.hep.com.cn)获取相关资源。详细使用方法见本书最后一页"郑重声明"下方的"学习卡账号使用说明"。

虽经多次修订,书中仍难免存在不足之处,恳请使用本书的师生提出宝贵意见和建议,以便不断完善。读者意见反馈邮箱:zz_dzyj@ pub.com.cn。

编　者

第4版修订说明

本书是中等职业教育国家规划教材,是在 2007 年出版的王幼龙主编的《机械制图》(第 3 版)的基础上,依据教育部 2009 年颁布的《中等职业学校机械制图教学大纲》修订而成的。本次修订仍保持第 3 版的编写体系,主要在以下几方面进行了修改。

1. 全面贯彻 2012 年年底以前颁布的、在用的《技术制图》《机械制图》以及与机械制图相关的国家标准,有关名词术语、图例、标记、数据等都作了相应的修改。

2. 依据 2009 年颁布的《中等职业学校机械制图教学大纲》,对部分内容进行了适当调整。

3. 更正了第 3 版文图中的错误或不够严谨之处。

参加本书修订工作的主要有:董国耀、张春英和李京平等。

在本书第 3 版的使用中,全国有关职业学校师生反馈的许多宝贵意见和建议,都为提高本书质量发挥了重要作用,在此表示感谢。

虽经多次修订,书中仍难免存在不足之处,恳请使用本书的师生提出宝贵意见和建议,以便不断完善。

编　者

2013 年 5 月

目　录

绪　　论

一、本课程的研究对象

在工程技术中，为了准确地表达机械、仪器、建筑物等的形状、结构和大小，根据投影原理、国家标准和有关规定画出的图，称为图样。

不同性质的生产部门对图样有不同的要求和名称。如建筑工程中使用的图样称为建筑图样，水利工程中使用的图样称为水利工程图样，机械制造业中使用的图样称为机械图样等。

本课程是研究阅读和绘制机械图样的原理和方法的一门重要技术基础课，主要包括制图基本知识与技能、正投影法与三视图、轴测图、组合体视图、图样表示法、常用标准件及齿轮和弹簧表示法、零件图、装配图、常用零部件的测绘和其他图样等内容。

二、本课程的学习目标

通过本课程的学习，应达到如下目标要求：

1. 掌握机械制图相关国家标准的基本规定。
2. 掌握正投影法的基本理论及其应用，具有一定的空间想象和形象思维能力。
3. 掌握阅读和绘制机械图样的基本知识、基本方法和技能。
4. 培养耐心细致的工作作风、严肃认真的工作态度。

三、本课程的学习方法

加工制造类专业的学生必须掌握阅读绘制机械图样的基本理论和基本绘图方法，在计算机绘图已经广泛应用的今天，具备基本的手工绘图能力仍然是学好机械制图的基础，也是进行计算机绘图的前提。本课程是一门既有理论又重实践的技术基础课程，学习方法建议如下：

1. 图样是工程界通用的技术语言，其通用的特点体现在投影作图的规律性和制图标准的规范性。学习本课程时，不仅要熟练掌握空间形体与平面图形的对应关系，即投影规律；同时要了解并熟悉国家标准《机械制图》《技术制图》的有关内容，在阅读和绘制图样的过程严格遵守。

2. 本课程的核心内容是学习用二维平面图形表达三维空间形体、由二维平面图形想象三维空间形体。因此，学习过程中要把"物"与"图"紧密联系起来，反复进行由物绘图、由图想物的训练，不断提高空间想象和思维能力。

3. 理实并重，既要掌握基本理论又要加强实践训练，"做中学、学中做"，认真完成相应的练习，只有通过一定的画图和读图训练，才能学好"机械制图"这门课。

第一章

制图基本知识与技能

    工程图样是工业生产中的重要技术文件,是工程界通用的技术语言。在阅读和绘制机械工程图样时,必须严格遵守国家标准《技术制图》《机械制图》和有关技术标准。正确使用绘图工具、掌握作图的基本方法,是绘图技能形成的基础。

    本章简要介绍国家标准中关于图幅、比例、字体、图线和尺寸标注等有关规定,常用绘图工具的使用以及几何作图的基本方法。

    在学习过程中要自觉培养认真负责的工作态度和严谨细致的工作作风。

第一节　机械制图国家标准的基本规定

一、图纸幅面和格式(GB/T 14689—2008)

1. 基本幅面

    为便于图样的使用和管理,绘制图样时,应优先选用表 1-1 中规定的基本幅面。基本幅面有 A0、A1、A2、A3 和 A4 共 5 种,如图 1-1 所示。必要时,允许选用加长幅面。加长幅面的尺寸由基本幅面的短边成整数倍增加后得出。

表 1-1　基本幅面及其尺寸　　　　　　　　　　　　　　　　　mm

幅 面 代 号	A0	A1	A2	A3	A4
$B \times L$	841×1 189	594×841	420×594	297×420	210×297
e	20			10	
c	10			5	
a	25				

2. 图框格式和尺寸

在图样上必须用粗实线画出图框，有留装订边和不留装订边两种格式，如图 1-2a、b 所示。具体尺寸规定见表 1-1。

同一产品的所有图样均应采用同一种格式。

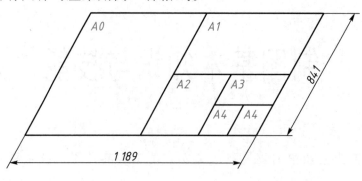

图 1-1　基本幅面

为了使图样复制和缩微摄影时定位方便，应在图纸各边长的中点处分别画出对中符号。必要时，可使标题栏位于右上角。同时为了明确绘图和看图方向，在图纸下边对中符号处画一个方向符号，如图 1-2c 所示。

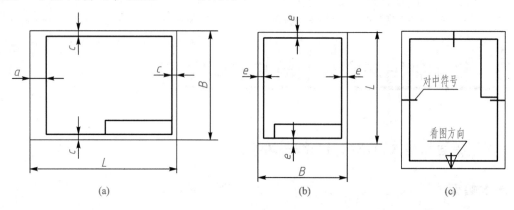

(a)　　　　　　　　(b)　　　　　　　　(c)

图 1-2　图框格式和看图方向

3. 标题栏和明细栏

对于标题栏和明细栏的内容、格式及尺寸国家标准（GB/T 10609.1—2008、GB/T 10609.2—2009）均做了规定，如图 1-3 所示。标题栏一般应位于图纸的右下角，标题栏中的文字方向为看图方向。

在制图练习中建议采用格式如图 1-4 所示。

二、比例（GB/T 14690—1993）

图样中图形与其实物相应要素的线性尺寸之比，称为比例。常用绘图比例见表 1-2。

表 1-2　常用绘图比例

种　　类	比　　例				
原值比例	1:1				
放大比例	2:1 (2.5:1)	5:1 (4:1)	$1\times10^n:1$ ($2.5\times10^n:1$)	$2\times10^n:1$ ($4\times10^n:1$)	$5\times10^n:1$
缩小比例	1:2 ($1:1.5\times10^n$)	1:5 ($1:2.5\times10^n$)	$1:1\times10^n$ ($1:3\times10^n$)	$1:2\times10^n$ ($1:4\times10^n$)	$1:5\times10^n$ ($1:6\times10^n$)

注：n 为正整数，优先选用不带括号的比例。

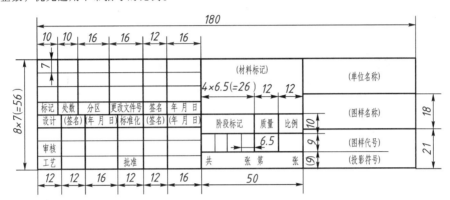

(a) 标题栏

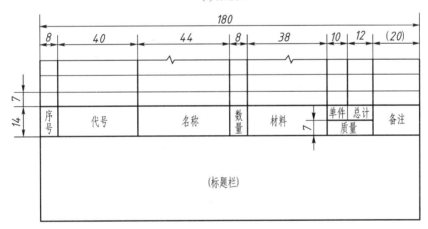

(b) 明细栏

图 1-3　标题栏与明细栏的格式

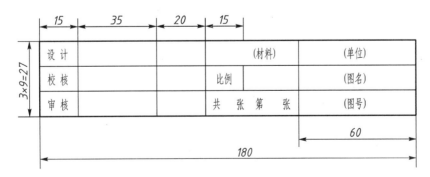

图 1-4　练习用标题栏格式

绘图时尽可能采用原值比例。根据表达对象的特点，也可选用放大或缩小比例。选用比例的原则是有利于图形的最佳表达效果和图面的有效利用。不论采用何种比例，图样中所注的尺寸数值都是所表达对象的真实大小，与图形比例无关。同一物体采用不同比例绘制的图形与标注，如图 1-5 所示。

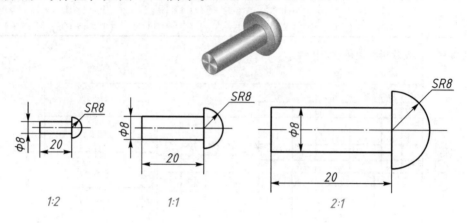

图 1-5　采用不同比例绘制同一物体的图形

比例一般应标注在标题栏中的比例栏内。必要时，可在视图名称的下方标注比例，如：

$$\frac{I}{2:1} \qquad \frac{A}{1:100} \qquad \frac{B—B}{5:1}$$

三、字体(GB/T 14691—1993)

1. 基本要求

图样中书写字体必须做到：字体工整、笔画清楚、间隔均匀、排列整齐。字体的高度(h)分为：20 mm、14 mm、10 mm、7 mm、5 mm、3.5 mm、2.5 mm 和 1.8 mm 八种。字体的高度代表字体的号数。

汉字应写成长仿宋体字，并采用中华人民共和国国务院正式公布推行的《汉字简化方案》中规定的简化字。汉字的高度 h 不应小于 3.5 mm，字宽一般为 $h/\sqrt{2}$。

字母和数字分 A 型和 B 型两种，一般采用 B 型字体。B 型字体的笔画宽度(d)为字高(h)的 1/10。

数字和字母可写成斜体或直体。斜体字字头向右倾斜，与水平基准线约成 75°。用作指数、分数、极限偏差、注脚等的数字及字母，一般应采用小一号的字体。

在同一图样上，只允许选用一种形式的字体。

2. 字体示例

(1) 长仿宋体汉字示例

10 号字　字体工整　笔画清楚　间隔均匀　排列整齐

7 号字　横平竖直 注意起落 结构均匀 填满方格

5 号字　技术 制图 机械 电子 汽车　航空 船舶 土木 建筑　矿山 井坑 港口

3.5 号字　螺纹 齿轮 端子 接线 飞行指导 驾驶舱位 挖填施工 引水通风 闸阀坝 棉麻化纤

（2）B 型斜体阿拉伯数字示例

（3）B 型斜体拉丁字母示例

（4）B 型斜体罗马数字示例

（5）其他应用示例

$$10^3 \quad S^{-1} \quad D_1 \quad T_d$$

$$\phi 20^{+0.010}_{-0.023} \quad 7°^{+1°}_{-2°} \quad \frac{3}{5}$$

$$10JS5(\pm 0.003) \quad M24-6h$$

$$\phi 25 \frac{H6}{m5} \quad \frac{II}{2:1} \quad R8 \quad 5\%$$

7

四、图线(GB/T 17450—1998、GB/T 4457.4—2002)

1. 线型及应用

国家标准《技术制图 图线》(GB/T 17450—1998)规定了绘制各种技术图样的 15 种基本线型,并允许变形及相互组合,适用于机械、电气、土建等图样。国家标准《机械制图 图样画法 图线》(GB/T 4457.4—2002)中规定了绘制机械图样的 9 种线型及应用,见表 1-3。

表 1-3 机械图样中的线型与其应用

线　型	名　称	线 宽	一　般　应　用
————————	粗实线	d	可见轮廓线
--------------	细虚线	$d/2$	不可见轮廓线
—————·—————·——	细点画线	$d/2$	轴线 对称中心线
————————	细实线	$d/2$	尺寸线和尺寸界线 剖面线、重合断面轮廓线 指引线和基准线 过渡线 不连续同一表面连线 分界线及范围线
～～～	波浪线	$d/2$	断裂处边界线* 视图与剖视图的分界线
—〈/〉—〈/〉—	双折线	$d/2$	断裂处边界线* 视图与剖视图的分界线
▬ ▬ ▬ ▬ ▬	粗虚线	d	允许表面处理的表示线
▬ ▬ · ▬ ▬	粗点画线	d	限定范围表示线
————··————··————	细双点画线	$d/2$	相邻辅助零件的轮廓线 可动零件极限位置的轮廓线 成形前的轮廓线 轨迹线 中断线

注: *在一张图样上一般采用一种线型,即采用波浪线或双折线。

2. 图线的宽度

所有线型的图线宽度 d 应按图样的类型和尺寸大小在 0.13 mm、0.18 mm、0.25 mm、

8

0.35 mm、0.5 mm、0.7 mm、1.0 mm、1.4 mm、2.0 mm 系列中选择。

　　绘制机械图样的图线分粗、细两种。粗线的宽度 d 可在 0.5~2 mm 之间选择（练习时一般用 0.7 mm），细线的宽度为 $d/2$。图线的应用示例如图 1-6 所示。

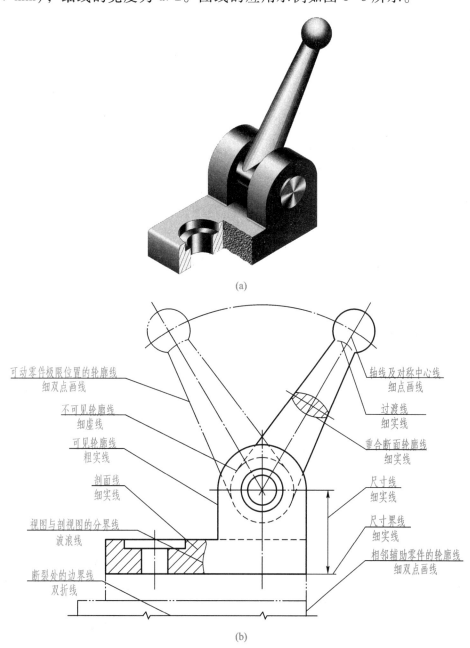

图 1-6　图线的应用示例

3. 图线的画法

（1）图线长度与间隔的画法

　　在同一图样中，同类图线的宽度应一致，线段长度与间隔应大致相等。图线的间隔，除非另有规定，两条平行线之间的最小间隔不得小于 0.7 mm。常用图线的长度与间隔如

图 1-7 所示。

（2）图线相交的画法

图样中，虚线以及各种点画线相交时，应相交于画，而不应相交于点或间隔；虚线与粗实线、虚线与虚线、虚线与点画线相接处应留有空隙，如图 1-8 所示。

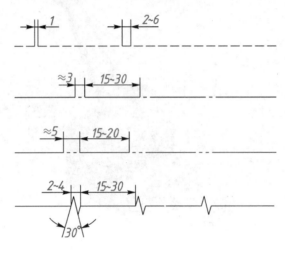

图 1-7　常用图线的长度与间隔

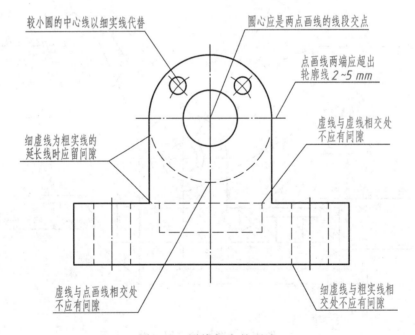

较小圆的中心线以细实线代替

圆心应是两点画线的线段交点

点画线两端应超出轮廓线 2~5 mm

虚线与虚线相交处不应有间隙

细虚线为粗实线的延长线时应留间隙

虚线与点画线相交处不应有间隙

细虚线与粗实线相交处不应有间隙

图 1-8　图线相交的画法

图线相交的画法

（3）图线重叠时的画法

当两种或两种以上图线重叠时，应按以下顺序优先画出所需的图线：可见轮廓线→不可见轮廓线→轴线和对称中心线→细双点画线。

第二节 尺寸注法

在图样上，图形只表示物体的形状。物体的大小及各部分的相互位置关系，则需要用标注尺寸来确定。国家标准《机械制图 尺寸注法》(GB/T 4458.4—2003)、《技术制图 简化表示法 第2部分：尺寸注法》(GB/T 16675.2—2012)规定了图样中尺寸的注法。标注尺寸时，应严格执行国家标准，做到正确、齐全、清晰、合理。

一、基本规则

（1）机件的真实大小应以图样上所注的尺寸数值为依据，与图形的大小及绘图的准确度无关。

（2）图样中的尺寸，以mm(毫米)为单位时，不需标注计量单位的符号或名称。若采用其他单位，则必须注明相应的计量单位的符号或名称。

（3）图样中所标注的尺寸，为该图样所示机件的最后完工尺寸，否则应另加说明。

（4）机件的每一尺寸，一般只标注一次，并应标注在反映该结构最清晰的图形上。

二、标注尺寸的要素

一个标注完整的尺寸由尺寸界线、尺寸线和尺寸数字三个要素组成，如图1-9所示。

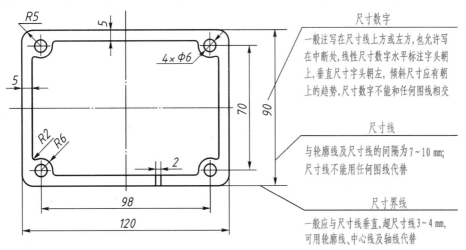

图1-9 尺寸界线、尺寸线和尺寸数字

1. 尺寸界线

尺寸界线表示尺寸的范围。尺寸界线应由图形的轮廓线、轴线或对称中心线处引出，也可用轮廓线、轴线或对称中心线代替(图1-9)。

尺寸界线一般应与尺寸线垂直，并超出尺寸线 3~4 mm。必要时才允许倾斜，但两尺寸界线必须相互平行，如图 1-10 所示。

2. 尺寸线

尺寸线表示所注尺寸的方向，用细实线绘制。尺寸线不能用其他图线代替，也不得与其他图线重合或画在其延长线上。

尺寸线的终端结构有箭头和斜线两种形式。

（1）箭头　箭头的形式如图 1-11a 所示，适用于各种类型的图样。

（2）斜线　斜线用细实线绘制，其方向和画法如图 1-11b 所示。当尺寸线的终端采用斜线形式时，尺寸线与尺寸界线应相互垂直。这种形式适用于建筑图样。

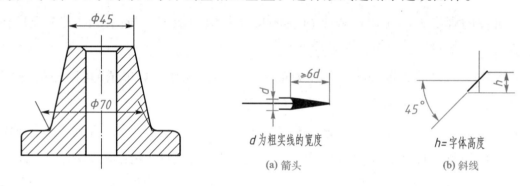

d 为粗实线的宽度　　　　　　　　　　　h= 字体高度

(a) 箭头　　　　　　　　　(b) 斜线

图 1-10　尺寸界线与尺寸线倾斜画法　　　　图 1-11　尺寸线的两种终端形式

标注线性尺寸时，尺寸线必须与所标注的线段平行；当有几条相互平行的尺寸线时，要小尺寸在内，大尺寸在外，以保持尺寸清晰。同理，图样上各尺寸线间或尺寸线与尺寸界线之间也应尽量避免相交。

3. 尺寸数字

尺寸数字表示尺寸的大小。尺寸数字不得被任何图线所通过，无法避免时必须将所遇图线断开，线性尺寸的数字一般应注写在尺寸线的上方，也允许注写在尺寸线的中断处，如图 1-12 所示。

线性尺寸数字一般应按图 1-13a 所示的方向注写，并尽可能避免在图示 30°范围内标注尺寸，当无法避免时可按图 1-13b 的形式标注。

三、常见的尺寸注法

1. 圆的尺寸注法

标注圆的直径时，应在尺寸数字前加注符号"ϕ"，表示这个尺寸的值是直径值，尺寸线的终端应画成箭头，并按图 1-14 所示的方法标注。

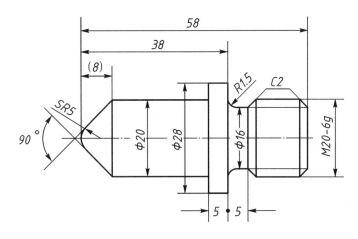

图 1-12 尺寸数字的注写

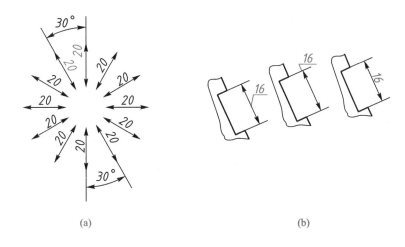

(a)   (b)

图 1-13 线性尺寸数字的注写方向

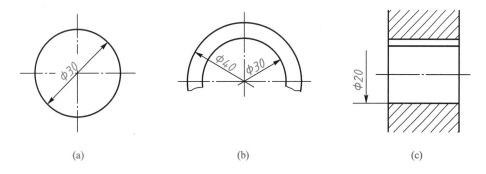

(a)   (b)   (c)

图 1-14 圆的尺寸注法

2. 圆弧的尺寸注法

（1）圆弧的半径 标注圆弧的半径时，应在尺寸数字前加注符号"*R*"，尺寸线的终端应画成箭头，并按图 1-15a、b、c 所示的方法标注。

当圆弧的半径过大或在图纸范围内无法标出其圆心位置时，可将圆心移在近处示出，将半径的尺寸线画成折线，如图1-15d所示。若不需要标出其圆心位置时，可按图1-15e的形式标注。

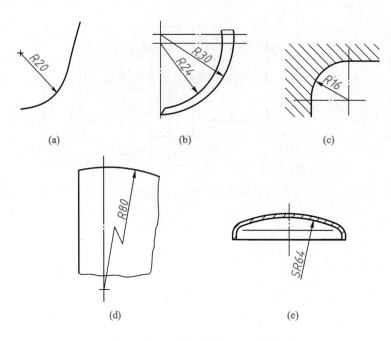

图1-15　圆弧半径的尺寸注法

（2）圆弧的长度　标注弧长时，应在尺寸数字左方加注符号"⌒"。弧长的尺寸界线应平行于该弦的垂直平分线（图1-16a），当弧度较大时，可沿径向引出，如图1-16b所示。

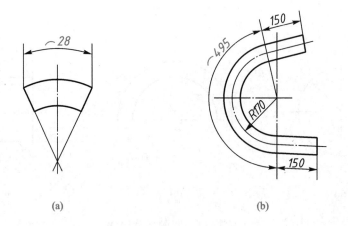

图1-16　弧长的尺寸注法

3. 球的尺寸注法

标注球面的直径或半径时，应在符号"ϕ"或"R"前加注符号"S"，如图1-17a、b所示。

对于铆钉的头部、轴（包括螺杆）的端部以及手柄的端部等，在不致引起误解的情况下可省略符号"S"，如图1-17c、d所示。

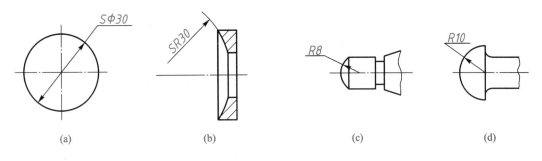

图1-17　球的尺寸注法

4. 角度的尺寸注法

（1）标注角度时，角度的数字一律写成水平方向，一般注写在尺寸线的中断处（图1-18a）。必要时也可按图1-18b的形式标注。

（2）标注角度时，尺寸界线应沿径向引出，尺寸线应画成圆弧，其圆心是该角的顶点，如图1-19所示。

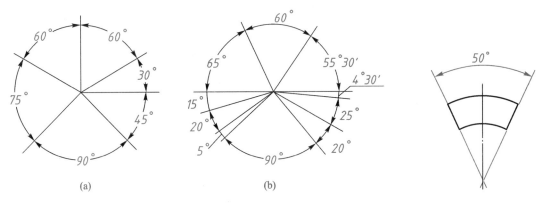

图1-18　角度尺寸数字的注写　　　　　图1-19　角度的尺寸界线
　　　　　　　　　　　　　　　　　　　　　　　　与尺寸线的画法

5. 小尺寸的尺寸注法

在图样上标注尺寸时，如果没有足够的位置画箭头或注写数字时，可按图1-20的形式标注。

6. 对称图形的尺寸注法

当对称机件的图形只画出一半或略大于一半时，尺寸线应略超过对称中心线或断裂处的边界，此时仅在尺寸线的一端画出箭头，如图1-21a、b所示。

7. 光滑过渡处的尺寸注法

在光滑过渡处标注尺寸时，应用细实线将轮廓线延长，从它们的交点处引出尺寸界

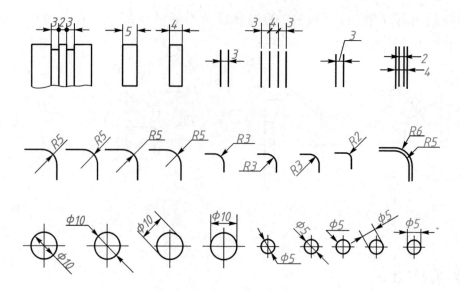

图 1-20 小尺寸的尺寸注法

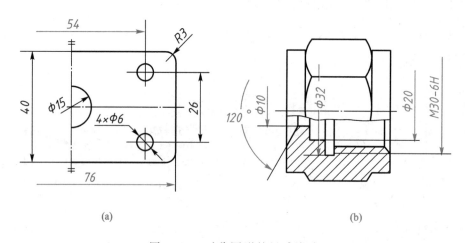

(a)　　　　　　　　　　(b)

图 1-21 对称图形的尺寸注法

线，如图 1-22 所示。

8. 正方形结构的尺寸注法

标注断面为正方形结构的尺寸时，可在正方形边长尺寸数字前加注符号"□"（如图 1-23a，符号"□"是一种图形符号，表示正方形），或用"$B \times B$"（如图 1-23b, B 为正方形的对边距离）注出。

9. 尺寸标注的注意事项

（1）在进行尺寸标注时，尺寸数字不可被任何图线穿过；否则应将该图线断开，如图1-24 所示。

（2）标注参考尺寸时，应将尺寸数字加上圆括弧，如图 1-25 所示。

（3）标注板状零件的厚度时，可在尺寸数字前加注符号"t"，如图 1-26 所示。

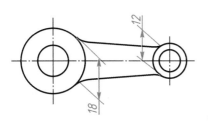

图 1-22 光滑过渡处的尺寸注法

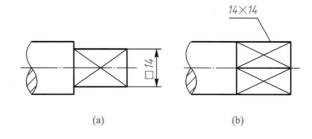

图 1-23 正方形结构的尺寸注法

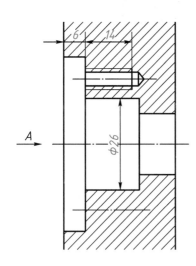

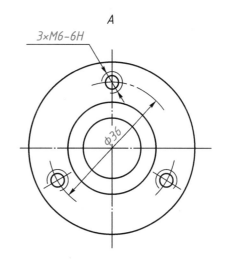

图 1-24 尺寸数字不可被任何图线穿过

17

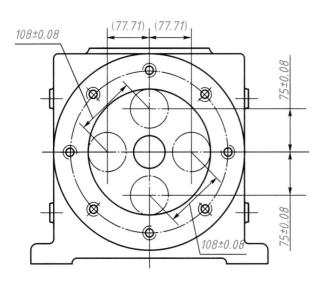

图 1-25 参考尺寸的注法

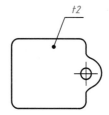

图 1-26 板状零件厚度的尺寸注法

四、特定要求的尺寸注法

常见的特定要求的尺寸注法见表1-4。

表1-4 特定要求的尺寸注法

特 定 要 求		标 注 示 例	说 明
倒角、倒圆	45°倒角	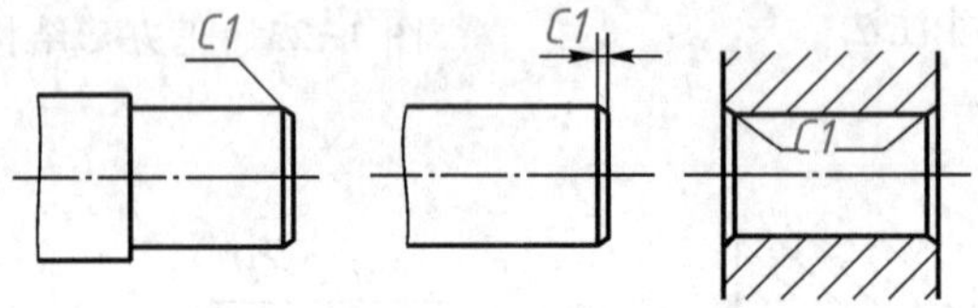	图中的 C 表示45°倒角，"1"为倒角或倒圆的宽度
	非45°倒角	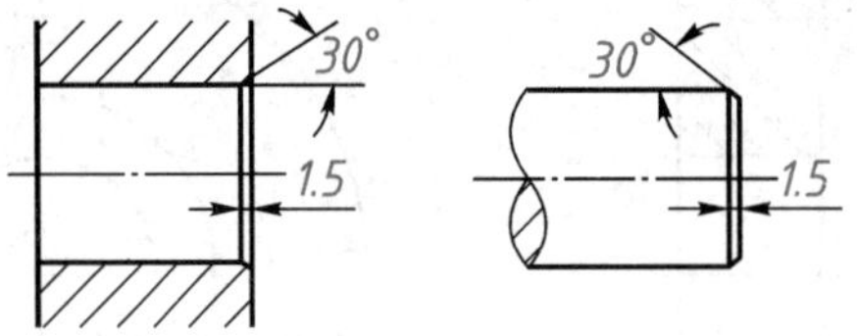	非45°倒角，其宽度应另行标注
退刀槽		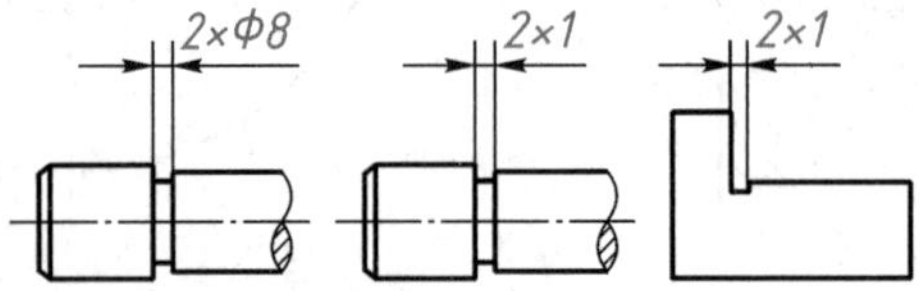 (a) (b) (c)	可用槽宽（2）×直径（φ8）（图a）或槽宽×槽深（图b、图c）表示
圆锥销孔		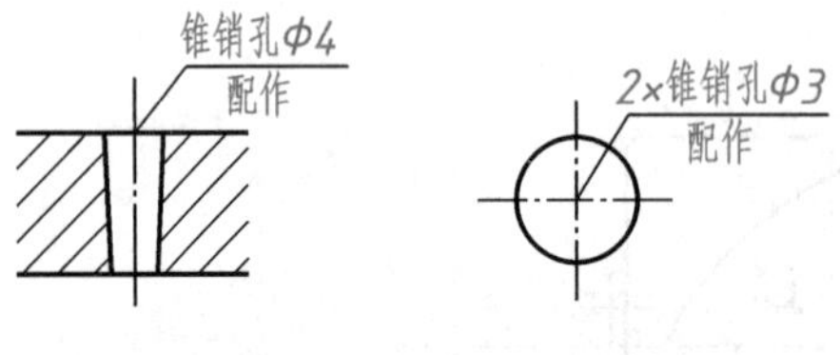 锥销孔φ4 配作　　2×锥销孔φ3 配作	圆锥销孔所标注的尺寸是所配合的圆锥销的公称直径，而不一定是图样中所画的小径或大径
镀、涂表面		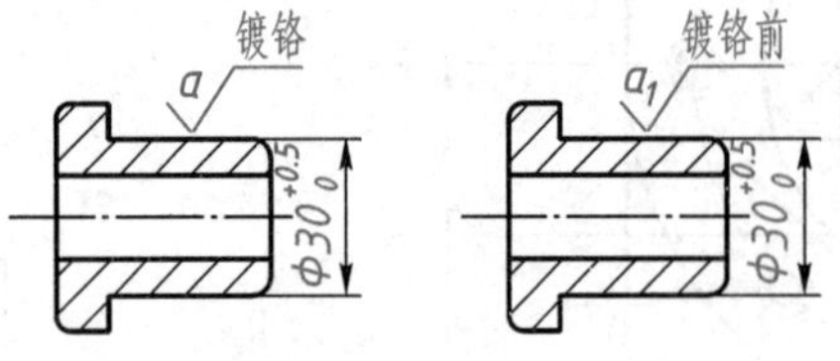 (a) (b) 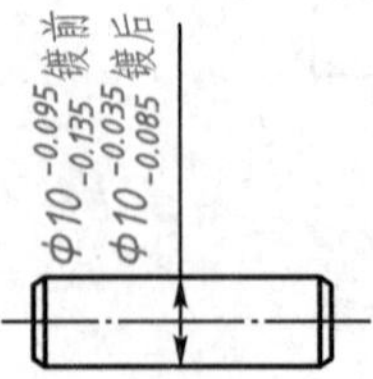 (c)	图样中镀、涂零件的尺寸均指镀、涂后的尺寸，即已计入镀、涂层的厚度（图a）。如果图样中尺寸系指镀、涂前的尺寸，应注上镀或涂前的说明（图b）。必要时，可同时标注（图c）

五、简化的尺寸注法

在很多情况下，只要不会产生误解，可以用简化形式标注尺寸。常见的尺寸标注的简化形式见表1-5。

表1-5 尺寸标注的简化形式

标注要求	简化示例	说 明
全部相同的尺寸	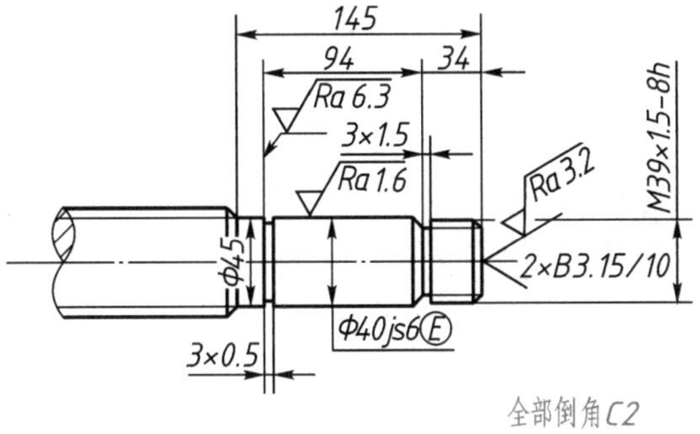 全部倒角C2	在图样空白处（一般在右下角）作总的说明，如"全部倒角C2"
大部分相同的尺寸	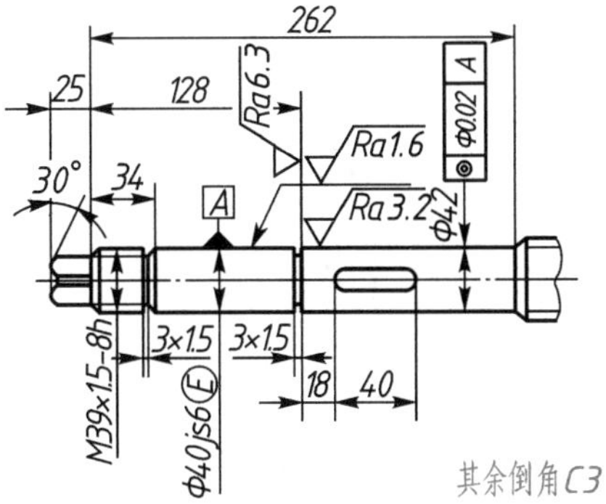 其余倒角C3	将不同部分注出，相同部分统一在图样空白处（一般在右下角）说明，如"其余倒角C3"
相同的重复要素的尺寸	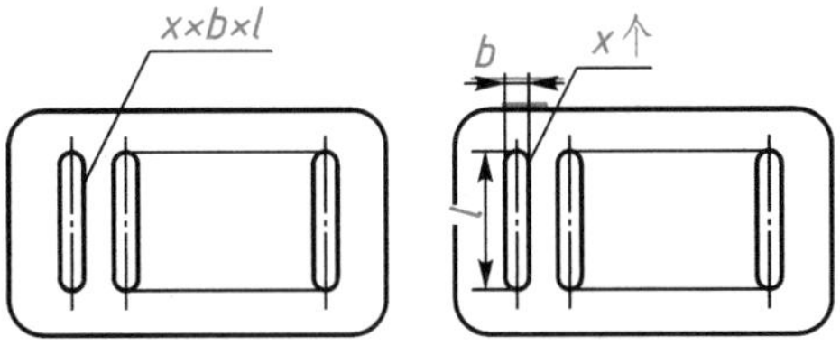 (a) 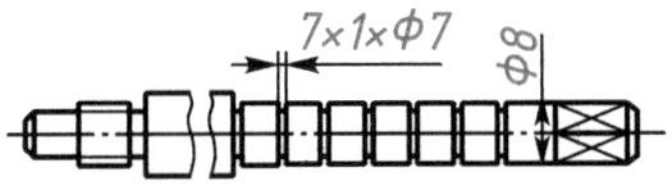　(b)	仅在一个要素上注清楚其尺寸和数量
均布要素的尺寸	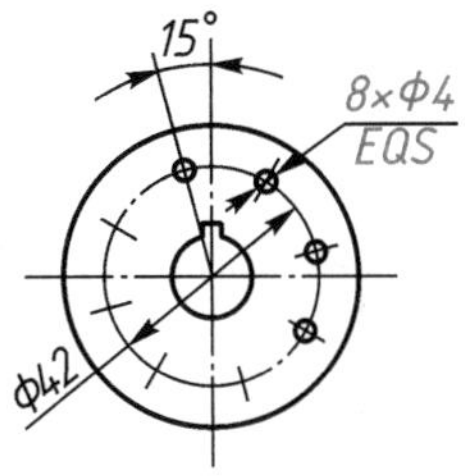 (a) 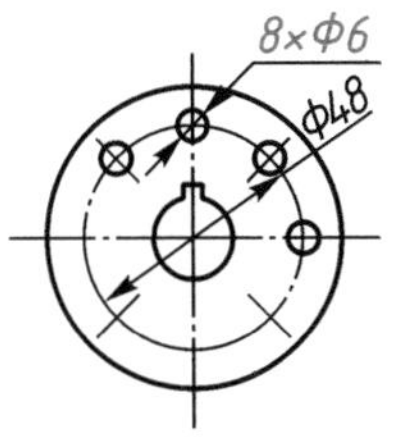　(b)	相同要素均布者，需标均布符号："EQS"（图a）。均布明显者，不需标符号"EQS"（图b）

19

标注要求	简化示例	说明
尺寸数值相近，不易分辨的成组要素的尺寸	$3 \times \phi 8^{+0.02}_{0}$　$2 \times \phi 8^{+0.058}_{0}$　$3 \times \phi 9$ $3 \times \phi 8^{+0.02}_{0}$　$2 \times \phi 8^{+0.058}_{0}$　$3 \times \phi 9$ $A\ B\ C\ B\ B\ A\ C\ A$	采用不同标记的方法加以区别，也可采用标注字母的方法
同一基准出发的尺寸	80　$2 \times \phi 6.2$　$7 \times 1 \times \phi 7$　□5.6　C0.5　M8-6h　$\phi 6$　8　18　0　6　10　15　20　25　30　38　48 75° 60° 30° 0°　75° 60° 30° 0°	标明基准，用单箭头标注相对于基准的尺寸数字
间隔相等的链式尺寸	10　20　$4 \times 20(=80)$　100 45°　$3 \times 45°(=135°)$	括号中的尺寸为参考尺寸
不连续的同一表面的尺寸	4×26　42　16　$2 \times \phi 12$　120	用细实线将不连续的表面相连，标注一次尺寸

续表

标 注 要 求	简 化 示 例	说 明
45°倒角	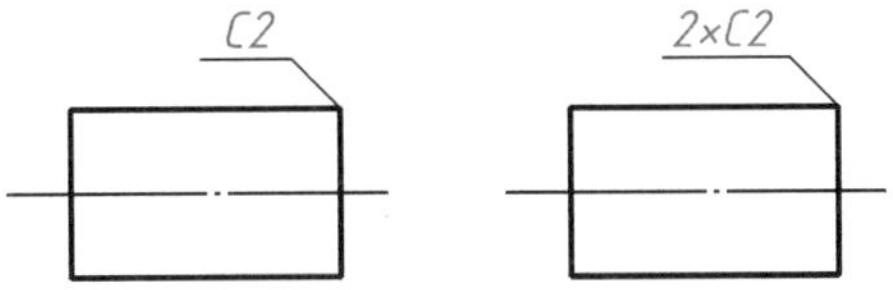	用符号 C 表示 45°，不必画出倒角，如两边均有 45° 倒角，可用 2×C2 表示
滚花规格	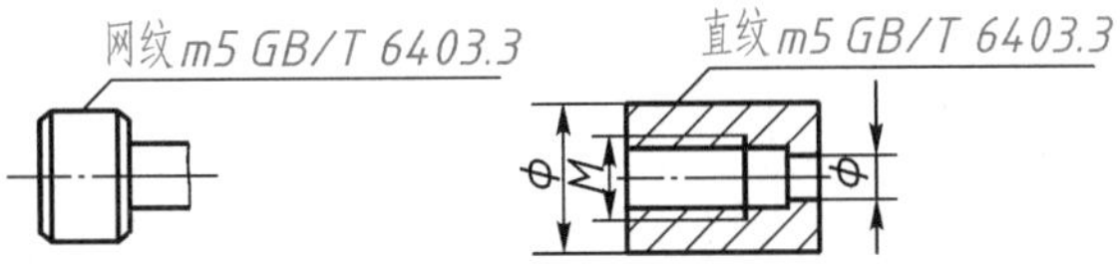	将网纹形式、规格及标准号标注在滚花表面上，外形圆不必画出滚花符号
同心圆弧或同心圆的尺寸	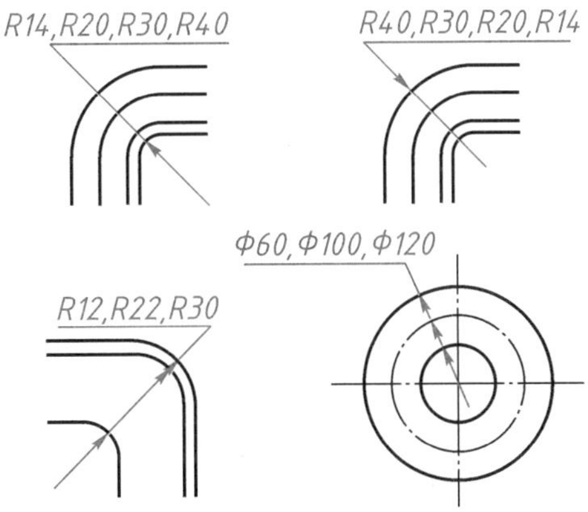	用箭头指向圆弧并依次标出半径值，在不致引起误解时，除起始第一个箭头外，其余箭头可省略，但尺寸仍应以第一个箭头为首，依次表示
阶梯孔的尺寸	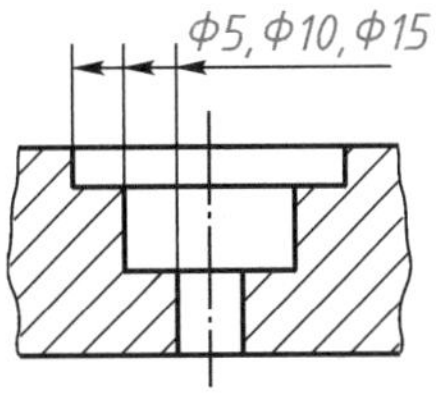	几个阶梯孔可共用一个尺寸线，并以箭头指向不同的尺寸界线，同时以第一个箭头为首，依次标出直径
不同直径的阶梯轴的尺寸	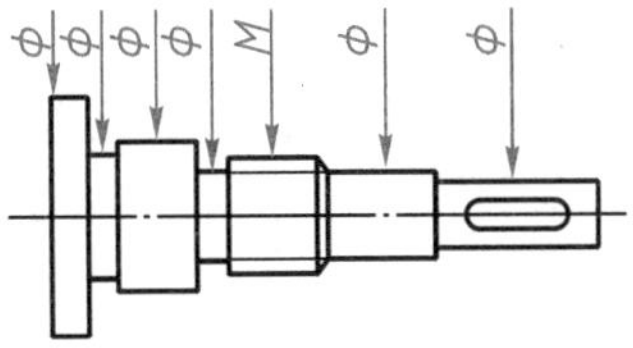	用带箭头的指引线指向各个不同直径的圆柱表面，并标出相应的尺寸
尺寸线终端形式	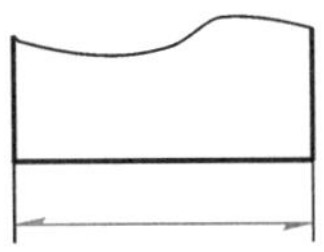	可使用单边箭头

21

续表

标 注 要 求	简 化 示 例	说　　明
在不反映真实大小的投影上的要素尺寸	4×φ4　　　　R9	用真实尺寸标注。由于该投影上的要素已失真，尺寸与图形不一致，因此在真实尺寸下面加画粗短画，以示与一般情况的区别
光孔、螺孔、沉孔等各类孔的尺寸	4×φ4▼10　　　或　　　4×φ4▼10	深度（符号"▼"）为10的4个φ4圆柱销孔
	6×φ6.5⌄φ10×90°　　　或　　　6×φ6.5⌄φ10×90°	符号"⌄"表示埋头孔，埋头孔的尺寸为φ10×90°
	8×φ6.4⊔φ12▼4.5　　　或　　　8×φ6.4⊔φ12▼4.5	符号"⊔"表示沉孔或锪平，此处有沉孔φ12深4.5

第三节　常用绘图工具及其使用

　　尺规绘图是指用铅笔、图板、丁字尺、三角板和圆规等绘图仪器和工具来绘制图样，即使在广泛应用计算机绘图的今天，尺规绘图仍然是工程技术人员必备的基本技能。为了提高绘图质量和绘图速度，必须注意正确、熟练地使用绘图工具和采用正确的绘图方法。

　　下面介绍几种常用的绘图工具及其使用方法。

一、图板、丁字尺和三角板

1. 图板

图板是用来铺放和固定图纸的，如图 1-27 所示。图板的工作表面要求平坦、光洁，左、右导边必须光滑、平直。

2. 丁字尺

丁字尺主要用来画水平线，由尺头和尺身两部分垂直相交构成，尺头的内边缘为丁字尺导边，尺身的上边缘为工作边。使用时，用左手握住尺头，使尺头内侧沿图板左面的导边上下移动，自左至右画水平线，如图 1-28 所示。

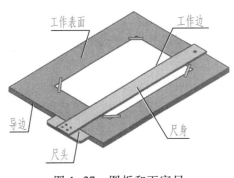

图 1-27　图板和丁字尺

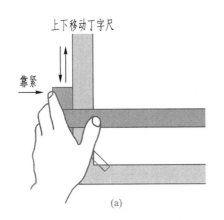

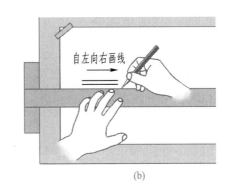

图 1-28　用丁字尺画水平线

3. 三角板

一副三角板包括 45°和 30°(60°)两块。三角板与丁字尺配合可画出垂直线和与水平线成 30°、45°、60°以及 15°倍数角的各种倾斜线，如图1-29 所示。

二、圆规和分规

圆规(图 1-30a)主要用来画圆和圆弧。圆规的一条腿上装有带台阶的小钢针，用来定圆心，并防止针孔扩大；另一条腿上可安装铅芯，画圆时笔尖与纸面应保持垂直。分规主要用来量取线段和等分线段(图 1-30b)。

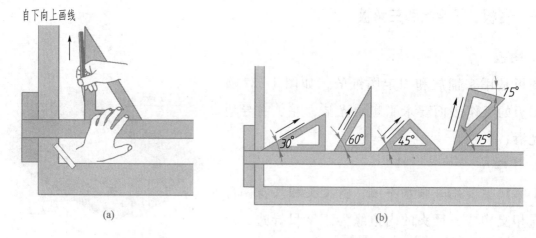

图 1-29 三角板与丁字尺配合画垂直线和角度线

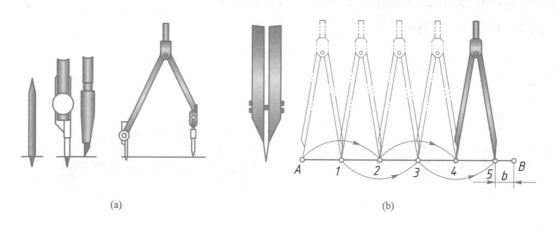

图 1-30 圆规和分规的使用方法

三、铅笔

绘图铅笔的铅芯用标号"H"和"B"来表示其软硬程度。"H"表示硬性铅笔，其前面数字越大，表示铅芯越硬而铅色越淡；"B"表示软性铅笔，前面数字越大，表示铅芯越软而铅色越黑，"HB"表示软硬适中。

绘图时，画细线和底稿线建议用"H"或"HB"，画粗实线(加深轮廓线)用 B 或 HB 为宜。铅笔的削磨如图 1-31 所示。

除上述工具以外，绘图时还要备有削铅笔的小刀、磨铅笔的砂纸、固定图纸的胶带纸和橡皮等。有时为了画非圆曲线还会用到曲线板(图 1-32)等工具。

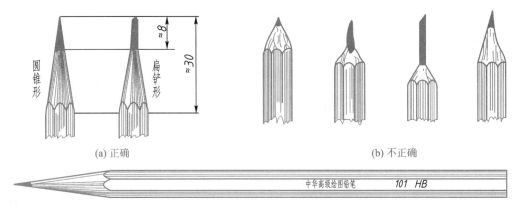

(a) 正确　　　　　　　　　　　　　　(b) 不正确

(c) 从无字端削起

图 1-31　铅笔的削磨

图 1-32　曲线板

第四节　几何作图

机器零件的轮廓形状虽然各不相同，但分析起来，都是由直线、圆弧和其他一些非圆曲线组成的几何图形。熟练掌握和运用几何作图的方法，将会提高绘制图样的速度和质量。

一、直线段的等分

用平行线法将已知线段 AB 分成 n 等份（如五等份）的作图方法如图 1-33 所示。

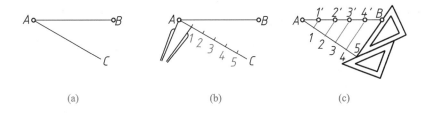

(a)　　　　　　　　　　(b)　　　　　　　　　　(c)

图 1-33　用平行线法等分线段

作图步骤：

（1）过端点 *A* 作辅助射线 *AC*，与已知线段 *AB* 成任意锐角；

（2）用分规在 *AC* 上以任意相等长度截得各分点 *1*、*2*、*3*、*4*、*5*；

（3）连接 *5B*，并过各点 *4*、*3*、*2*、*1* 作 *5B* 的平行线，在 *AB* 上即得 *4'*、*3'*、*2'*、*1'* 各等分点。

二、等分圆周和作正多边形

1. 用丁字尺和三角板分圆周

用丁字尺和三角板将圆周分为 4、5、8、12、24 等份，如图 1-34 所示。

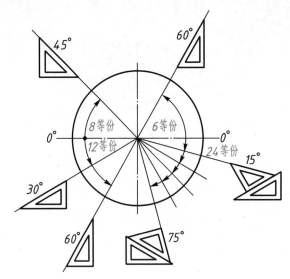

用三角板和
丁字尺等分
圆周

图 1-34　用三角板和丁字尺等分圆周

2. 正多边形作图法

若已知正多边形的外接圆直径，利用圆规、丁字尺和三角板即可作出正多边形。

（1）正六边形作图方法　如图 1-35 所示。

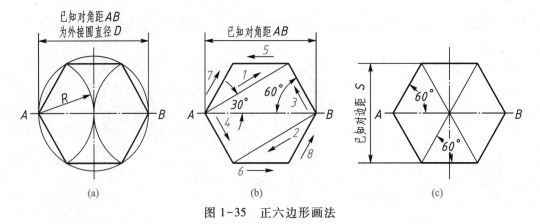

图 1-35　正六边形画法

（2）正五边形作图方法　作图步骤：作半径 OB 的等分点 P，以 P 为圆心，PC 为半径画弧交于对称线于 H，则 CH 即为五边形边长，以长度 CH 分圆周为五等份，顺序连接各分点即成（正五边形），如图 1-36 所示。

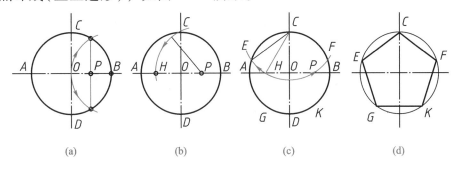

(a)　　　　　　(b)　　　　　　(c)　　　　　　(d)

图 1-36　正五边形画法

正五边形画
法

三、椭圆的画法

椭圆有两条相互垂直且对称的轴，即长轴和短轴。椭圆的画法很多，四心圆法是作椭圆的近似画法。当已知椭圆的长轴和短轴时，多用四心圆法画椭圆。

四心圆法是用四段光滑连接的圆弧来近似地代替椭圆。其作图的关键是求出四段圆弧的圆心和连接点（即切点）。

已知椭圆长轴 AB 和短轴 CD，用四心圆法作椭圆的步骤如下：

（1）画出相互垂直且平分的长轴 AB 与短轴 CD；

（2）连接 AC，并在 AC 上取 $CE=OA-OC$，如图 1-37a 所示；

（3）作 AE 的中垂线，与长、短轴分别交于 O_1、O_2，再作对称点 O_3、O_4，如图 1-37b 所示；

（4）以 O_1、O_2、O_3、O_4 各点为圆心，O_1A、O_2C、O_3B、O_4D 为半径分别画弧，即得近似椭圆，如图 1-37c 所示。

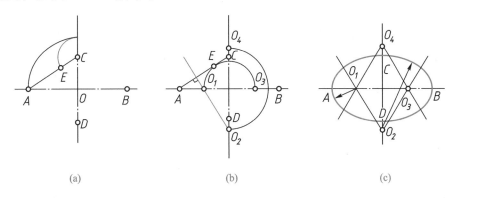

(a)　　　　　　　(b)　　　　　　　(c)

用四心圆法
画椭圆

图 1-37　用四心圆法画椭圆

四、斜度和锥度

1. 斜度

（1）斜度的概念　斜度是指一直线相对于另一直线或一平面相对另一平面的倾斜程度，其大小用该两直线或两平面间夹角的正切值来表示，如图 1-38 所示。

$$斜度 = \tan \alpha = H/L = (H-h)/l$$

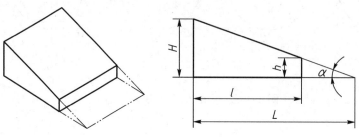

图 1-38　斜度

（2）斜度的标注　斜度在图样中写成 1:n 的形式，标注时要在数字前加注斜度符号，符号的方向应与斜度一致，如图 1-39 所示。

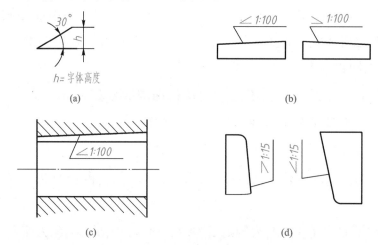

图 1-39　斜度的标注

（3）斜度的画法　以斜度 1:6 为例，如图 1-40a 所示。

作图步骤：如图 1-40b 所示，作斜度辅助线：作 $AC \perp AB$，使 $AC:AB = 1:6$，连接 BC，得 1:6 斜度线。

过 K 点作 BC 的平行线即为所求。

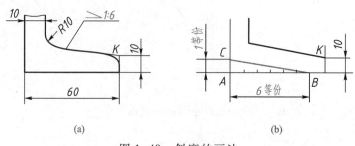

图 1-40　斜度的画法

2. 锥度

（1）锥度的概念 锥度是指正圆锥体底圆直径与锥高之比。如果是圆锥台，则为上、下底圆直径之差与圆锥台高度之比，如图 1-41 所示。

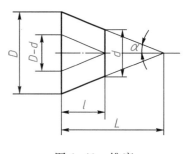

图 1-41 锥度

$$锥度 = 2\tan \alpha = D/L = (D-d)/l$$

（2）锥度的标注

锥度在图样上也以 1：n 的简化形式标注，如图 1-42 所示。

在图样上应采用图 1-42a 所示的图形符号表示圆锥，该符号应配置在基准线上，如图1-42b 所示。基准线应与圆锥的轴线平行，图形符号的方向应与圆锥方向相一致。

当标注的锥度是标准圆锥系列之一（尤其是莫氏锥度或米制锥度）时，可用标准系列号和相应的标记表示，如图 1-42e 所示。

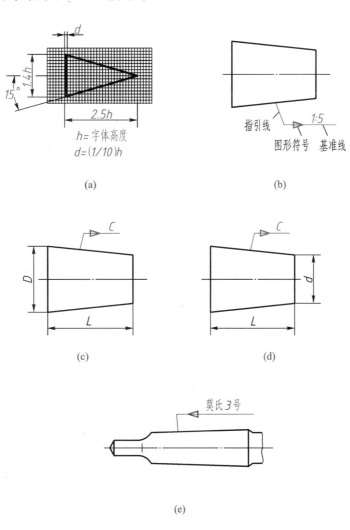

图 1-42 锥度的标注

（3）锥度的画法

图 1-43a 所示机件的右部是一个锥度为 1∶3 的圆台，其作图方法如图 1-43b 所示。

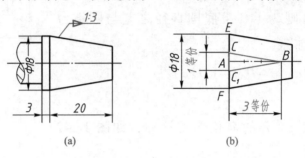

图 1-43　锥度的画法

作图步骤：

① 作 $EF \perp AB$，由点 A 沿垂线向上和向下分别取 1/2 个等份，得点 C 和 C_1；

② 由点 A 沿轴线向右取三等份得点 B，连接 BC、BC_1，即得 1∶3 的锥度线；

③ 过点 E、F 分别作 BC、BC_1 的平行线，即得所求圆台的锥度线。

五、圆弧连接

1. 圆弧连接的概念

画图时，经常需要用一圆弧光滑地连接相邻两已知线段。例如在图 1-44 中，要用圆弧 $R16$ 连接两直线，用圆弧 $R12$ 连接一直线和一圆弧，用圆弧 $R35$ 连接两圆弧等。这种用一圆弧光滑地连接相邻两线段的作图方法，称为圆弧连接。

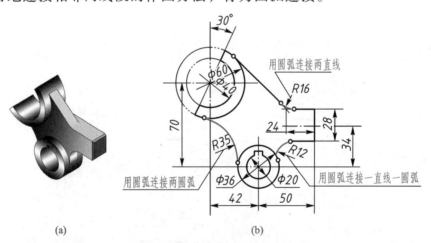

图 1-44　圆弧连接的三种情况

2. 圆弧连接的作图方法

圆弧连接的实质，就是要使连接圆弧与相邻线段相切，以达到光滑连接的目的。因此，圆弧连接的作图可归纳为：

（1）求连接圆弧的圆心；

（2）找出连接点即切点的位置；

（3）在两连接点之间画出连接圆弧。

图1-44所示为圆弧连接的三种情况。

（1）两直线间的圆弧连接

两直线相交，其交角有锐角、钝角、直角三种情况。用已知半径的圆弧连接两相交直线的作图方法见表1-6。

表1-6　两直线间的圆弧连接

作 图 说 明	作 图 步 骤		
	锐 角 弧	钝 角 弧	直 角 弧
已知两相交直线 AB、BC 和连接弧半径 R。要求用半径为 R 的圆弧连接两已知直线 AB 和 BC			
1. 定圆心 分别作 AB、BC 的平行线，距离 = R，得交点 O，即为连接弧的圆心			
2. 找连接点（切点） 自点 O 向 AB 及 BC 分别作垂线，垂足 1 和 2 即为连接点			
3. 画连接弧 以 O 为圆心、O1 为半径作圆弧 $\overset{\frown}{12}$ 把 AB、BC 连接起来，这个圆弧即为所求			

（2）直线与圆弧间的圆弧连接

用已知半径 R 的圆弧外接一已知直线和一已知圆弧的作图步骤见表1-7。

表1-7　直线与圆弧间的圆弧连接

作 图 说 明	作 图 步 骤
已知连接弧半径 R、直线 AB 和半径为 R_1 的圆弧。 要求用半径为 R 的圆弧，外切已知直线 AB 和已知半径为 R_1 的圆弧	

作 图 说 明	作 图 步 骤
1. 定圆心 作直线 AB 的平行线，距离 = R； 以 O_1 为圆心，以 $R+R_1=R_2$ 为半径画圆弧； 圆弧与平行线的交点 O，即为连接弧的圆心	
2. 定连接点（切点） 过点 O 作 AB 的垂线 $O1$ 得交点 1，画连心线 OO_1 得交点 2；点 1、2 即为圆弧连接的两个切点	
3. 画连接弧 以 O 为圆心、R 为半径画圆弧 $\overset{\frown}{12}$，即为所求的连接弧	

（3）两圆弧之间的圆弧连接

用已知半径为 R 的圆弧连接两圆弧，有外连接和内连接两种。作图方法见表 1-8。

表 1-8　两圆弧之间的圆弧连接

作 图 说 明	作 图 步 骤	
	外　连　接	内　连　接
已知连接弧半径 R 和两已知圆弧半径 R_1、R_2，圆心位置 O_1、O_2； 要求用半径为 R 的圆弧连接两已知圆弧		
1. 定圆心 以 O_1 为圆心，外切时以 $R+R_1$（内切时以 $R-R_1$）为半径画圆弧； 以 O_2 为圆心，外切时以 $R+R_2$（内切时以 $R-R_2$）为半径画圆弧； 两圆弧的交点 O 即为连接弧的圆心		

续表

作 图 说 明	作 图 步 骤	
	外　连　接	内　连　接
2. 定连接点(切点) 连接 O、O_1 及 O、O_2(内切时延长)交已知圆弧于 1、2 两点		
3. 画连接弧 以 O 为圆心，以 R 为半径，画连接弧 $\overset{\frown}{12}$，即为所求连接弧		

第五节　平面图形的画法

平面图形是由各种线段(直线或圆弧)连接而成的，这些线段之间的相对位置和连接关系靠给定的尺寸来确定。画图时，只有通过分析尺寸和线段间的关系，才能明确该平面图形应从何处着手以及按什么顺序作图。

一、尺寸分析

平面图形中的尺寸，根据所起的作用不同，分为定形尺寸和定位尺寸两类。而在标注和分析尺寸时，首先必须确定基准。

1. 基准

基准是确定尺寸位置的几何元素。平面图形的尺寸有水平和竖直两个方向，因而就有水平和垂直两个方向的基准。图形中有很多尺寸都是以基准为出发点的。一般的平面图形常用以下的线为基准线。

（1）对称中心线。图 1-45 所示的手柄是以水平轴线作为竖直方向的尺寸基准的。

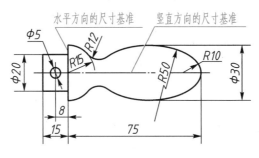

图 1-45　手柄

（2）主要的垂直或水平轮廓直线。图 1-45 所示的手柄就是以中间铅垂线作为水平方向的尺寸基准。

（3）较大的圆的中心线，较长的直线等。

2. 定形尺寸

凡确定图形中各部分几何形状大小的尺寸，称为定形尺寸。如直线段的长度、倾斜线的角度、圆或圆弧的直径和半径等。在图 1-45 中，$\phi20$ 和 15 确定矩形的大小；$\phi5$ 确定小圆的大小；$R10$ 和 $R15$ 确定圆弧半径的大小；这些尺寸都是定形尺寸。

3. 定位尺寸

凡确定图形中各个组成部分（圆心、线段等）与基准之间相对位置的尺寸，称为定位尺寸。在图 1-45 中，尺寸 8 确定了 $\phi5$ 小圆的位置；$\phi30$ 是以水平对称轴线为基准，确定 $R50$ 圆弧的位置；75 是以中间的铅垂线为基准定 $R10$ 圆弧的中心位置。这些尺寸都是定位尺寸。

分析尺寸时，常会见到同一尺寸既是定形尺寸，又是定位尺寸，如图 1-45 中，尺寸 75 既是确定手柄长度的定形尺寸，也是间接确定尺寸 $R10$ 圆弧圆心的定位尺寸。

二、线段分析

平面图形中的线段（直线或圆弧）按所给的尺寸齐全与否可分为三类：已知线段、中间线段和连接线段。下面就圆弧的连接情况进行线段分析。

1. 已知弧

凡具有完整的定形尺寸（ϕ 及 R）和定位尺寸（圆心的两个定位尺寸），能直接画出的圆弧，称为已知弧。如图 1-45 中，$R15$ 是已知弧，圆心定位尺寸为（0，0）（以水平方向和铅垂方向两条基准线为坐标轴）；$R10$ 也是已知弧，圆心定位尺寸为（65，0）（水平方向 75 mm-10 mm=65 mm）。

2. 中间弧

仅知道圆弧的定形尺寸（ϕ 及 R）和圆心的一个定位尺寸，需借助与其一端相切的已知线段，求出圆心的另一个定位尺寸，然后才能画出的圆弧，称为中间弧。如图 1-45 中，$R50$ 是中间弧，其中的一个圆心定位尺寸即铅垂方向的定位尺寸 35（铅垂方向 50 mm-15 mm=35 mm）是已知的，而圆心的另一个定位尺寸则需借助与其相切的已知圆弧（$R10$ 圆弧）才能定出。

3. 连接弧

只有定形尺寸（ϕ 及 R）而无定位尺寸，需借助与其两端相切的线段方能求出圆心而画出的圆弧，称为连接弧。如图 1-45 中，$R12$ 是连接弧，圆心的两个定位尺寸都没有注出，需借助与其两端相切的线段（R15 圆弧和 R50 圆弧），求出圆心后才能画出。

三、画图步骤

根据上述分析，画平面图形时，必须首先进行尺寸分析和线段分析，按先画已知线段，再画中间线段和连接线段的顺序依次进行，才能顺利进行制图。例如要画图 1-45 所示手柄的平面图形，应按下列步骤进行：

（1）画出基准线，并根据定位尺寸画出定位线，如图 1-46a 所示；

（2）画出已知线段，如图 1-46b 所示；

（3）画出中间线段，如图 1-46c 所示；

（4）画出连接线段并加深，如图 1-46d 所示。

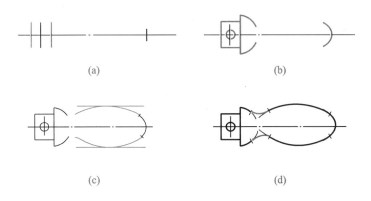

图 1-46　画平面图形的步骤

例 1-1　画出图 1-47 所示定位块的平面图形。

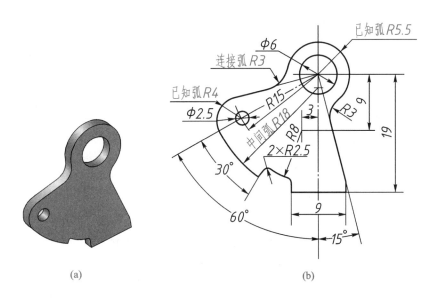

图 1-47　定位块

解 作图步骤：

（1）画基准线及已知线段的定位尺寸，如尺寸 19、9 及 R15 等，如图 1-48a 所示。

（2）画已知线段，如圆弧 φ6、φ2.5、R5.5、R4 等。它们是能够直接画出来的轮廓线，如图1-48b所示。

（3）画中间线段，如圆弧 R18。它需借助与 R4 相内切的几何条件才能画出，如图1-48c所示。

（4）画连接线段，如圆弧 R3、R2.5 等。它们要根据与两已知线段相切的几何条件找到圆心位置后方能画出，如图 1-48d 所示。

（5）最后再经整理和检查无误后，按规定线型描深，并标注尺寸，即得所要的图形，如图 1-48b 所示。

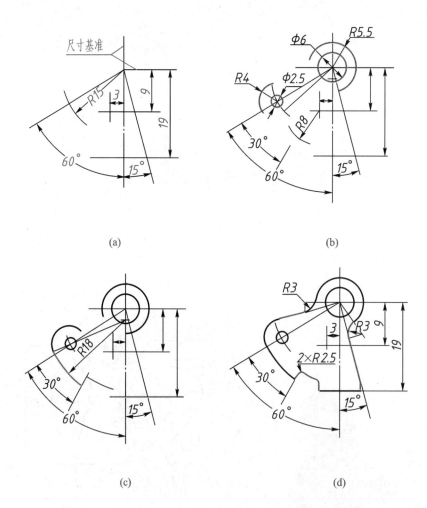

图 1-48 画定位块平面图形的步骤

画定位块平面图形的步骤

四、绘图的一般程序

1. 绘图前的准备工作

（1）准备工具 准备好画图用的仪器和工具，用软布把图板、丁字尺、三角板等擦拭干净，以保持图纸纸面整洁。按线型要求削好铅笔：粗实线用 B 的铅笔，按宽度 d 削成扁平状或圆锥状；虚线、细实线和点画线用 H 或 2H 的铅笔，按 $d/2$ 的宽度削成扁平状或圆锥状；写字用 HB 的铅笔削成圆锥状。

（2）整理工作地点 将暂时不用的物品从工作地点移开，需要使用的工具用品放在取用方便的地方。

（3）固定图纸 先分析图形的尺寸和线段，按图样的大小选择比例和图纸幅面，然后将图纸固定。

2. 底稿的画法和步骤

（1）画出图框和标题栏。

（2）画出主要基准线、轴线、中心线和主要轮廓线；按先画已知线段，再画中间线段和连接线段的顺序依次进行绘制工作，直至完成图形。

（3）画尺寸界线和尺寸线。

（4）仔细检查底稿，改正图上的错误，轻轻擦去多余线条。

3. 描深底稿的方法和步骤

底稿描深应做到线型正确，粗细分明，连接光滑，图面整洁。

描深底稿的一般步骤是：

（1）描深图形。描深图形应遵循如下顺序：

① 先曲后直，保证连接圆滑；

② 先细后粗，保证图面清洁，提高画图效率；

③ 先水平（从上至下）后垂、斜（从左至右先画垂直线，后画倾斜线），保证图面整洁；

④ 先小（指圆弧半径）后大，保证图形准确。

（2）描深图框线和标题栏。

（3）画箭头、标注尺寸和填写标题栏。

（4）修饰、校对，完成全图。

第六节 徒手画草图的基本技法

以目测估计图形与物体的比例，按一定的画法要求徒手绘制的图称为草图。草图中的线条也要粗细分明，长短大致符合比例，线型符合国家标准。

在设计、仿制或修理机器时，经常需要绘制草图。草图是工程操作人员交谈、记录、创作、构思的有力工具。徒手画图是工程操作人员必备的一种基本技能。

一、直线的画法

画直线时，可先标出直线的两端点，然后执笔悬空沿直线方向比划一下，掌握好方向和走势后再落笔画线。在画水平线和斜线时，为了运笔方便，可将图纸斜放。画直线的运笔方向如图 1-49 所示。

图 1-49   直线的徒手画法

二、常用角度的画法

画 45°、30°、60° 等常用角度，可根据两直角边的比例关系，在两直角边上定出两点，然后连接而成，如图 1-50 所示。

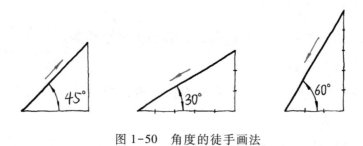

图 1-50   角度的徒手画法

三、圆的画法

画圆时，应过圆心先画中心线，再根据半径大小用目测在中心线上定出 4 点，然后过这 4 点画圆，如图 1-51a 所示。对较大的圆，可过圆心加画两条 45°斜线，按半径目测定出 8 个点，然后过这 8 个点画圆，如图 1-51b 所示。

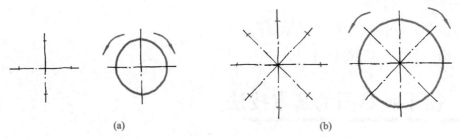

(a)   (b)

图 1-51   圆的徒手画法

四、椭圆的画法

椭圆的徒手画法如图 1-52 所示。

 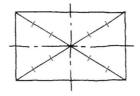 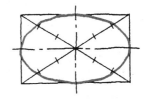

(a) 在椭圆的长、短轴
上定椭圆的端点

(b) 画椭圆外切矩形，将
矩形的对角线六等分

(c) 过长、短轴端点和对角
线靠外等分点画椭圆

图 1-52　椭圆的徒手画法

五、平面图形的画法

尺寸较复杂的平面图形，要分析图形的尺寸关系，先画已知线段，再画连接线段。初学徒手画图，可在方格纸上进行。在方格纸上画平面图形时，大圆的中心线和主要轮廓线应尽可能利用方格纸上的线条。图形各部分之间的比例可按方格纸上的格数来确定。

图 1-53 为在方格纸上徒手画平面图形示例。

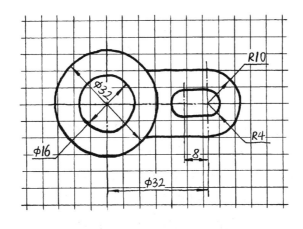

图 1-53　徒手画平面图形示例

本 章 小 结

1. 工程图样是工业生产中的重要技术文件，是工程界通用的技术语言。因此绘图过程中必须严格遵守国家标准《技术制图》《机械制图》和有关的技术标准。

2. 本章主要介绍了国家标准《技术制图》《机械制图》中的图纸幅面及格式、比例、字体、图线、尺寸注法等内容。在学习过程中，对于这些内容无需死记硬背，在读图和绘图时只要多查阅、多参考，经过一定的实践后便可掌握。

3. 圆弧连接的作图过程可归纳为：

（1）求连接圆弧的圆心；

（2）找出连接点（切点）；

（3）在两连接点之间画出连接圆弧。

4. 常用的椭圆画法有同心圆法和四心圆法两种。

5. 斜度是指一直线相对于另一直线或一平面相对于另一平面的倾斜程度。其大小用该两直线或两平面间夹角的正切值来表示。

锥度是指正圆锥底圆直径与锥高之比。

6. 平面图形的尺寸分析和线段分析就是分析每个尺寸的作用以及尺寸间的关系，从而解释以下三个问题：

（1）该图形能否画出，也就是所给的尺寸是否够用或者多余；

（2）在标注平面图形尺寸时，能分析出哪个尺寸该注，哪个尺寸不该注，使标注的尺寸恰到好处；

（3）在画图时能知道先画哪些线段，再画哪些线段，最后画哪些线段。

7. 几何图形的绘制是画机械图样的基础，绘图速度的快慢和画面质量的优劣，很大程度上取决于是否采用正确的绘图方法和工作程序，自如地运用各种绘图工具绘制几何图样。

1. 绘制机械图样用的图纸有哪几种？一张 A0 图纸可以制成多少张 A4 图纸？

2. 比例 2∶1 和 1∶2 有何不同？以 2∶1 和 1∶2 画出的平面图形哪个大？

3. 粗实线的常用线宽为多少？细实线的线宽与粗实线的线宽有何关系？

4. 机件的真实大小与图形的大小及绘图的准确度是否有关？

5. 尺寸标注的要求是什么？一个完整的尺寸有哪三个要素组成？

6. 图样上的尺寸单位是什么？解释尺寸 $\phi15$、$R10$ 和 $SR8$ 的含义。

7. 圆弧和圆弧连接时，连接点应在何处？

8. 圆弧连接中，如何求连接弧的圆心及连接弧与已知弧的切点？

9. 如何对平面图形的尺寸和线段进行分析？

第二章

正投影法与三视图

　　机械图样中表达物体形状的图形是按正投影法绘制的，正投影法是绘图和读图的理论基础。点、直线、平面是构成物体最基本的几何元素，掌握其投影特性和规律，有助于分析物体的形状与结构，是正确、迅速地绘制或识读物体视图的重要基础。基本体是零件的基本组成单元，学习基本体的三视图，能进一步理解物与图的转换规律和对应关系、逐步建立起空间概念。

　　本章的学习重点是牢固掌握三视图的投影规律和基本体的视图特征，掌握点、线、面的投影特性。

　　本章是制图课程的理论基础，是培养空间思维能力和空间想象能力的重要学习阶段。绘制三视图要自觉规范训练，强化实践能力和职业道德意识。

第一节　投影法的概念

　　物体被光线照射，会在地面或墙面上产生影子，这就是投影现象。人们在上述现象的启示下，经过科学研究，从物体和投影的对应关系中，总结出了用投影原理在平面上表达物体形状的方法，这种方法就是投影法。

　　投影法一般可分为两大类：一类为中心投影法，一类为平行投影法。

一、中心投影法

　　如图 2-1 所示，我们把光源 S 称为投射中心，光线称为投射线，平面 P 称为投影面，在 P 面上所得到的图形称为投影。由此图可知，投射线都是从投射中心光源点灯泡发出的，投射线互不平行，所得的投影大小总是随物体的位置不同而改变。这种投射线互不平行且汇交于一点的投影法称为中心投影法（图 2-1）。

用中心投影法所得到的投影不能反映物体的真实大小，因此，它不适用于绘制机械图样。但是，由于中心投影法绘制的图形立体感较强，所以它适用于绘制建筑物的外观图以及美术画等。

二、平行投影法

在图 2-1 中，设想将投射中心 S 移到无穷远处，这时投射线互相平行，则投影面上的投影四边形 abcd 就会与空间四边形 ABCD 的形状大小一致，所得到的投影可以反映物体的实际形状，如图 2-2 所示。

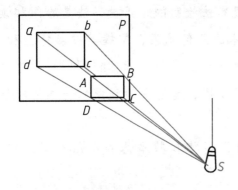

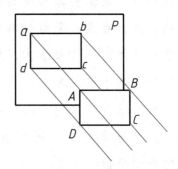

图 2-1　中心投影法　　　　　　　　图 2-2　平行投影法

这种投射线相互平行的投影法称为平行投影法（图 2-2）。

在平行投影法中，根据投射线与投影面所成的角度不同，又可分为斜投影法和正投影法两种。

1. 斜投影法

在平行投影法中，投射线与投影面倾斜成某一角度时，称为斜投影法。按斜投影法得到的投影称为斜投影，如图 2-3a 所示。

2. 正投影法

在平行投影法中，投射线与投影面垂直时，称为正投影法。按正投影法得到的投影称为正投影，如图 2-3b 所示。

由于用正投影法得到的投影能够表达物体的真实形状和大小，度量性好，绘图简便，因此在工程上得到普遍采用。

42

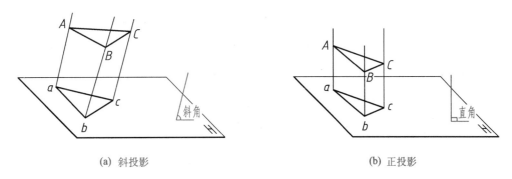

(a) 斜投影　　　　　　　　　　　(b) 正投影

图 2-3　斜投影与正投影

第二节　三视图的形成及投影规律

　　物体是有长、宽、高三个尺度的立体。我们要认识它，就应该从上、下、左、右、前、后各个方向去观察它，才能对其有一个完整的了解。图 2-4 所示四个不同的物体，只取它们一个投影面上的投影，如果不附加其他说明，不能确定各物体的整个形状。要反映物体的完整形状，必须根据物体的繁简，多取几个投影面上的投影相互补充，才能把物体的形状表达清楚。

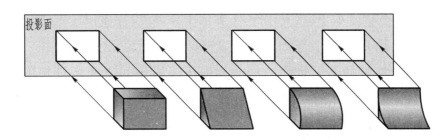

图 2-4　不同形状的物体在同一投影面上可以得到相同的投影

一、三投影面体系

　　为了表达物体的形状和大小，选取互相垂直的三个投影面，如图 2-5 所示。三个投影面的名称和代号是：

　　正对观察者的投影面称为正立投影面（简称正面），用"V"表示。

　　右边侧立的投影面称为侧立投影面（简称侧面），用"W"表示。

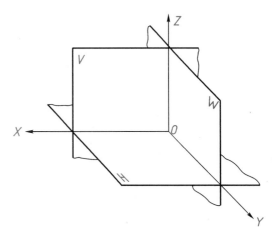

图 2-5　三投影面体系

水平位置的投影面称为水平投影面，用"H"表示。

这三个互相垂直的投影面就好像室内一角，即像相互垂直的两堵墙壁和地面那样，构成一个三投影面体系。当物体分别向三个投影面作正投射时，就会得到物体的正面投影（V面投影）、侧面投影（W面投影）和水平面投影（H面投影）。

由于三投影面彼此垂直相交，故形成三根投影轴，它们的名称分别是：

正立投影面（V）与水平投影面（H）相交的交线，称为 OX 轴，简称 X 轴。

水平投影面（H）与侧立投影面（W）相交的交线，称为 OY 轴，简称 Y 轴。

正立投影面（V）与侧立投影面（W）相交的交线，称为 OZ 轴，简称 Z 轴。

X、Y、Z 三轴的交点称为原点，用"O"表示。

二、三视图的形成

在工程上，假设把物体放在三投影体系中（图 2-6a），按正投影法并根据有关标准和规定画出的物体的图形，称为视图。正面投影（由物体的前方向后方投射所得到的视图）称为主视图，水平面投影（由物体的上方向下方投射所得到的视图）称为俯视图，侧面投影（由物体的左方向右方投射所得到的视图）称为左视图。

为了把空间的三个视图画在一个平面上，就必须把三个投影面展开摊平。展开的方法是：正面（V）保持不动，水平面（H）绕 OX 轴向下旋转 90°，侧面（W）绕 OZ 轴向右旋转 90°，使它们和正面（V）展成一个平面，如图 2-6b、c 所示。这样展开在一个平面上的三个视图，称为物体的三面视图，简称三视图。由于投影面的边框是设想的，所以不必画出。去掉投影面边框后的物体的三视图，如图 2-6d 所示。

三、三视图的关系及投影规律

从三视图的形成过程，可以总结出三视图的位置关系、投影关系和方位关系。

1. 位置关系

由图 2-6 可知，物体的三个视图按规定展开，摊平在同一平面上以后，具有明确的位置关系，主视图在上方，俯视图在主视图的正下方，左视图在主视图的正右方。

2. 投影关系

任何一个物体都有长、宽、高三个方向的尺寸。在物体的三视图中（图 2-6），可以看出：

主视图反映物体的长度和高度。

俯视图反映物体的长度和宽度。

左视图反映物体的高度和宽度。

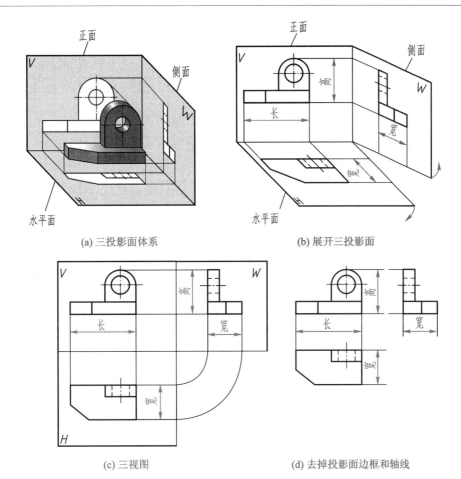

(a) 三投影面体系　　　　　　　　(b) 展开三投影面

(c) 三视图　　　　　(d) 去掉投影面边框和轴线　　　　三视图的形成

图 2-6　三视图的形成

　　由于三个视图反映的是同一物体，其长、宽、高是一致的，所以每两个视图之间必有一个相同的度量。即：

　　主、俯视图反映了物体的同样长度(等长)。

　　主、左视图反映了物体的同样高度(等高)。

　　俯、左视图反映了物体的同样宽度(等宽)。

　　因此，三视图之间的投影对应关系可以归纳为：

　　主、俯视图长对正(等长)。

　　主、左视图高平齐(等高)。

　　俯、左视图宽相等(等宽)。

　　上面所归纳的"三等"关系，简单地说就是"长对正，高平齐，宽相等"。对于任何一个物体，不论是整体，还是局部，这个投影对应关系都保持不变(图 2-7)。"三等"关系反映了三个视图之间的投影规律，是我们看图、画图和检查图样的重要依据。

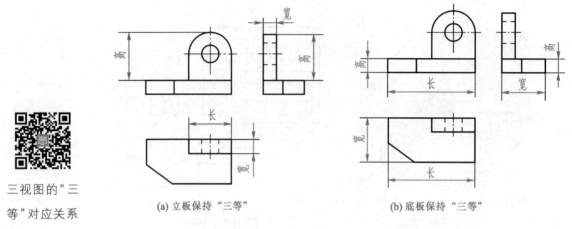

三视图的"三
等"对应关系

(a) 立板保持"三等"　　　　　　(b) 底板保持"三等"

图 2-7　三视图的"三等"对应关系

3. 方位关系

三视图不仅反映了物体的长、宽、高，同时也反映了物体的上、下、左、右、前、后六个方位的位置关系。从图 2-8 中，我们可以看出：

主视图反映了物体的上、下、左、右方位。

俯视图反映了物体的前、后、左、右方位。

左视图反映了物体的上、下、前、后方位。

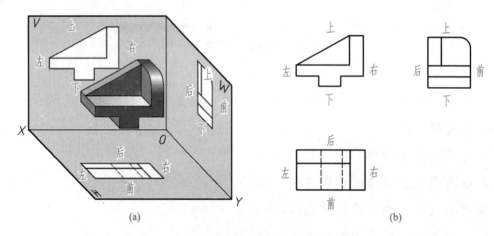

(a)　　　　　　　　　　　　　　(b)

图 2-8　三视图反映物体六个方位的位置关系

第三节　点的投影

点、线、面是构成物体形状的基本几何元素。学习和熟练掌握它们的投影特性和规律，能够透彻理解机械图样所表达的内容。

在点、线、面这几个基本几何元素中，点是最基本、最简单的几何元素。研究点的投影，掌握其投影规律，能为正确理解和表达物体的形状打下坚实的基础。

一、点的投影特性

点的投影特性：点的投影永远是点。

二、点的投影标记

如图 2-9a 所示，将空间点 A 置于三投影面体系中，自点 A 分别向三个投影面作垂线（即投射线），交得的三个垂足 a、a'、a'' 即为点 A 的 H 面投影、V 面投影和 W 面投影。

按统一规定，空间点用大写字母 A、B、C…标记。空间点在 H 面上的投影用相应的小写字母 a、b、c…标记；在 V 面上的投影用小写字母加一撇 a'、b'、c'…标记；在 W 面上的投影用小写字母加两撇 a''、b''、c''…标记。

三、点的三面投影

将图 2-9a 按投影面展开法展开（图 2-9b），并将投影面的边框线去掉，便得到图 2-9c 所示点的三面投影图。

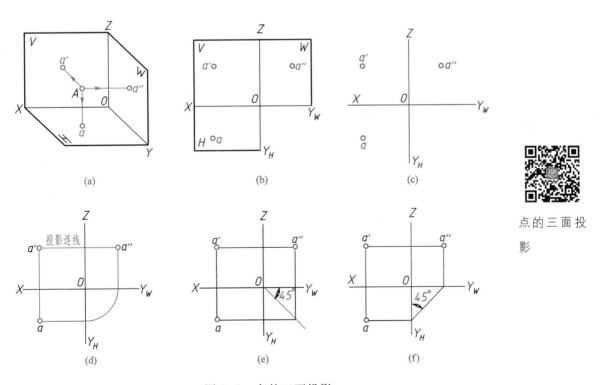

图 2-9　点的三面投影

点的三面投影

为了便于进行投影分析，用细实线将点的相邻两投影连起来，如图 2-9d 所示。aa' 和 $a'a''$ 称为投影连线。a 与 a'' 不能直接相连，因为在三个投影面展开时，Y 轴被分开了，Y_H 和 Y_W 均表示同一根 Y 轴，因而作图时常以 O 为圆心，以 Y 轴坐标为半径画圆弧把它们联系起来，或者用如图 2-9e、f 所示的辅助线法实现这个联系。

四、点的投影规律

由于点的三面投影是空间点同时向三个投影面作正投影，经过展开而得到的，所以在图2-10a中，投射线 Aa 和 Aa' 所构成的平面 Aaa_Xa'，显然是同时垂直 H 面和 V 面的。因此，aa_X 和 $a'a_X$ 同时垂直于 OX 轴。当 a 跟着 H 面绕 OX 轴向下旋转与 V 面重合时，在投影图上 a、a_X、a' 三点共线，如图 2-10b 所示。同理可以得到 a'、a_Z、a'' 三点共线，且 $aa' \perp OX$，$a'a'' \perp OZ$。

通过以上分析，可归纳出点的投影规律：

（1）点的正面投影与水平面投影的连线一定垂直于 OX 轴，即 $aa' \perp OX$；

（2）点的正面投影与侧面投影的连线一定垂直于 OZ 轴，即 $a'a'' \perp OZ$；

（3）点的水平面投影到 OX 轴的距离等于点的侧面投影到 OZ 轴的距离，即 $aa_X = a''a_Z$。

点本身没有长、宽、高，但是，点在三投影面体系中的投影规律，反映了上节所述"三等"对应关系的实质。几何体上每一个点的投影都应符合这一投影规律。

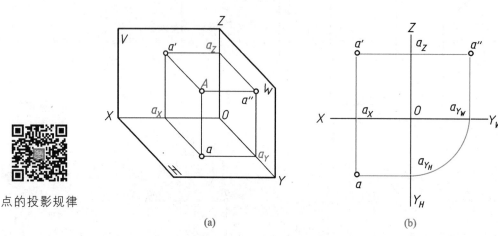

点的投影规律

(a) (b)

图 2-10　点的投影规律

五、点的坐标

点的空间位置也可用其直角坐标值来确定。如图 2-11 所示，如果把三投影面体系看作是直角坐标系，则投影面 H、V、W 面和投影轴 X、Y、Z 轴可分别看作是坐标面和坐标轴，三轴的交点 O 可看作是坐标原点。点到三个投影面的距离可以用直角坐标系的三个坐标 x、y、z 表示。点的坐标值的意义如下：

点 A 到 W 面的距离　$Aa'' = aa_Y = a'a_Z = Oa_X$，以坐标 x 标记。

点 A 到 V 面的距离　$Aa' = aa_X = a''a_Z = Oa_Y$，以坐标 y 标记。

点 A 到 H 面的距离　$Aa = a'a_X = a''a_Y = Oa_Z$，以坐标 z 标记。

由于 x 坐标确定空间点在投影面体系中的左右位置，y 坐标确定空间点在投影面体系中的前后位置，z 坐标确定点在投影面体系中的高低位置。因此，点在空间的位置可以用坐标 x、y、z 确定。

直角坐标值的书写形式，通常为 $A(20,15,30)$、$A(x_A, y_A, z_A)$、$B(x_B, y_B, z_B)$ 等。如 $A(20,15,30)$，即表示点 A 的 x 坐标为 20 mm，y 坐标为 15 mm，z 坐标为 30 mm。

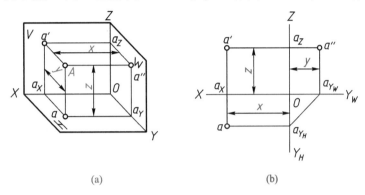

(a)　　　　　　　　(b)

图 2-11　点的坐标

六、点的投影与坐标

由图 2-11 可知，空间点的任一面投影，都由该点的两个坐标值确定。即

水平面投影 a 由点 A 的 x、y 两坐标确定。

正面投影 a' 由点 A 的 x、z 两坐标确定。

侧面投影 a'' 由点 A 的 y、z 两坐标确定。

点的三个坐标完全确定了点在三投影面体系中的位置，因而也就完全确定了点的三个投影。在三投影面体系中，因为点的每个投影反映点的两个坐标，点的两个投影能反映点的三个坐标，所以，只要知道点的两个投影就可以完全确定点在空间的位置。

例 2-1　如图 2-12a 所示，已知点 $A(20,10,18)$，求作它的三面投影。

解　根据点的空间直角坐标值的含义可知：

$$x = 20 \text{ mm} = Oa_X$$

$$y = 10 \text{ mm} = Oa_Y$$

$$z = 18 \text{ mm} = Oa_Z$$

作图步骤如图 2-12b、c、d 所示。

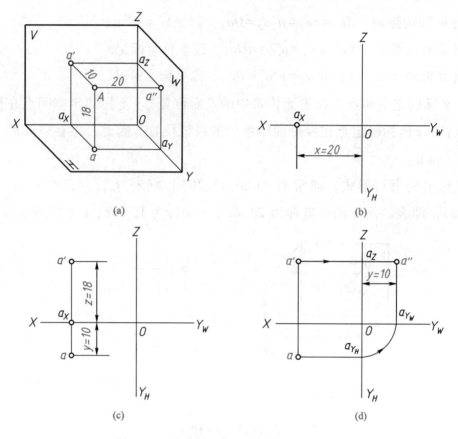

图 2-12　由点的坐标画出点的三面投影

（1）画出投影轴，定出原点 O。

（2）在 X 轴的正向量取 $Oa_X = 20$，定出 a_X（图 2-12b）。

（3）过 a_X 作 X 轴的垂线，在垂线上沿 OZ 方向量取 $a_X a' = 18$ mm，沿 OY_H 方向量取 $a_X a = 10$ mm，分别得 a'、a（图 2-12c）。

（4）过 a' 作 Z 轴的垂线，得交点 a_Z，在垂线上沿 OY_W 方向量取 $a_Z a'' = 10$ mm，定出 a''；或由 a 作 X 轴平行线，得交点 a_{Y_H}，再用圆规作图得 a''（图 2-12d）。

例 2-2　已知点的两面投影，求作其第三面投影。

解　给出点的两个投影，则点的三个坐标就完全确定了，因而点的第三投影必能唯一作出；或者根据点的投影规律，按照第三投影与已知两投影的关系，也能唯一求出，如图 2-13a、b、c 所示。

七、两点的相对位置

两点的相对位置，即是以一点为基准，判别其他点相对于这一点的左右、高低、前后位置关系。

在三投影面体系中，两点的相对位置是由两点的坐标差决定的。如图 2-14 所示，已

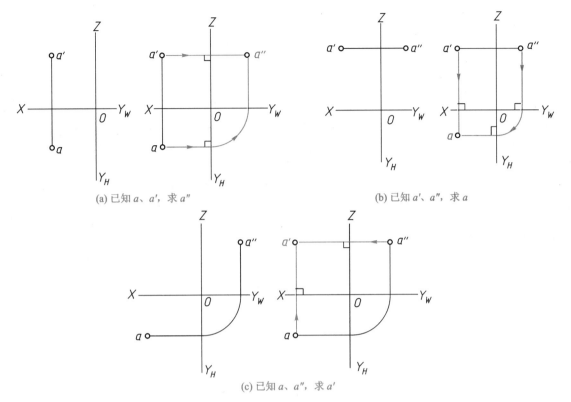

(a) 已知 a、a',求 a"

(b) 已知 a'、a",求 a

(c) 已知 a、a",求 a'

图 2-13 由两投影求第三投影

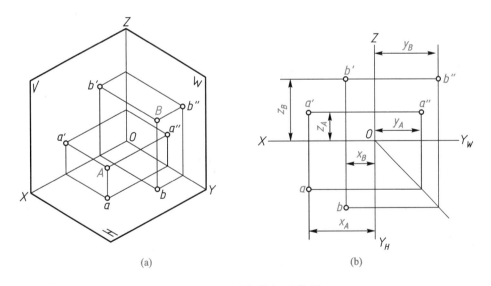

(a)

(b)

图 2-14 两点的相对位置

知空间两点 $A(x_A,y_A,z_A)$ 和 $B(x_B,y_B,z_B)$。两点 A、B 的左右位置,由 x 坐标差(x_A-x_B) 决定,由于 $x_A>x_B$,因此点 A 在左,点 B 在右;两点 A、B 的前后位置,由 y 坐标差(y_B-y_A) 决定,由于 $y_B>y_A$,因此点 B 在前,点 A 在后;两点 A、B 的上下位置,由 z 坐标差(z_B-z_A) 决定,由于 $z_B>z_A$,因此点 B 在上,点 A 在下。概括地说,就是点 B 在点 A 的右、前、

上方。

八、重影点的投影

当空间两点的某两个坐标值相同时，该两点处于某一投影面的同一投射线上，则这两点对该投影面的投影重合于一点，称为对该投影面的重影点。空间两点的同面投影（同一投影面上的投影）重合于一点的性质，称为重影性。

重影点有可见性问题。在投影图上，如果两个点的同面投影重合，则对重合投影所在投影面的距离（即对该投影面的坐标值）较大的那个点是可见的，而另一点是不可见的，加圆括号表示，如(a'')、(b)、(c')……

如图 2-15 所示，两点 E、F 的正面投影 e' 和 f' 重影成一点，即 $x_E = x_F$，$z_E = z_F$；但 e 在 f 的前边，即 $y_E > y_F$，这说明点 E 在点 F 的正前方。所以对 V 面来说，E 是可见的，用 e' 表示，F 是不可见的，用 (f') 表示。

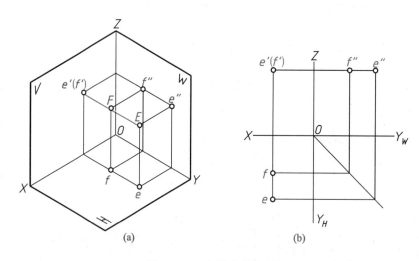

图 2-15　重影点的投影

第四节　直线的投影

直线的投影应包括无限长直线的投影和直线线段的投影，本书提到的"直线"仅指后者，即讨论直线线段的投影。

一、直线

根据"两点决定一直线"的几何定理，在绘制直线的投影图时，只要作出直线上任意两点的投影，再将两点的同面投影连接起来，即得到直线的三面投影。

如图 2-16a、b 所示，直线上两点 A、B 的投影分别为 a、a'、a" 及 b、b'、b"。将水平面投影 a、b 相连，便得到直线 AB 的水平面投影 ab；同样可以得到直线的正面投影 a'b' 和直线的侧面投影 a"b"（图 2-16c）。

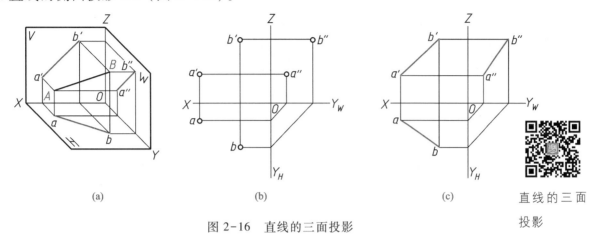

(a)　　　　　　　　　　(b)　　　　　　　　　　(c)　　　　　直线的三面投影

图 2-16　直线的三面投影

二、直线的投影特性

直线相对于投影面的位置，有以下三种情况：

1. 直线倾斜于投影面

如图 2-17a 所示，直线 AB 在水平投影面上的投影 ab 长度一定比 AB 长度要短，这种性质叫作收缩性。

2. 直线平行于投影面

如图 2-17b 所示，直线 AB 在水平投影面上的投影 ab 长度一定等于 AB 的实长，这种性质叫作真实性。

3. 直线垂直于投影面

如图 2-17c 所示，直线 AB 在水平投影面上的投影 ab 一定重合成一点，这种性质叫作积聚性。

根据上述三种情况，将直线的投影特性简单归纳为：

直线倾斜于投影面，投影变短线。

直线平行于投影面，投影实长现。

直线垂直于投影面，投影聚一点。

三、直线在三投影面体系中的投影特性

在三投影面体系中，直线相对于投影面的位置可分以下三类：

（1）一般位置直线　直线对三个投影面均处于倾斜位置；

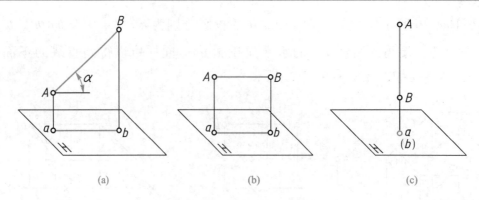

图 2-17 直线的投影特性

（2）投影面平行线 直线平行于一个投影面，而与另外两个投影面倾斜；

（3）投影面垂直线 直线垂直于一个投影面，而平行于另外两个投影面。

后两类直线又称特殊位置直线。下面分别讨论这三类直线的投影特性。

1. 一般位置直线

一般位置直线（如图 2-18 所示四棱台的四条棱线）的投影特性是：

（1）在三个投影面上的投影均是倾斜直线；

（2）投影长度均小于实长。

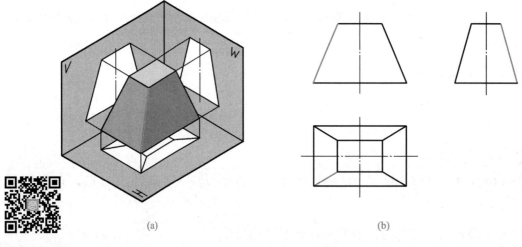

一般位置直线

图 2-18 一般位置直线

2. 投影面平行线

由于投影面平行线只平行于一个投影面，而倾斜于其他两个投影面，所以在三投影面体系中，投影面平行线也有三种位置。

（1）正平线 平行于 V 面的直线；

（2）水平线 平行于 H 面的直线；

（3）侧平线 平行于 W 面的直线。

投影面平行线的投影及投影特性见表 2-1。

表 2-1　投影面平行线的投影及投影特性

名　称	立体图	投影图
正平线 （∥V 面）	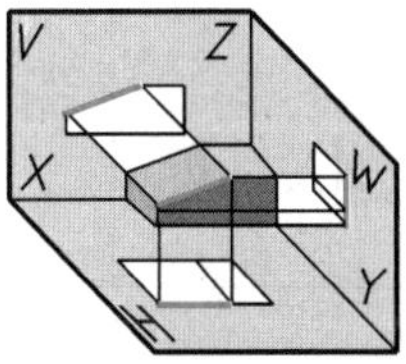	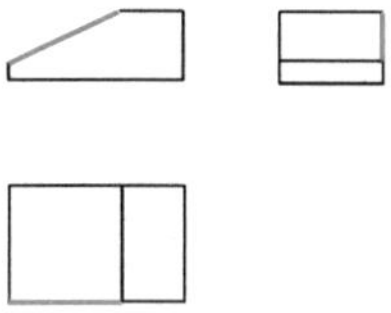
水平线 （∥H 面）	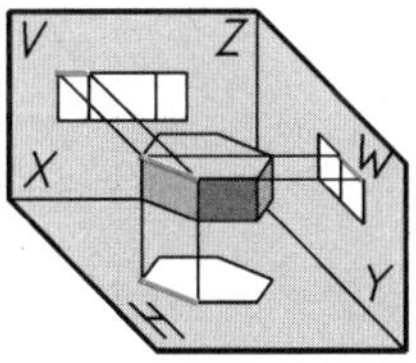	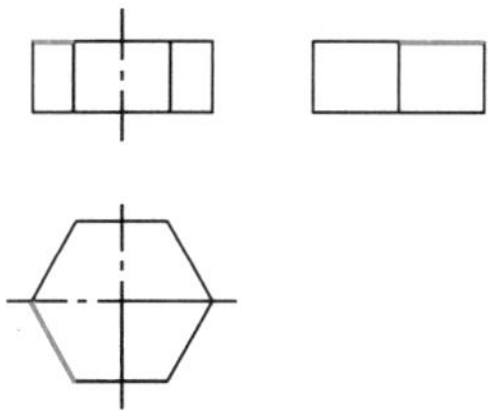
侧平线 （∥W 面）	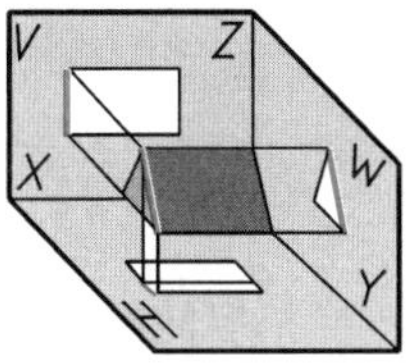	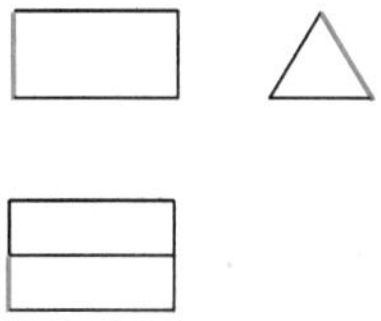

投影特性：

1. 在所平行的投影面上的投影为一段反映实长的斜线。

2. 在其他两个投影面上的投影分别平行于相应的投影轴，长度缩短。

55

3. 投影面垂直线

投影面垂直线垂直于一个投影面，与另外两个投影面平行，它在三投影面体系中，也有三种位置。

（1）正垂线　垂直于 V 面的直线；

（2）铅垂线　垂直于 H 面的直线；

（3）侧垂线　垂直于 W 面的直线。

投影面垂直线的投影及投影特性见表 2-2。

表 2-2　投影面垂直线的投影及投影特性

名　称	立　体　图	投　影　图
正垂线 （⊥V 面）		
铅垂线 （⊥H 面）		
侧垂线 （⊥W 面）		

投影特性：

1. 在所垂直的投影面上的投影积聚为一点。

2. 在其他两个投影面上的投影分别平行于相应的投影轴，且反映实长。

第五节　平面的投影

一、平面的三面投影

平面的投影是由其轮廓线投影所组成的图形。因此，求作平面的投影时，可根据平面的几何形状特点及其对投影面的相对位置，找出能够决定平面的形状、大小和位置的一系列点；然后，作出这些点的三面投影并连接这些点的同面投影，即得到平面的三面投影。

在求作多边形平面的投影时，可先求出它的各直线端点的投影；然后，连接各直线端点的同面投影，即可得到多边形平面的三面投影（图 2-19）。

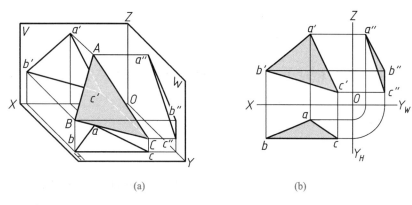

平面的三面投影

图 2-19 多边形平面的三面投影

因此，作平面图形的投影，实质上仍是以点的投影为基础而得的投影。

二、平面的投影特性

平面相对于投影面的位置，有以下三种情况：

1. 平面平行于投影面(图 2-20a)

平面 A 的投影与原平面的形状、大小相同，这种性质叫作真实性。

2. 平面倾斜于投影面(图 2-20b)

平面 B 的投影与原形相类似且比原形缩小，这种性质叫作收缩性。

3. 平面垂直于投影面(图 2-20c)

平面 C 的投影积聚成一条直线，这种性质叫作积聚性。

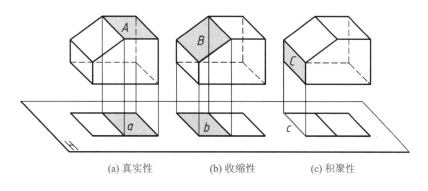

(a) 真实性   (b) 收缩性   (c) 积聚性

图 2-20 平面的投影特性

上述平面的投影特性可以归纳为：

平面平行于投影面，投影原形现。

平面倾斜于投影面，投影面积变。

平面垂直于投影面，投影聚成线。

三、平面在三投影面体系中的投影特性

在三投影面体系中，平面相对于投影面的位置可分为以下三类：

（1）一般位置平面；

（2）投影面平行面；

（3）投影面垂直面。

后两类平面又称特殊位置平面。下面分别讨论这三类平面的投影特性。

1. 一般位置平面

与三个投影面都处于倾斜位置的平面，叫作一般位置平面。如图 2-21 所示，正三棱锥的 *SAB* 面对 *H*、*V*、*W* 三个投影面都倾斜，因此是一般位置平面。

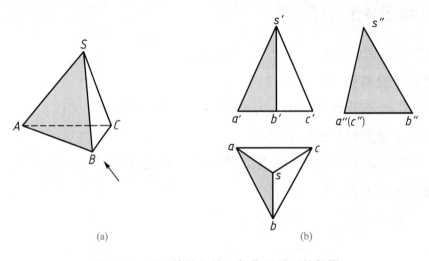

(a)   (b)

图 2-21 正三棱锥上的一般位置平面的投影

一般位置平面的投影特性是：在三个投影面上的投影，均为原平面的类似形，而面积缩小，不反映真实形状。

2. 投影面平行面

平行于一个投影面，而垂直于其他两个投影面的平面，叫做投影面平行面。投影面平行面也可分为三种位置。

（1）正平面　平行于 *V* 面的平面；

（2）水平面　平行于 *H* 面的平面；

（3）侧平面　平行于 *W* 面的平面。

投影面平行面的投影及投影特性见表 2-3。

表 2-3　投影面平行面的投影及投影特性

名　称	立　体　图	投　影　图
正平面 （∥V面）	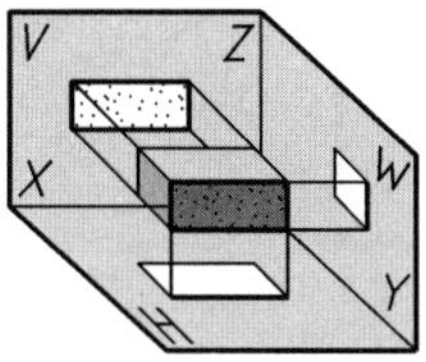	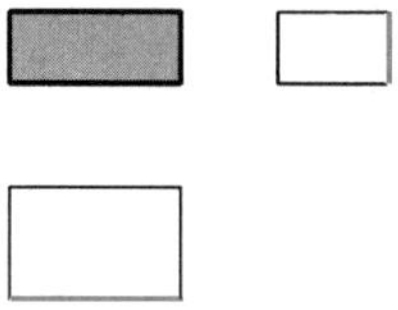
水平面 （∥H面）	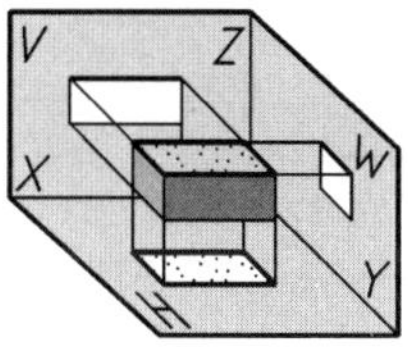	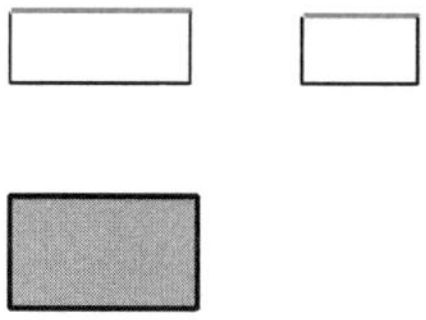
侧平面 （∥W面）	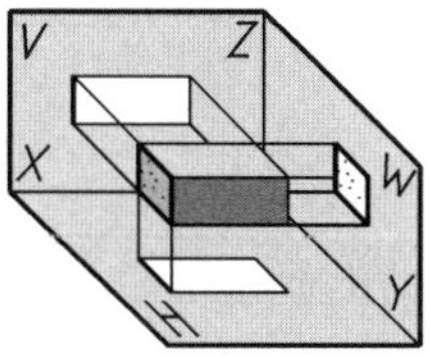	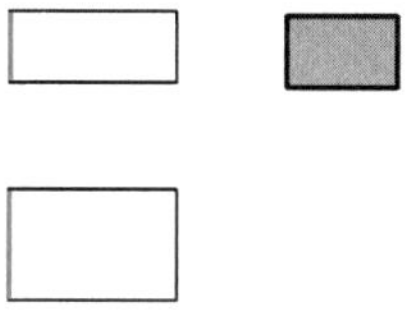

投影特性：

1. 在所平行的投影面上的投影反映实形。

2. 在其他两投影面上的投影分别积聚成直线，且平行于相应的投影轴。

3. 投影面垂直面

垂直于一个投影面，而倾斜于其他两个投影面的平面，叫作投影面垂直面。投影面垂直面也有三种位置。

（1）正垂面　垂直于 V 面的平面；

（2）铅垂面　垂直于 H 面的平面；

（3）侧垂面　垂直于 W 面的平面。

投影面垂直面的投影及投影特性见表 2-4。

表 2-4　投影面垂直面的投影及投影特性

名　称	立　体　图	投　影　图
正垂面 （⊥V 面）		
铅垂面 （⊥H 面）		
侧垂面 （⊥W 面）		

投影特性：

1. 在所垂直的投影面上的投影积聚为一段斜线。

2. 在其他两投影面上的投影均为缩小的类似形。

第六节　基本几何体的投影及尺寸标注

　　机器上的零件，由于其作用不同而有各种各样的结构形状，不管它们的形状如何复杂，都可以看成是由一些简单的基本几何体组合而成的。如图 2-22a 所示，顶尖可看成是圆锥和圆台的组合；图 2-22b 所示的螺栓坯可看成是圆台、圆柱和六棱柱的组合；图 2-22c 所示的手柄可看成是圆柱、圆环和球的组合等。

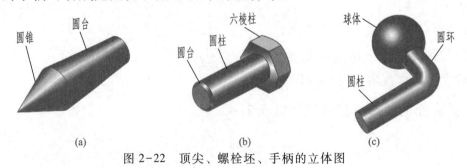

图 2-22　顶尖、螺栓坯、手柄的立体图

基本几何体是由一定数量的表面围成的。常见的基本几何体有：棱柱、棱锥、圆柱、圆锥、球、圆环等，如图 2-23 所示。根据这些几何体的表面几何性质，基本几何体可分为平面立体和曲面立体两大类。

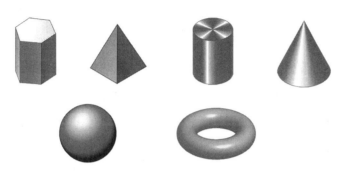

图 2-23　基本几何体

　　平面立体　表面都是由平面所构成的形体，如棱柱、棱锥等。

　　曲面立体　表面是由曲面和平面或者全部是由曲面构成的形体，如圆柱、圆锥、球、圆环等。

　　熟练掌握基本几何体视图的绘制和阅读，能为今后用视图表达较复杂几何体的形状，以及识读机械零件图打下一个良好的基础。

一、棱柱

1. 棱柱的三视图分析

　　图 2-24a 所示为一六棱柱，顶面和底面是互相平行的正六边形，六个侧面都是相同的长方形且与底、顶面垂直。图 2-24b 为六棱柱的三视图。

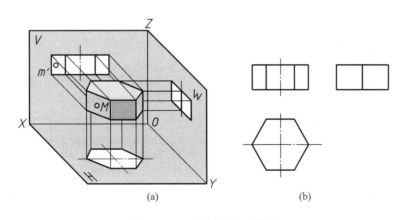

(a)　　　　　　　　(b)

图 2-24　六棱柱的三视图

　　（1）主视图　六棱柱的主视图由三个长方形线框组成。中间的长方形线框反映前、后面的实形（前、后面平行于正面 V）；左、右两个窄的长方形线框分别为六棱柱其余四个侧面的投影，由于它们不与正面 V 平行，因此投影不反映实形。顶、底面在主视图上的投影积聚为两条平行于 OX 轴的直线。

（2）俯视图　六棱柱的俯视图为一正六边形，反映顶、底面的实形。六个侧面垂直于水平面 H，它们的投影都积聚在正六边形的六条边上。

（3）左视图　六棱柱的左视图由两个长方形线框组成。这两个长方形线框是六棱柱左边两个侧面的投影，且遮住了右边两个侧面。由于两侧面与侧投影面 W 面倾斜，因此投影不反映实形。六棱柱的前、后面在左视图上的投影有积聚性，积聚为右边和左边两条直线；上、下两条水平线是六棱柱顶面和底面的投影，积聚为直线。

2. 棱柱三视图的画图步骤

六棱柱三视图的画图方法如图 2-25 所示，一般先从反映形状特征的视图画起；然后，按视图间投影关系完成其他两面视图。

画图步骤：

（1）先画出三个视图的对称线作为基准线，然后画出六棱柱的俯视图，如图 2-25a 所示；

（2）根据"长对正"和棱柱的高度画主视图，并根据"高平齐"画左视图的高度线，如图2-25b 所示；

（3）根据"宽相等"完成左视图，如图 2-25c 所示。

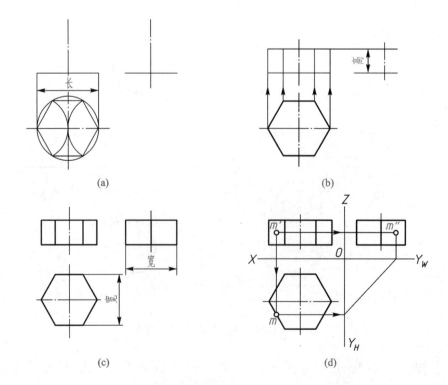

六棱柱表面上点的投影

图 2-25　六棱柱的画图方法及求表面上点的投影

3. 求棱柱表面上点的投影

例2-3 在图2-24a中，已知六棱柱左前棱面上点 M 的正面投影 m'，求其余的两个投影 m 和 m''。

分析 由于图示棱柱的表面都处在特殊位置，所以棱柱表面上点的投影均可用平面投影的积聚性来作图。

作图步骤：

（1）由于左棱面的水平投影积聚成直线，所以点 M 的水平面投影 m 一定在左棱面的水平面投影上。据此从 m' 向俯视图作投影连线，与该直线的交点即为 m，如图2-25d所示。

（2）根据"高平齐、宽相等"的投影规律，由正面投影 m' 和水平面投影 m 就可求得侧面投影 m''，如图2-25d所示。

二、棱锥

1. 棱锥的三视图分析

图2-26a所示为一正四棱锥，其底面为一正方形，四个侧面均为等腰三角形，所有棱线都交于一点，即锥顶 S。图2-26b所示为正四棱锥的三视图。

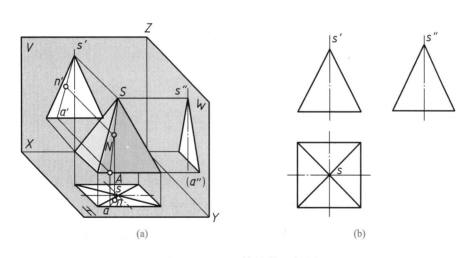

(a)   (b)

图2-26 正四棱锥的三视图

（1）主视图 该置放位置的正四棱锥，主视图是一个三角形线框。三角形的各边分别是底面与左、右两侧面的积聚性投影。整个三角形线框同时也反映了四棱锥前面和后面在正面上的投影，但并不反映它们的实形。

（2）俯视图 俯视图是由四个三角形组成的外形为正方形的线框。四个三角形是四个侧面的类似形投影，四条棱线的投影构成了正方形的对角线，正方形是底面的实形投影，被四个侧面遮挡。

（3）左视图　左视图也是一个三角形线框，三角形两条斜边分别表示四棱锥的前、后两侧面的积聚性投影。整个三角形线框是左、右两侧面的投影，但不反映左、右两侧面的实形。三角形线框的底边是底面的积聚性投影。

三视图中的细点画线为正四棱锥对称面的积聚性投影。

2. 棱锥三视图的作图步骤

（1）先画出三个视图的基准线，然后画出四棱锥的俯视图，如图 2-27a 所示。

（2）根据"长对正"和棱锥的高度画主视图的锥顶和底面，并根据"高平齐，宽相等"画左视图的锥顶和底面，如图 2-27b 所示。

（3）连棱线，完成全图，如图 2-27c 所示。

3. 求棱锥表面上点的投影

例 2-4　在图 2-26a 中，已知正四棱锥前侧面上点 N 的正面投影 n'，求其余的两面投影 n 和 n''。

分析　凡属于特殊位置表面上的点，可利用投影的积聚性直接求得；而属于一般位置表面上的点，可通过在该面上作辅助线的方法求得。

作图步骤：

（1）过锥顶点 S 及表面点 N 作一条辅助线 SA，点 N 的水平面投影 n 必在 SA 的水平面投影 sa 上，如图 2-26a 和图 2-27d 所示。

（2）根据"长对正"由 n' 求出 n，如图 2-27d 所示。

（3）由 n' 和 n 可求出 n''。

由于正四棱锥的前侧面垂直于 W 面，也可以先求出 n''，再由 n'' 和 n' 求出 n。这样就不必作辅助线（图 2-27d）。

通过对棱柱和棱锥的分析可知，画平面立体的三视图，实际上就是画出组成平面立体的各表面的投影。画图时，首先确定物体对投影面的相对位置；然后分析立体表面对投影面的相对位置——是平行于投影面，还是垂直于投影面，或是倾斜于投影面；最后根据平面的投影特点弄清各视图的形状，并按照视图之间的投影规律，逐步画出三视图。

在平面立体表面上取点的作图方法是：若立体表面是特殊位置面，可利用积聚性这一投影特性；若表面是一般位置面，则要先作一辅助线，然后在此辅助线上取点。

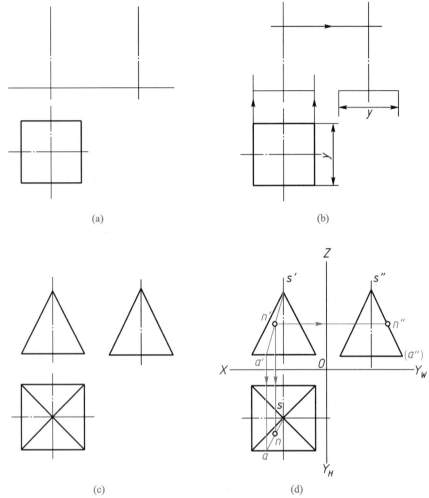

图 2-27　四棱锥的画图方法及求表面上点的投影

正四棱锥表面
上点的投影

65

三、圆柱

1. 圆柱的形成

　　如图 2-28 所示，圆柱表面包括圆柱面和上、下底面，圆柱面是回转面，可以看作是一条与轴线平行的直母线绕轴线旋转而成的。圆柱面上任意一条平行于轴线的直线，称为圆柱面的素线。在投影图中处于轮廓位置的素线，称为轮廓素线（或称为转向轮廓线）。

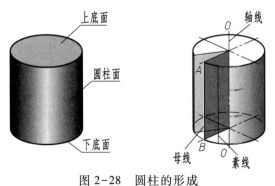

图 2-28　圆柱的形成

2. 圆柱的三视图分析

图 2-29a 所示圆柱，圆柱面和上、下底面垂直，圆柱轴线为铅垂线。图 2-29b 所示为圆柱的三视图。

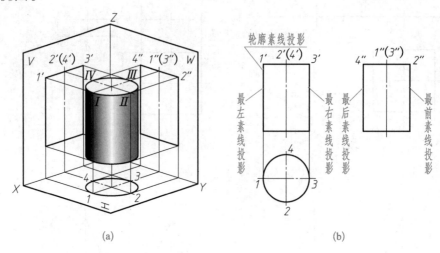

图 2-29　圆柱的三视图

（1）主视图　圆柱体的主视图是一个长方形线框。线框的上、下两条直线是圆柱体的上、下底面的积聚性投影，线框的左、右两轮廓线是圆柱面上最左、最右素线的投影。最左、最右素线是主视图圆柱表面看得见和看不见的分界线。

（2）俯视图　圆柱体的俯视图是一个圆，圆平面是上、下底面的实形投影，圆周则是圆柱面的积聚性投影。

（3）左视图　圆柱体的左视图也是一个长方形线框，其上、下两直线是圆柱上、下底面的投影；其左、右两竖线则是圆柱面上最后、最前两条轮廓线的投影；也是左视图圆柱表面可见性分界线。

主、左视图中的细点画线和俯视图中细点画线的交点表示圆柱体回转轴的投影。

3. 圆柱三视图的作图步骤

（1）画出圆柱轴线的投影和中心线，作为基线，如图 2-30a 所示。

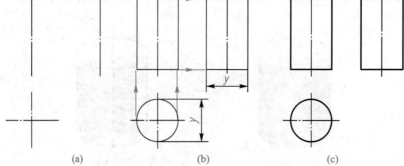

图 2-30　圆柱三视图的画图步骤

（2）视图从圆柱面投影具有积聚性的俯视图画起，再根据投影的对应关系画出主视图和左视图，如图 2-30b 所示。

（3）完成全图，如图 2-30c 所示。

4. 求圆柱表面上点的投影

例 2-5 如图 2-31 所示，已知圆柱面上两个点 A、B 的 V 面投影 a' 和（b'）重影，求作两点 A、B 的 H 面投影和 W 面投影。

分析 由图可知，a' 为可见，（b'）为不可见，判断点 A 在前半圆柱面上，点 B 在后半圆柱面上。

作图步骤：

（1）根据圆柱面在 H 面的投影具有积聚性，按"长对正"由 a'、（b'）作出 a 和 b，如图2-31所示。

（2）根据"高平齐""宽相等"由 a'、a 和（b'）、b 作出 a'' 和 b''。由于两点 A、B 都在左半圆柱面上，所以 a''、b'' 都是可见的。

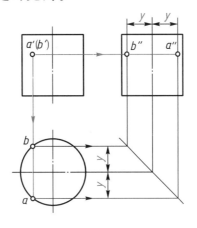

求圆柱表面
上点的投影

图 2-31 求圆柱表面上点的投影

四、圆锥

1. 圆锥的形成

圆锥的表面由圆锥面和圆形底面围成，圆锥面可以看作是由母线绕与其斜交的轴线旋转而成，圆锥也是回转体，如图 2-32 所示。

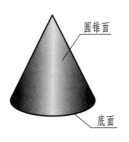

图 2-32 圆锥的形成

2. 圆锥的三视图分析

图 2-33a 所示为一圆锥，其轴线为铅垂线。图 2-33b 所示为圆锥的三视图。

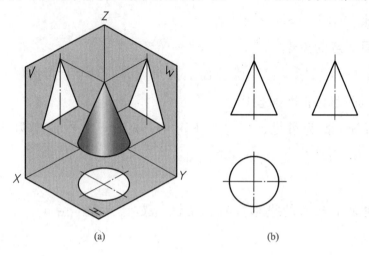

(a)　　　　　　　　　(b)

图 2-33　圆锥的三视图

（1）主视图　圆锥的主视图是一个等腰三角形，其底边为圆形底面的积聚性投影，两腰是最左、最右素线的投影。

（2）俯视图　圆锥的俯视图是一个圆，是圆锥面和底面的重合投影。

（3）左视图　圆锥的左视图与主视图一样，也是一个等腰三角形，其两腰分别表示最前、最后两轮廓素线的投影。

3. 圆锥三视图的作图步骤

（1）画出圆锥轴线和中心线，然后画出圆锥底圆，画出主视图、左视图的底部，如图2-34a 所示。

（2）根据圆锥的高画出顶点，如图 2-34b 所示。

（3）连接轮廓线，完成全图，如图 2-34c 所示。

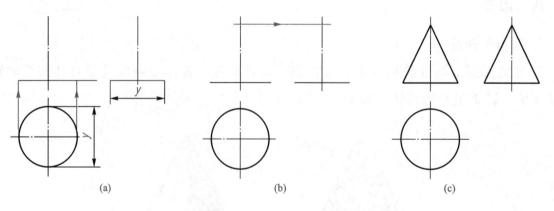

(a)　　　　　　　　　(b)　　　　　　　　　(c)

图 2-34　圆锥三视图的画图步骤

4. 求圆锥表面上点的投影

例 2-6 如图 2-35 所示,已知圆锥表面上有点 A 在 V 面上的投影为 a',求作 a 和 a"。

分析 由图可知,a'为可见,判断点 A 在前圆锥面上。求作圆锥表面上点的投影,可用下列两种方法:

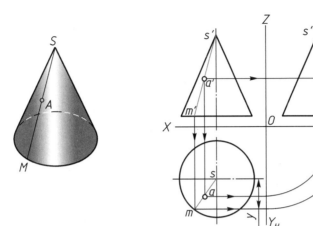

辅助线法求圆锥表面上点的投影

(a)　　　　(b)

图 2-35　辅助线法求圆锥表面上点的投影

(1)辅助线法　如图 2-35 所示,作图步骤如下:

① 在 V 面上过 s'a'作辅助线交底圆,其交点为 m'。

② 由 m'作出 m。

③ 连接点 s、m,sm 为辅助线 SM 在 H 面上的投影。

④ 根据"长对正",由 a'在 sm 上求出 a。

⑤ 由 a'和 a,求出 a"(图 2-35b)。

(2)辅助面法　如图 2-36 所示,作图步骤如下:

① 过空间点 A 作一垂直于圆锥轴线的辅助平面 P 与圆锥相交;P 平面与圆锥表面的交线是一个水平圆,该圆的 V 面投影为过 a'并且平行于底圆投影的直线(即 b'c')。

② 以 b'c'为直径,作出水平圆的 H 面投影,投影 a 必定在该圆周上。

③ 根据"长对正",由 a'求出 a。

④ 由 a'、a 求出 a"(图 2-36b)。

五、球

1. 球的形成

如图 2-37a 所示,球的表面可以看作是以一个圆为母线,绕其自身的直径(即轴线)旋转而成,球也是回转体。

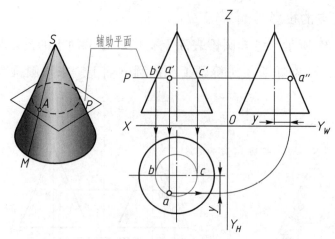

图 2-36　辅助面法求圆锥表面上点的投影

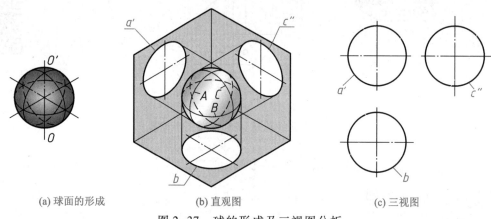

(a) 球面的形成　　　　　(b) 直观图　　　　　(c) 三视图

图 2-37　球的形成及三视图分析

2. 球的三视图分析

如图 2-37b 所示,球的三个视图都是等径的圆。

主视图中的圆 a' 是轮廓素线圆 A 的 V 面投影,是球面上平行于 V 面的素线圆,也就是前半球和后半球可见与不可见的分界圆,它在俯、左两个视图中的投影都与球的中心线重合,不应画出。

俯视图和左视图中的轮廓素线圆,试自行分析。

3. 球的三视图的作图步骤

(1)画出各视图圆的中心线。

(2)画出三个与球等径的圆(图 2-37c)。

4. 求球表面上点的投影

例 2-7　在图 2-38 中,已知球面上点 A 的正面投影 (a') 和点 B 的侧面投影 b'',求作这两点的其余两面投影。

分析　由图上 (a') 的位置可知,点 A 位于球面的右上部分,在后半球面上,V 面投影为不可见。用辅助面法作图,作图步骤如下:

（1）过点 A 作一平行于水平面的辅助平面与球体相交，辅助平面与球体表面的交线在 V 面的投影为过（a′）的水平线段（图 2-38b）；在 H 面的投影为以这条水平线段为直径的圆，点 A 的水平面投影 a 必定在这圆周上。

（2）根据投影关系由（a′）求出 a。

（3）由（a′）、a 求出 a″。根据可见性判别 a 是可见的，a″ 是不可见的（图 2-38b）。

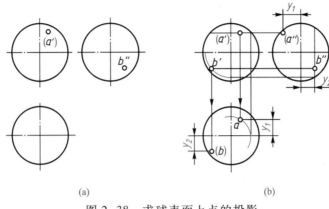

(a)　　　　　　　(b)

图 2-38　求球表面上点的投影

求球表面上
点的投影

根据已知点 b″，求点 b 和 b′ 的作图方法，试自行分析。

六、基本几何体的尺寸标注

任何物体都具有长、宽、高三个方向的尺寸。在视图上标注基本几何体的尺寸时，应将三个方向的尺寸标注齐全，既不能少，也不能重复和多余。

表 2-5 列举了一些常见基本几何体的尺寸标注。

从表 2-5 可以看出，在三视图中，尺寸应尽量注在反映基本形体形状特征的视图上，而圆的直径一般注在投影为非圆的视图上。

表 2-5　基本几何体的尺寸标注

平 面 立 体		曲 面 立 体	
立 体 图	三 视 图	立 体 图	三 视 图
四棱柱	左视图可省略	圆柱	俯视图、左视图可省略

续表

平面立体		曲面立体	
立 体 图	三 视 图	立 体 图	三 视 图
六棱柱	左视图可省略	圆锥	俯视图、左视图可省略
四棱锥	左视图可省略	圆台	俯视图、左视图可省略
四棱台	左视图可省略	球	俯视图、左视图可省略

本 章 小 结

1. 投影法的概念

中心投影法和平行投影法是两种常用的投影法。在机械制造中主要采用"正投影法"绘制机械图样。因为正投影法作图简便，能反映物体的真实形状且度量性好，所以在生产中被广泛应用。

2. 三视图的形成及投影规律

三视图的形成，是应用正投影原理，从空间三个方向投射物体的结果。

三视图的投影规律可以归纳为：长对正、高平齐、宽相等（简称"三等关系"）。只要是正投影图就存在这一规律，在看图和画图时都要遵循。

3. 点的投影

点的投影是点，这是点的投影特性。

点在三投影面体系中的投影规律是：

（1）点的正面投影与水平面投影的连线一定垂直于 OX 轴；

（2）点的正面投影与侧面投影的连线一定垂直于 OZ 轴；

（3）点的水平面投影到 OX 轴的距离等于点的侧面投影到 OZ 轴的距离。

点在三投影面体系中的投影规律，实质上是几何体的三视图之间保持"三等"关系的理论基础，几何体上每一个点的投影都应符合这条投影规律。

4. 直线的投影

（1）直线的投影特性　直线的投影特性可简单归纳为：

直线倾斜于投影面，投影变短线。

直线平行于投影面，投影实长现。

直线垂直于投影面，投影聚一点。

（2）直线在三投影面体系中的投影特性　在三投影面体系中，直线相对于投影面的位置可分为一般位置直线、投影面平行线和投影面垂直线三类。其投影特性总结如下：

① 一般位置直线的投影特性：

在三个投影面上的投影均是倾斜直线；投影长度均小于实长。

② 投影面平行线的投影特性：

在所平行的投影面上的投影为一段反映实长的斜线；其他两个投影平行于相应的投影轴，长度缩短。

③ 投影面垂直线的投影特性：

在所垂直的投影面上的投影积聚为一点；其他两个投影垂直于相应的投影轴，反映实长。

5. 平面的投影

（1）平面的投影特性　平面的投影特性可归纳为：

平面平行于投影面，投影原形现。

平面倾斜于投影面，投影面积变。

平面垂直于投影面，投影聚成线。

（2）平面在三投影面体系中的投影特性　在三投影面体系中，平面相对于投影面的位置可分为一般位置平面、投影面平行面、投影面垂直面三类。其投影特性总结如下：

① 一般位置平面的投影特性

在三个投影面上的三个投影，均为原平面的类似形，而且面积缩小，不反映真实形状。

② 投影面平行面的投影特性

在所平行的投影面上的投影反映实形；在其他两投影面上的投影分别积聚为一条直线，且平行于相应的投影轴。

③ 投影面垂直面的投影特性

在所垂直的投影面上的投影积聚为一段斜线；在其他两投影面上的投影都为原平面缩小的类似形。

6. 基本几何体

（1）机械零件可以看作由基本几何体组合而成，基本几何体根据其组成表面的性质可分为平面立体和曲面立体。

（2）组成立体的表面都是平面的为平面立体。平面立体的投影就是表示出组成立体的面和棱线的投影。平面立体投影图中的线条，可能是平面立体上的面与面的交线的投影，也可能是某些平面具有积聚性的投影，而平面立体投影图中的线框，一般是平面立体上某一个平面的投影。

（3）组成立体的表面都是曲面或是曲面与平面的称为曲面立体。曲面立体的投影就是其转向轮廓线的投影（它是曲面立体可见与不可见部分的分界线）和回转轴线的投影。曲面立体投影图中的线条，可能是曲面立体上具有聚积性的曲面的投影；还可能是光滑曲面的转向轮廓线的投影。而曲面立体投影图中的线框，一般是曲面立体中的一个平面或一个曲面的投影。

（4）基本几何体的尺寸标注，对平面立体一定要标出长、宽、高三个方向的尺寸；对曲面立体只需标出径向、轴向两个尺寸（一般来说，对曲面立体长、宽、高三个方向尺寸有两个尺寸重合）即可。

74

思 考 题

1. 中心投影法与平行投影法有何区别？

2. 在平行投影法中，斜投影法和正投影法有何区别？

3. 三视图的投影规律是什么？

4. 根据视图怎样判断物体各部分的上下、左右和前后位置？

5. 点的投影规律是什么？

6. 怎样根据点的已知两投影作出第三投影？

7. 直线有何投影特性？举例说明侧平线、侧垂线的投影特性。

8. 平面有何投影特性？举例说明正平面、正垂面的投影特性。

9. 试举例说明如何用积聚性、辅助线法和辅助面法求点的投影。

10. 在标注尺寸时，尺寸应尽量注在哪个视图上？

第三章

轴　测　图

　　用正投影法绘制的三视图能够准确、完整地表达物体的形状且作图方便，但缺乏直观性。轴测图作为一种富有立体感的投影图，常用来表达机器的外形、内部结构。随着计算机绘图的广泛应用，在工业造型设计、产品样品及产品广告等方面更显示其独特的优势。练就绘制轴测图，尤其是轴测草图的技术，是掌握物与图之间转换规律，提高表达能力、空间想象能力和构思创新能力的有效方法。

　　本章的学习重点是熟练掌握轴测图的绘图技能。三视图、正等轴测图和斜二等轴测图都是采用平行投影法获得的图形，都具有平行投影的基本性质，理解并熟练运用平行投影性质是作图的关键。

第一节　轴测图的基本知识

一、轴测投影（轴测图）的形成

　　将物体连同其直角坐标体系，沿不平行于任一坐标平面的方向，用平行投影法将其投射在单一投影面上所得的图形，称为轴测投影，又称为轴测图（图 3-1）。

　　轴测投影的单一投影面称为轴测投影面，如图 3-1 中的平面 P。

　　坐标轴在轴测投影面上的投影 OX、OY、OZ 称为轴测投影轴，简称轴测轴。三根轴测轴的交

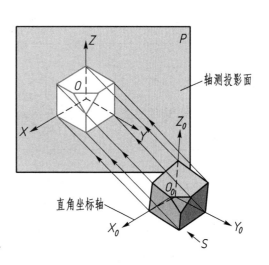

图 3-1　轴测图的形成

点 O 称为原点（图 3-1）。

二、轴间角和轴向伸缩系数

轴测投影中，任两根轴测轴之间的夹角称为轴间角。

轴测轴上的单位长度与相应直角坐标轴上的单位长度的比值称为轴向伸缩系数。

OX、OY、OZ 轴上的轴向伸缩系数分别用 p_1、q_1、r_1 表示。

为了便于作图，绘制轴测图时，对轴向伸缩系数进行简化，以使其比值成为简单的数值。简化伸缩系数分别用 p、q、r 表示。

常用轴测图的轴间角、轴向伸缩系数及简化伸缩系数见表 3-1。

三、常用的轴测投影

常用的轴测投影见表 3-1（摘自 GB/T 14692—2008）。

表 3-1 常用的轴测投影

特　　性		正轴测投影			斜轴测投影		
		投射线与轴测投影面垂直			投射线与轴测投影面倾斜		
轴测类型		等测投影	二测投影	三测投影	等测投影	二测投影	三测投影
简　　称		正等测	正二测	正三测	斜等测	斜二测	斜三测
应用举例	轴向伸缩系数	$p_1 = q_1 = r_1$ $= 0.82$	$p_1 = r_1 = 0.94$ $q_1 = \dfrac{p_1}{2} = 0.47$	视具体要求选用	视具体要求选用	$p_1 = r_1 = 1$ $q_1 = 0.5$	视具体要求选用
	简化伸缩系数	$p = q = r = 1$	$p = r = 1$ $q = 0.5$			无	
	轴间角						
	图例						

在轴测投影中，工程上应用最广泛的是正等测和斜二测。

四、轴测投影的基本特性

由于轴测图是根据平行投影法绘制而成的，因此它具有平行投影的基本性质。轴测图的主要投影特性概括如下：

（1）空间互相平行的线段，在同一轴测投影中一定互相平行。与直角坐标轴平行的线段，其轴测投影必与相应的轴测轴平行。

（2）与轴测轴平行的线段，按该轴的轴向伸缩系数进行度量。与轴测轴倾斜的线段，不能按该轴的轴向伸缩系数进行度量。因此，绘制轴测图时，必须沿轴向测量尺寸。

第二节　正等轴测图及其画法

一、正等轴测图的轴间角、轴向伸缩系数

由表 3-1 可知，正等轴测图的轴间角 $\angle XOY = \angle XOZ = \angle YOZ = 120°$。画图时，一般使 OZ 轴处于垂直位置，OX、OY 轴与水平成 $30°$，如图 3-2a 所示。三根轴的简化伸缩系数都相等（$p=q=r=1$）。这样在绘制正等测时，沿轴向的尺寸都可在投影图上的相应轴按 $1:1$ 的比例量取。

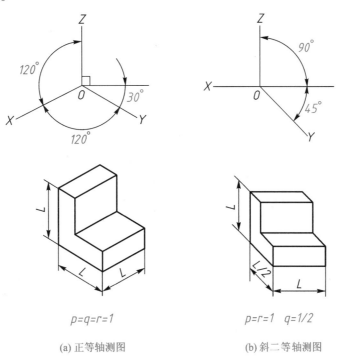

(a) 正等轴测图　　　　　(b) 斜二等轴测图

图 3-2　正等轴测图画法

二、正等轴测图的画法

1. 平面立体正等轴测图的画法

例 3-1 已知长方体的三视图（图 3-3a），画出它的正等轴测图。

分析 长方体共有八个顶点，用坐标确定各顶点在其轴测图中的位置，然后连接各顶点间的棱线即为所求。

作图步骤：

（1）在三视图上选定原点和坐标轴的位置。选右后上方的棱角为原点 O_0，构成棱角的三条棱线是坐标轴 X_0、Y_0、Z_0，如图 3-3a 所示。

（2）画出三根轴测轴，在 X 轴上量取长方体的长 l，在 Y 轴上量取宽 b；由端点 Ⅰ 和 Ⅱ 分别画 Y、X 轴的平行线，再画出长方体顶面的形状，如图 3-3b 所示。

（3）由长方体顶面各端点向下画 Z 轴方向的可见棱线，在各棱线上量取长方体的高度 h，连接各点，即得到物体可见的正面和侧面的形状，如图 3-3c 所示。

（4）擦去轴测轴，描深轮廓线，即得长方体的正等轴测图，如图 3-3d 所示。

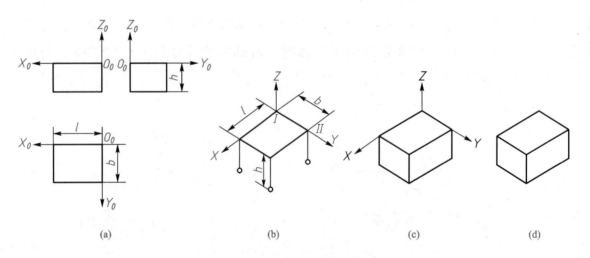

(a)	(b)	(c)	(d)

图 3-3 长方体的正等轴测图

从该例可看出，将坐标原点取在可见表面上，就避免了绘制不可见棱线，使作图简化。

例 3-2 已知凹形槽的三视图（图 3-4a），画出它的正等轴测图。

分析 图示凹形槽是在一长方体上面的中间切去一个小长方体而制成的。先画出长方体，再切割小长方体即可得到凹形槽的正等轴测图。

作图步骤：

（1）选定原点和坐标轴。选左前下棱角为原点 O_0，构成棱角的三条棱线为坐标轴

X_0、Y_0、Z_0。如图 3-4a 所示。

（2）画出 OX、OY、OZ 轴。

（3）根据三视图的尺寸画出大长方体的正等轴测图。

（4）根据三视图中的凹槽尺寸，在大长方体的相应部分画出被切除的小长方体，如图 3-4b 所示。

（5）整理图线。擦去多余线条，加深轮廓线，即得凹形槽的正等轴测图，如图 3-4c 所示。

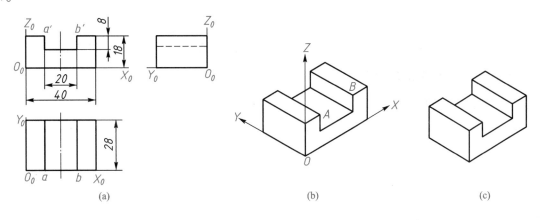

图 3-4　凹形槽正等轴测图

例 3-3　已知垫块的三视图（图 3-5a），画出它的正等轴测图。

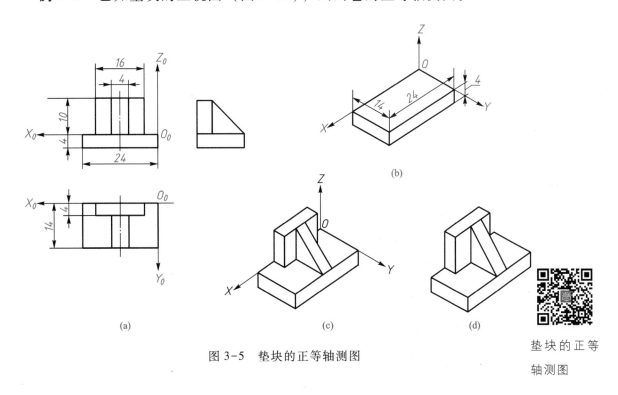

图 3-5　垫块的正等轴测图

垫块的正等
轴测图

79

分析 图示垫块为一简单组合体,由两个长方体与一个三棱柱组合而成。应用叠加法来画垫块的正等轴测图。

作图步骤:

(1) 选定坐标原点 O_0 和坐标轴 X_0、Y_0、Z_0,如图 3-5a 所示。

(2) 画三根轴测轴,根据三视图尺寸画出底部长方体的正等轴测图,如图 3-5b 所示。

(3) 根据图示的相对位置,画出上部长方体竖板与中央部位的三棱柱,如图 3-5c 所示。

(4) 擦去不必要的图线,描深轮廓线,即得垫块的正等轴测图,如图 3-5d 所示。

2. 回转体正等轴测图的画法

(1) 平行于坐标面的圆柱的正等轴测图的画法

例 3-4 已知圆柱的二视图(图 3-6a),画出它的正等轴测图。

分析 图 3-6a 所示的圆柱轴线垂直于水平面,上、下底面为两个平行于水平面的圆,在正等轴测图中为椭圆,完成椭圆的绘制,再作两椭圆的轮廓素线即得圆柱的正等轴测图。

作图步骤:

① 确定 X_0、Y_0、Z_0 轴的方向和原点 O_0 的位置。取上底面圆心为原点 O_0,Z_0 轴与圆柱轴线重合。在俯视图圆的外切正方形中,切点为 1、2、3、4,如图 3-6a 所示。

② 画出顶圆的轴测图。先画出轴测轴 X、Y、Z,沿轴向可直接量得切点 1、2、3、4。过这些点分别作 X、Y 轴的平行线,即得正方形的轴测图——菱形,如图 3-6b 所示。

③ 过切点 1、2、3、4 作菱形相应各边的垂线。它们的交点 O_1、O_2、O_3、O_4 就是画近似椭圆的四个圆心。

④ 用四心圆法画椭圆。以 $O_4 1 = O_4 2 = O_2 3 = O_2 4$ 为半径,以 O_4、O_2 为圆心,画出大圆弧 $\overset{\frown}{12}$、$\overset{\frown}{34}$;以 $O_1 1 = O_1 4 = O_3 2 = O_3 3$ 为半径,以 O_1、O_3 为圆心,画出小圆弧 $\overset{\frown}{14}$、$\overset{\frown}{23}$,完成顶圆的轴测图,如图 3-6c 所示。

⑤ 用圆心平移法画底面可见的半个椭圆。将顶面椭圆的 O_1、O_3、O_4 沿 Z 轴向下度量圆柱的高度距离,即可得底面椭圆各个圆心的位置,并由此画出底面可见的半个椭圆,如图 3-6c 所示。

⑥ 画出椭圆的轮廓素线,擦去多余的线段,描深轮廓线,即得圆柱体的正等轴测图,如图 3-6d 所示。

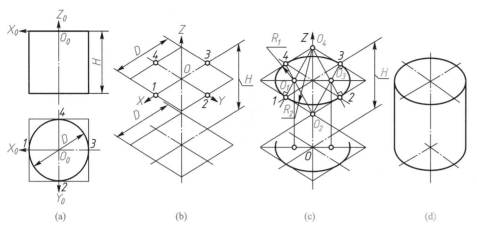

圆柱的正等
轴测图

图 3-6 圆柱的正等轴测图

在正等轴测图中，平行于三个坐标面的圆的图形都是椭圆，即水平面椭圆、正面椭圆、侧面椭圆，它们的外切菱形的方位有所不同。作图时，选好该坐标面上的两根轴，组成新的方位菱形，按图 3-6c 所示顶面椭圆作法，即得新的方位椭圆。三向正等测圆的画法如图 3-7 所示。

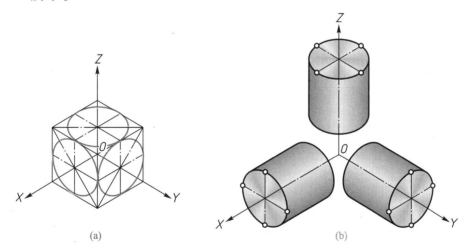

图 3-7 三向正等测圆的画法

（2）正等轴测图中圆角的画法

物体上常遇到由四分之一圆弧所形成的圆角，其正等测投影为四分之一椭圆。图 3-8 所示为正等轴测图中圆角的画法。

例 3-5 已知直角弯板的三视图（图 3-8a），画出它的正等轴测图。

分析 由图 3-8a 可知，直角弯板由底板和竖板组成，底板和竖板上均有圆角。

作图步骤：

① 根据三视图先画出直角弯板（方角）的正等轴测图，如图 3-8b 所示。

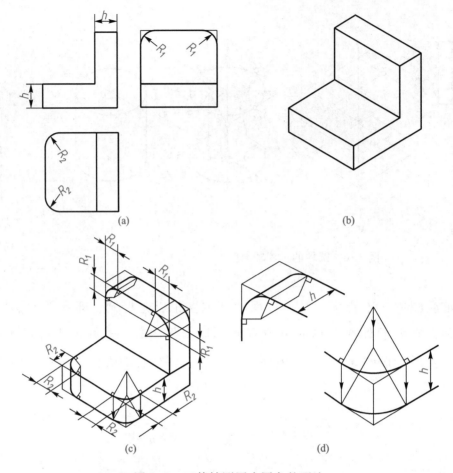

图 3-8　正等轴测图中圆角的画法

② 以 R 的大小定切点，过切点作垂线，交点即为圆弧的圆心，如图 3-8c 所示。

以各圆弧的圆心到其垂足（切点）的距离为半径在两切点间画圆弧，即为该形体上所求圆角的正等轴测图。

③ 应用圆心平移法，将圆心和切点向厚度方向平移 h，如图 3-8d 所示，即可画出相同部分圆角的正等轴测图。

第三节　斜二等轴测图及其画法

一、斜二等轴测图的轴间角、轴向伸缩系数

由表 3-1 可知，斜二等轴测图的轴间角 $\angle XOZ = 90°$，$\angle XOY = \angle YOZ = 135°$，同时由图 3-2b 可知，$OY$ 轴与水平成 45°。三根轴的轴向伸缩系数分别为 $p_1 = 1$，$q_1 = 0.5$，$r_1 = 1$。在绘制斜二等轴测图时，沿轴测轴 OX 和 OZ 方向的尺寸，可按实际尺寸选取比例度量，

沿 OY 方向的尺寸，则要缩短一半度量。

斜二等轴测图能反映物体正面的实形且画圆方便，适用于画正面有较多圆的机件轴测图。

二、斜二等轴测图的画法

1. 平面立体斜二等轴测图的画法

例 3-6　已知正四棱锥台的二视图（图 3-9a），画出它的斜二等轴测图。

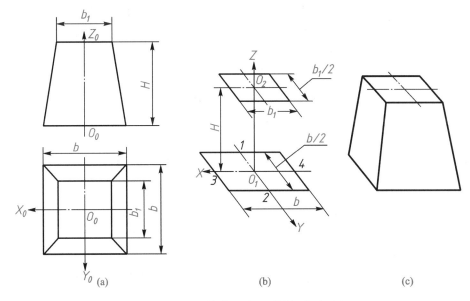

图 3-9　正四棱台的斜二等轴测图画法

解　作图步骤：

（1）选定坐标原点 O_0 和坐标轴 X_0、Y_0、Z_0，如图 3-9a 所示。

（2）作轴测轴 X、Y、Z，在 X 轴上量取 $O_1 3 = O_1 4 = \dfrac{b}{2}$；在 Y 轴上量取 $O_1 1 = O_1 2 = \dfrac{b}{4}$。

过点 1、2、3、4 作 X、Y 轴的平行线，得四边形，完成底面的斜二等轴测图，如图 3-9b 所示；在 Z 轴上取 $O_1 O_2 = H$，过 O_2 作四棱台顶面的斜二等轴测图，如图 3-9b 所示。

（3）连接顶面、底面对应角点，画出可见棱线。擦去作图辅助线并加深图线，完成全图，如图 3-9c 所示。

2. 带圆孔的组合体斜二等轴测图的画法

例 3-7　画出图 3-10a 所示支架的斜二等轴测图。

分析　图示支架的正面有孔且圆弧曲线较多，形状较复杂。由于斜二等轴测图中，凡是平行于 XOZ 坐标面的平面图形，其轴测投影均反映实形，所以当物体只有一个方向有圆时宜采用斜二等轴测图画法。

支架的斜二
等轴测图

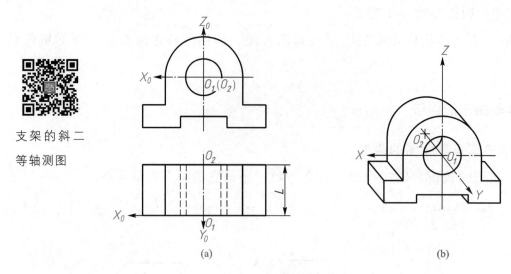

(a)

(b)

图 3-10　支架的斜二等轴测图画法

作图步骤：

（1）选定前表面孔的圆心 O_1 为坐标原点，确定坐标 X_0、Y_0、Z_0，如图 3-10a 所示。

（2）如图 3-10b 所示，取圆及孔所在的平面为正平面，在轴测投影面 XOZ 上得与图 3-10a 所示主视图一样的实形。支架的宽为 L，反映在 Y 轴上应为 $\dfrac{L}{2}$。

（3）在 Y 轴上沿圆心 O_1 向后移 $\dfrac{L}{2}$ 定点 O_2 位置；以点 O_2 画后面的圆及其他部分。最后作圆头部分的公切线，补全轮廓线，擦去作图辅助线并描深，完成全图，如图 3-10b 所示。

由上例我们可以体会到，当物体一个方向上的圆形结构较多时，采用斜二等轴测图比较简便。

第四节　轴测图的尺寸标注

轴测图的尺寸标注，除了要求正确、完整、清晰外，还需熟悉轴测图特有的尺寸标注方法。

轴测图尺寸标注的一般方法见表 3-2。

表 3-2　轴测图尺寸标注的一般方法

图例	说明
线性尺寸	1. 沿轴测轴方向标注。 2. 尺寸数字标注在尺寸线上方。 3. 尺寸线与所标注的线段平行，尺寸界限平行于该线段所在平面的某一轴测轴。 4. 当图形中出现字头向下时应引出标注，将数字按水平位置注写
角度尺寸	1. 尺寸线应画成与该坐标平面相应的椭圆弧。 2. 角度数字一般标注在尺寸线的中断处，字头向上，水平放置
圆和圆弧	1. 尺寸线和尺寸界限应分别平行于圆所在平面内的轴测轴。 2. 标注圆弧半径或较小的圆直径时，尺寸线可从（或通过）圆心引出标注，但尺寸数字的横线必须平行于轴测轴

例 3-8 标注支座轴测图的尺寸（图 3-11）。

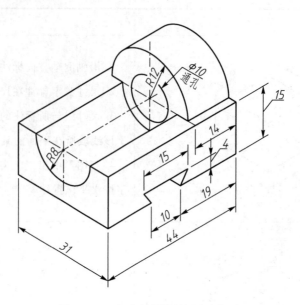

图 3-11 支座轴测图的尺寸标注

分析 X 方向的线性尺寸 44、10、19、15 和 14 都平行于 X 轴，尺寸数字标注在尺寸线上方；

Y 方向的线性尺寸 31 平行于 Y 轴；

同样，Z 方向的线性尺寸 15、4 平行于 Z 轴，尺寸数字引出标注；

半径尺寸 $R12$ 和 $R8$ 平行于圆弧所在的 YOZ 平面；

通孔尺寸 $\phi30$ 为引出标注，同样在圆所在的 YOZ 平面，引出线平行于 Y 轴。

第五节 轴测草图的画法

徒手绘制的轴测图称为轴测草图。轴测草图是创意构思、零件测绘、技术交流常用的绘图方法。

徒手绘制轴测草图，其作图原理和过程与尺规作轴测图一样，所不同的是不受条件限制，更具灵活快捷的特点，有很大的实用价值。随着计算机绘图技术的普及，徒手图的应用将更加凸显。

一、画轴测草图的基本技法

1. 轴测轴的画法

图 3-12a 所示为正等测轴测轴的徒手画法。作轴测轴 Z，过 Z 轴作水平辅助线，交点 O 为轴测坐标原点，过点 O 向左五等分，得点 M，过点 M 作垂直线，分别向上、下各

三等分，得两点 A_1、A，连接 OA，即得轴测轴 X，连接 A_1O 并延长即得轴测轴 Y。

图 3-12b 所示为斜二测轴测轴的徒手画法。

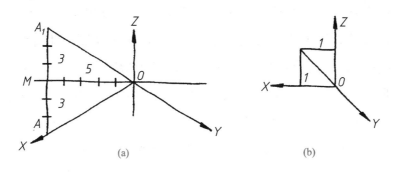

图 3-12 轴测轴的徒手画法

2. 已知正六边形的对角，徒手画正六边形及其正等测

作图：如图 3-13a 所示，作出两垂直中心线并确定对角 AD，取 OM 等于 OA（即等于六边形边长）并六等分。过 OM 上第五等分点 K 作水平线，过 OA 中点 N 作垂直线，两线交于点 B，再作出各对称点 C、E、F，连接各点成正六边形。

正六边形的正等测画法如图 3-13b 所示。

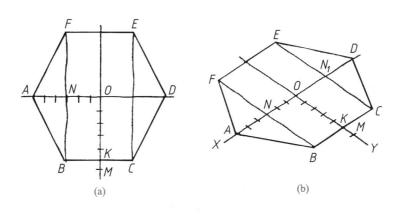

图 3-13 徒手画正六边形及其正等测

3. 三向正等测椭圆的徒手画法

在正等测中，平行于坐标面的三种椭圆的画法前已述及，除各面上椭圆长短轴投影的方向不同以外，画法完全一样，作图关键在于熟知各面椭圆长短轴（相互垂直）的位置关系，对其徒手图尤为重要。

如图 3-14 所示，各面椭圆长短轴的位置关系：三面椭圆长轴构成一个正三角形，与其垂直的轴测轴 X、Y、Z 分别与各椭圆短轴重合。

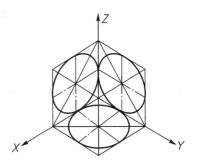

图 3-14 正等测椭圆轴的位置关系

已知圆的直径为 D，徒手绘制其三向正等测椭圆的画法如图 3-15b、c、d 所示。

下面以正面椭圆为例加以说明（图 3-15b）：

（1）画出 X、Z 轴，交点为 O，在 X 轴上截取 $D/2$，得到交点 *1* 和 *3*，分别过点 *1*、*3* 画出两条平行于 Z 轴的直线；用同样的方法在 Z 轴上截取 $D/2$，得到交点 *2* 和 *4*，分别过点 *2*、*4* 画出两条平行于 X 轴的直线，得到一个菱形 $ACBD$。

（2）连接菱形对角线 AB、CD，分别将 OA、OB、OC、OD 作三等分，得到点 *5*、*6*、*7*、*8*。

（3）光滑连接 *1*、*6*、*2*、*7*、*3*、*8*、*4*、*5* 这 8 个点，即可得到比较规整的椭圆，如图 3-15b 所示。

（4）用相同的方法画 XOY、YOZ 方向的椭圆，如图 3-15c 和 3-15d 所示。

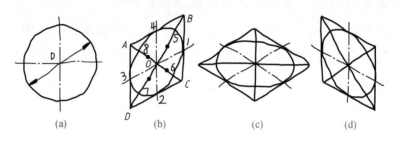

图 3-15　三向正等测椭圆的徒手画法

二、轴测草图画法综合举例

例 3-9　根据接头的主、俯视图，如图 3-16a 所示，画出接头的正等测草图。

分析　接头主要由左、右两个带孔的圆柱拱形体和中间一个长方体组合而成，左端拱形体的主要平面平行于正平面，右端拱形体的主要平面平行于水平面。作图时一般先画三部分的大致轮廓，再画拱形体的半圆头和圆孔等结构。

画图步骤：

（1）根据接头的形体特征，画出长方体大轮廓，再进行分割，画出三个组成部分的轮廓，如图 3-16b 所示。

（2）画出拱形体半圆头的椭圆弧和表示孔的椭圆，如图 3-16c 所示。

（3）擦去多余作图线，得到接头的正等测草图，如图 3-16d 所示。

例 3-10　根据支座的主、俯视图（图 3-17a），画出它的轴测草图。

分析　支座由带槽的长方体底板和中间有半圆柱槽、两侧切角的竖板组成。两部分的原形都是长方体，其主要结构特征面都是正平面，而且带有半圆弧，其他两侧形状都是简单的矩形平面。因此，支座更适合用斜二等轴测草图来表达。

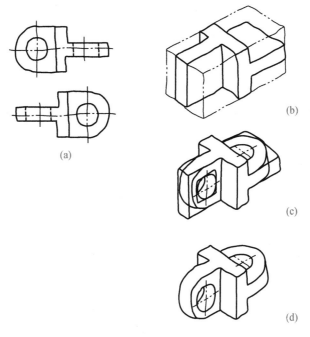

图 3-16　接头正等测草图的画法

画图步骤：

（1）画出支座的基本轮廓，如图 3-17b 所示。

（2）按照主视图画出竖板、底板的正面形状，再画出半圆槽和切角，如图 3-17c 所示。

（3）擦除多余作图线，完成支座的轴测草图，如图 3-17d 所示。

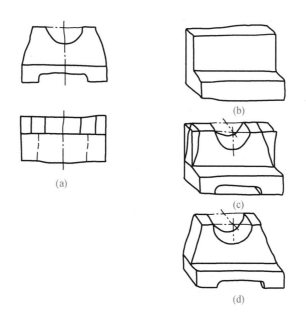

图 3-17　支座斜二等轴测草图的画法

本 章 小 结

在工程上常采用富有立体感的轴测图作为辅助图样来辅助说明零部件形状。在某些场合（如绘制产品包装图等）则直接用轴测图表示设计要求，并依此作为加工和检验的依据。常用的轴测图有正等轴测图和斜二等轴测图两种。

1. 轴测投影的特性

（1）空间互相平行的线段，在同一轴测投影中一定互相平行。与直角坐标轴平行的线段，其轴测投影必与相应的轴测轴平行。

（2）与轴测轴平行的线段，按该轴的轴向伸缩系数进行度量，与轴测轴倾斜的线段，不能按该轴的轴向伸缩系数进行度量。

2. 轴测图的选用原则

在选用轴测图时，既要考虑立体感强，又要考虑作图方便。

（1）正等轴测图的轴间角以及各轴的轴向伸缩系数均相同，用30°的三角板和丁字尺作图较简便，它适用于绘制各坐标面上都带有圆的物体。

（2）当物体上一个方向上的圆及孔较多时，采用斜二等轴测图比较简便。

究竟选用哪种轴测图，应根据各种轴测图的特点及物体的具体形状进行综合分析，然后作出决定。

3. 轴测图的尺寸标注，除了要求正确、完整和清晰外，还必须熟悉轴测图特有的尺寸标注规则，包括线性尺寸、角度尺寸以及圆和圆弧等。

4. 轴测草图的绘制技能，是掌握物图转换规律，提高表达能力和空间想象能力的有效手段，应多加练习，熟能生巧。

思 考 题

1. 轴测图是如何形成的？

2. 轴测投影有哪些基本特性？

3. 正等轴测图和斜二等轴测图各有何特点？在什么情况下采用斜二等轴测图较为方便？

第四章

组合体视图

　　组合体是本课程的核心内容之一，它既是前面所学内容的综合应用，又在"投影基础"和"图样表达"中起着承上启下的作用。

　　组合体的分析方法有形体分析法和线面分析法。分析组合体，不单是模块或线框的分解和组合，而是"化整为零""积零为整"辩证地认识事物和分析问题的科学方法。

　　通过本章的学习，要熟练掌握组合体视图的识读、绘制和尺寸标注，进一步提高空间思维和空间想象能力。

第一节　组合体的概念和分析方法

　　任何机器零件，都可以看成是由若干个基本几何体所组成的，由两个或两个以上的基本几何体构成的物体称为组合体。

　　在组合体的识读分析、视图绘制和尺寸标注过程中，通常是假想将其分解为若干个简单体，分析各个简单体的形状、相对位置、组合形式以及相邻表面的连接关系，这种分析组合体的方法叫作形体分析法。形体分析法是画图和读图的基本方法。

　　图 4-1a 所示的连杆，可分为图 4-1b 所示的几个简单几何体，画出的视图如图 4-1c 所示。

　　从图 4-1a、b 可以看出，连接板的前、后表面和大、小圆筒的外表面相切；肋板的前、后表面和大、小圆筒相交；肋板和连接板则以平面相接触。图 4-1c 的视图在形体投影的分界处表达了这些情况。可见，应用形体分析法，会给画图和看图带来很大方便。这样，可以把一个较复杂的物体，分解为几个简单的几何体，然后画出或看懂各简单形体的投影及其相互关系，从而看懂或画出组合体的视图。

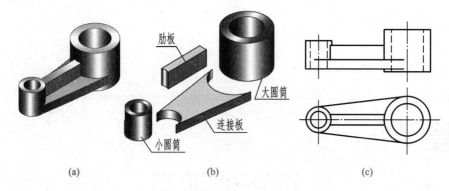

图 4-1　形体分析和视图

第二节　组合体的组合形式

组合体的形状有简有繁，千差万别，但就其组合方式来说，不外乎叠加、切割和综合三种。

一、叠加

叠加式组合体是由基本几何体叠加而成的。按照形体表面接触的方式不同，又可分为相接、相切、相贯三种。

1. 相接

两形体以平面的方式相互接触称为相接。

图 4-2a 所示支座（一），可以看成是由一块长方体底板和一个一端呈半圆形的座体相接而成，如图 4-2b 所示。座体的 A 面与底板的 B 面不平齐，所以主视图上相应位置画有交线。同样，座体的 C 面与底板的 D 面不平齐，左视图上可以看到画有交线，如图 4-2c 所示。

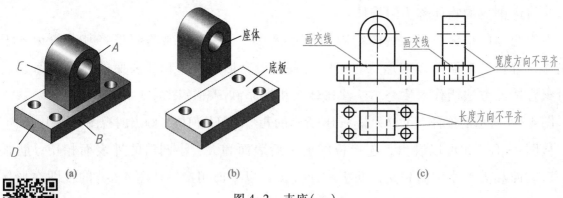

图 4-2　支座（一）

图 4-3a 所示支座（二）座体的 A 面与底板的 B 面平齐，A 面和 B 面构成了一个平面，所以在主视图上两者中间就没有交线，如图 4-3b 所示。

SView

2. 相切

图 4-4a 所示套筒（一），可以看成是由圆筒和支耳两部分相切叠加而成。圆筒的 A 面与支耳的 B 面相切，在相切处是光滑过渡的，二者之间没有分界线，所以相切处不画出切线。从主视图和左视图看，支耳只是根据俯视图上切点的位置而画到相切位置，但不画出切线，如图 4-4b 所示。

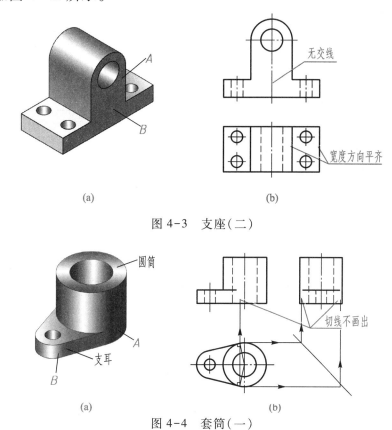

(a) (b)

图 4-3　支座（二）

(a) (b)

图 4-4　套筒（一）

3. 相贯

两形体的表面彼此相交时的交线（分界线）称为相贯线。由于形体不同，相交的位置不同，就会产生不同的交线；这些交线有的是直线，有的是曲线。在一般情况下，相贯线的投影要通过求点才能画出。

图 4-5a 所示套筒（二），可以看成是由一端呈半圆形的柱体与一个圆柱相贯叠加而成。两形体的交线由直线和曲线组成。交线的正面投影是直线，交线的水平投影是一段与圆柱表面相重合的圆弧，交线的侧面投影是直线。

二、切割

切割式组合体可以看成是在基本几何体上进行切割、钻孔、挖槽等所构成的形体。如图 4-6 所示的物体，可看作是一切割式组合体，绘图时，被切割后的轮廓线必须画出。

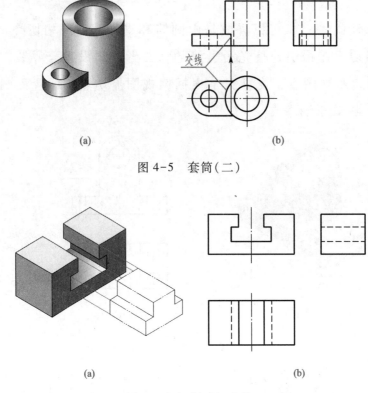

(a)　　　　　　　　　　　(b)

图 4-5　套筒(二)

(a)　　　　　　　　　　　(b)

图 4-6　切割式组合体

三、综合

常见的组合体大都是综合式组合体，既有叠加又有切割，例如图 4-1 所示的连杆就是综合式组合体。

第三节　组合体的表面交线

组合体是由基本体经过叠加或切割而形成的，基本体经过叠加或切割后所产生的表面交线使其原有轮廓发生变化，如图 4-7 所示。现以机件中常见的圆柱、圆锥、球等曲面立体为例，讨论其表面交线的变化趋势和一般规律。

(a)　　　　　　(b)　　　　　　(c)

图 4-7　零件的表面交线

一、截交线

由平面截切立体所形成的表面交线称为截交线，该平面称为截平面。截交线的形状虽有多种，但均具有以下两个基本特征：

（1）截交线为封闭的平面图形。

（2）截交线既在截平面上，又在立体表面上，是截平面与立体表面的共有线，截交线上的点均为截平面与立体表面上的共有点。因此，求作截交线就是求截平面与立体表面的共有点和共有线。

1. 圆柱的截交线

用一截平面切割圆柱，所形成的截交线有三种情况，见表4-1。

表4-1　圆柱的截交线

截平面的位置	平行于轴线	垂直于轴线	倾斜于轴线
截交线的形状	矩形	圆	椭圆
立体图	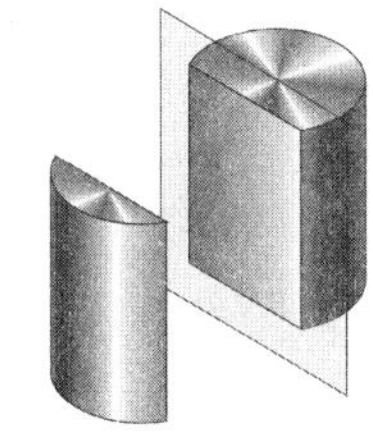	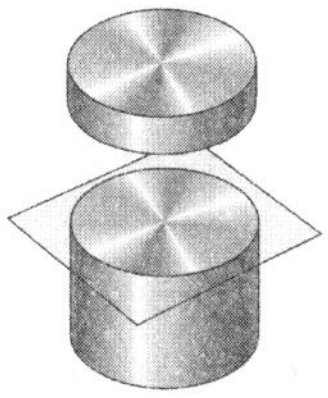	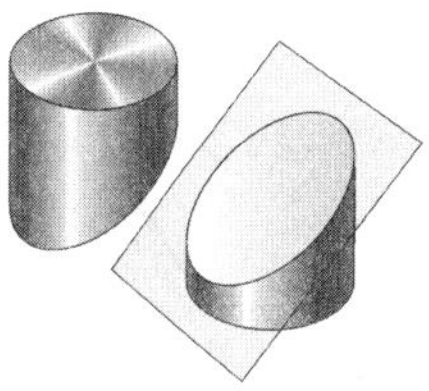
投影图	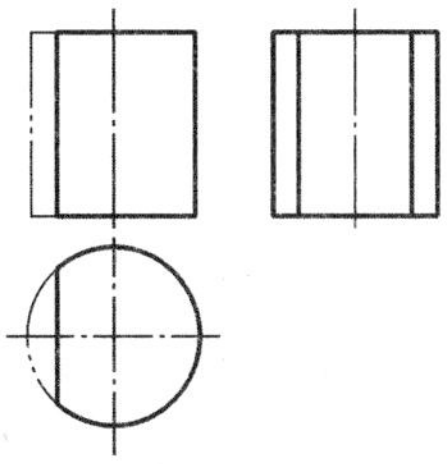	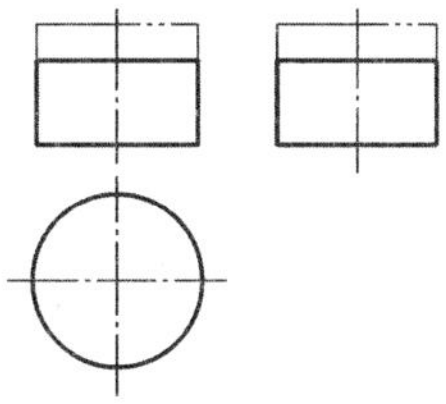	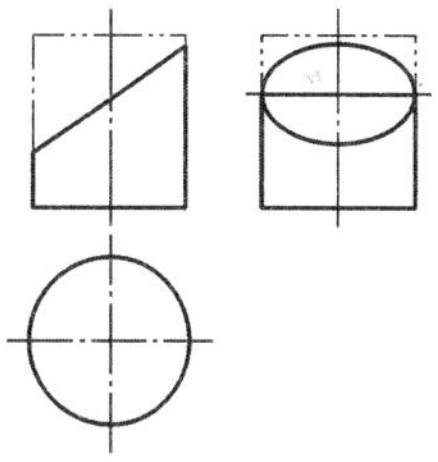

2. 圆锥的截交线

用一截平面切割圆锥，所形成的截交线见表4-2。

表4-2　圆锥的截交线

类别	立　体　图	投　影　图	截交线的形状	截平面的位置
1	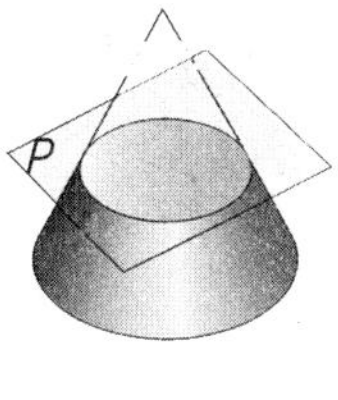	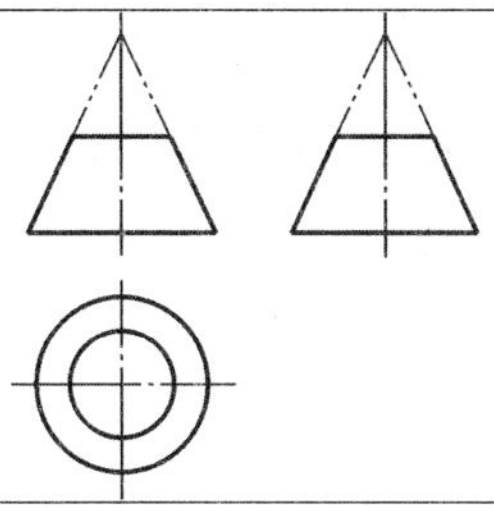	圆	垂直于轴线 $\theta = 90°$

续表

类别	立　体　图	投　影　图	截交线的形状	截平面的位置
2	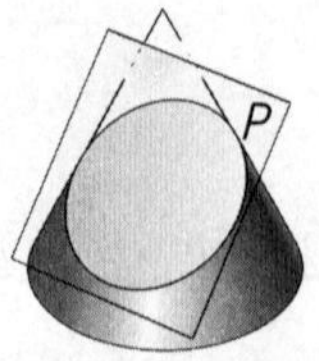	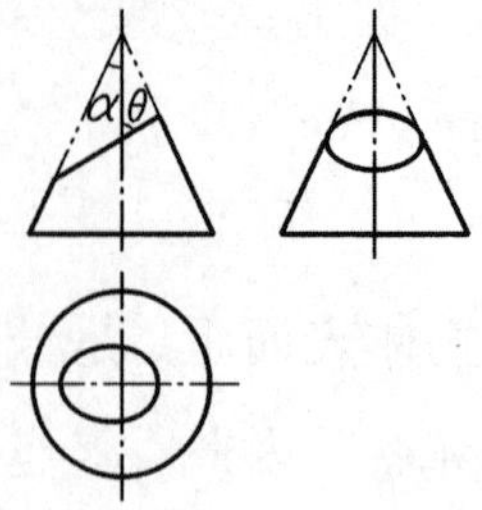	椭圆	倾斜于轴线 $\theta > \alpha$
3	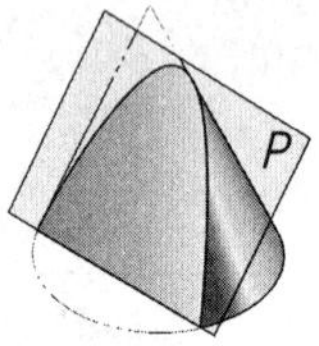	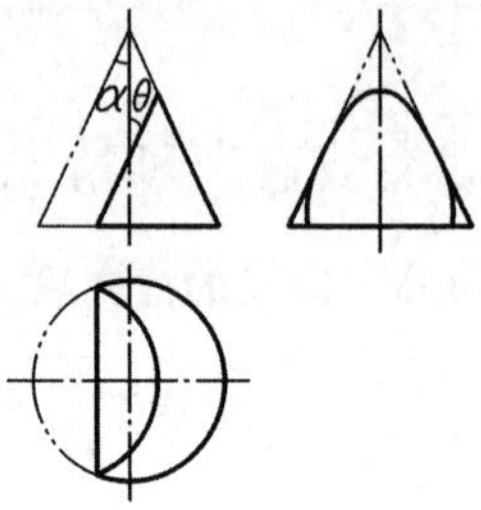	抛物线 +直线段	倾斜于轴线 （平行于一条素线） $\theta = \alpha$
4	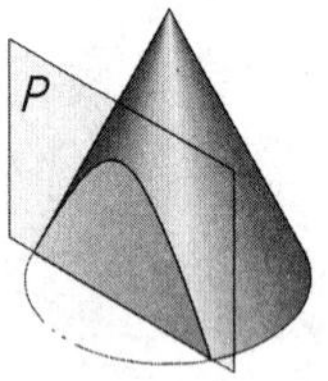	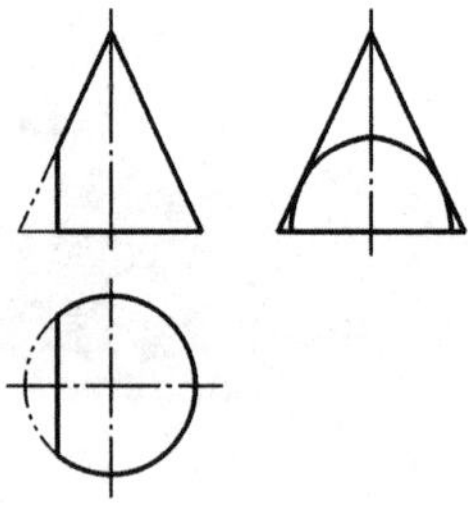	双曲线 +直线段	倾斜于轴线 $\theta < \alpha$ 平行于轴线 $\theta = 0°$
5	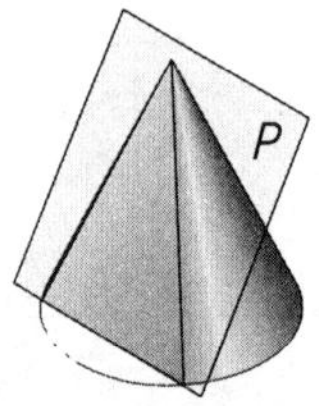	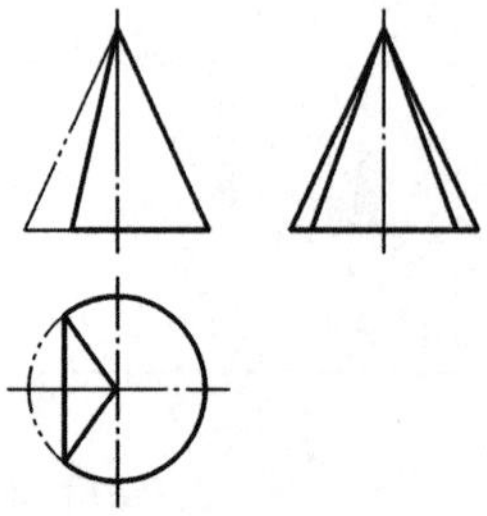	为过锥顶的两 相交直线 （三角形）	过锥顶

现举例说明截交线的一般求作方法。

例 4-1　如图 4-8 所示，补画圆柱斜切后的左视图。

分析　圆柱被正垂面所切，截交线为椭圆。椭圆的正面投影在主视图中积聚为一斜直线，水平投影在俯视图中与圆柱面的投影重合为圆，侧面投影在左视图中是类似形，仍为椭圆。

作图

（1）画出完整圆柱的轮廓线。

（2）求特殊位置点。特殊位置点指位于圆柱轮廓素线上的点和截交线上的极限位置点（最高、最低、最左、最右、最前、最后各点），各点投影有重合。

如图所示，圆柱上 Ⅰ、Ⅱ、Ⅲ、Ⅳ 点为其轮廓素线上的点，也是最低、最高、最前和最后的极限位置点。根据水平投影 1、2、3、4 和正面投影 1′、2′、3′、4′可求出侧面投影 1″、2″、3″、4″。

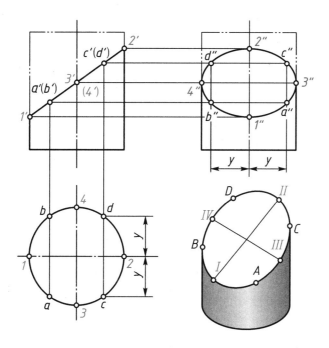

补画圆柱斜切
后的左视图

图 4-8　补画圆柱斜切后的左视图

（3）求一般位置点。为使作图更趋准确，作图时可在有积聚性的正面投影上取重影点 a′(b′)、c′(d′)四点，由"长对正"得到水平面投影 a、b、c、d；由"高平齐、宽相等"得到侧面投影 a″、b″、c″、d″。

（4）依次光滑连接各点的侧面投影，即得截交线椭圆的侧面投影。

（5）整理图线，完成全图。

当已知截交线为椭圆时，在求出其长短轴上的四个特殊位置点后，也可按四心圆法近似画出椭圆。

例 4-2　画出调整斜铁的三视图。

分析　如图 4-9 所示，调整斜铁由圆柱经过侧平面、水平面和正垂面三个截平面截切而成。其产生的截交线分别为矩形、圆的一部分和椭圆的一部分。

在主视图中各截交线均积聚为直线，左视图中矩形反映实形，部分圆为直线，部分椭圆为类似形。俯视图自行分析。

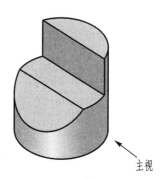

图 4-9　调整斜铁

作图 如图 4-10a 所示，先画调整斜铁的主视图和俯视图，根据投影关系画出左视图中实形和积聚性投影，然后求出椭圆部分上的特殊点和一般点作出侧面投影。

按投影关系检查、确认各线交点在各视图中的位置的对应性和可见性，无误后，擦去多余线条，描深，完成全图，如图 4-10b 所示。

例 4-3 补画图 4-11 所示圆筒开槽体的左视图。

分析 由图可见，圆筒上部中间用两个侧平面和一个水平面切出一个左右对称的通槽。圆筒由内外两个同轴圆柱面构成，因贯通开槽，各截平面同时与内外两个圆柱面相交，两圆柱面与各截平面的交线形状相同，作图方法一样。画图步骤及各截交线的可见性判别，结合图例自行分析。

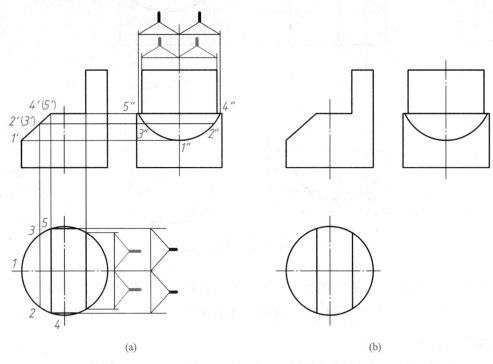

图 4-10 调整斜铁三视图的画法

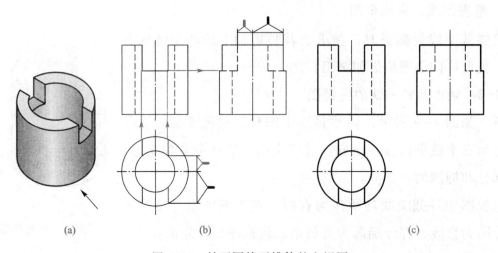

图 4-11 补画圆筒开槽体的左视图

3. 球的截交线

用一截平面切割球，不论截平面与球的相对位置如何，所形成的截交线都是圆。当截平面与某一投影面平行时，截交线在该投影面上的投影为实形，另外两投影都积聚为直线，该直线长度等于截交线圆的直径。如图 4-12 所示。

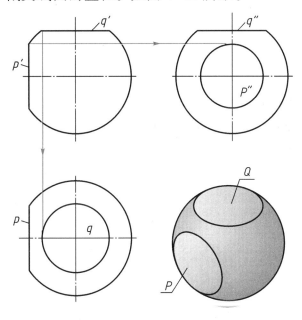

图 4-12　球的截交线

例 4-4　已知开槽半圆球的主视图，如图 4-13a 所示，求作俯视图和左视图。

分析　半圆球被两个对称的侧平面和一个水平面截切，截交线均为圆的一部分，在主视图中都积聚为直线；俯视图中，水平截面交线反映实形，其余积聚为直线，同理，左视图中两侧平截面的交线反映实形，其余积聚为直线。

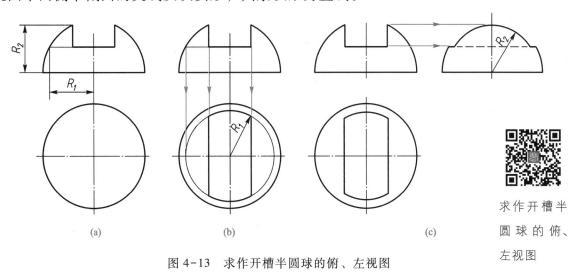

(a)　　　　　　　　　(b)　　　　　　　　　(c)

图 4-13　求作开槽半圆球的俯、左视图

求作开槽半圆球的俯、左视图

作图 如图 4-13 所示，确定各截交线所在圆的半径（R_1、R_2），在所平行的投影面上分别画出实形，判断可见性。

例 4-5 求作顶尖头部的截交线（图 4-14）。

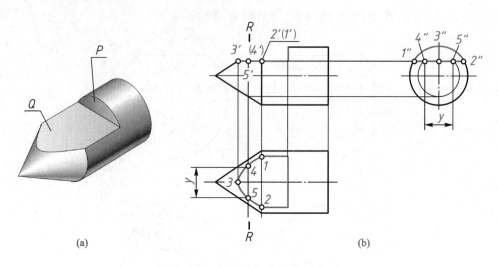

图 4-14 求作顶尖头部的截交线

分析 顶尖头部由同轴的圆锥与圆柱组合而成，且被平行于轴线的水平面 Q 和垂直于轴线的侧平面 P 所截切。截平面 Q 截切形体后的截交线是由双曲线和矩形复合而成的封闭的平面交线，其曲、直线的分界点在圆柱与圆锥的圆交线上。截平面 P 的交线自行分析。

作图

（1）在主视图、俯视图和左视图中分别作出截交线的各积聚性投影。

（2）根据截交线主、左视图中的积聚性投影，先求出俯视图中双曲线上的特殊位置点 1、2、3，再用辅助圆法由 $4''$、$5''$ 求出双曲线上一般位置点 4、5，光滑连接各点，补全实形投影。

二、相贯线

两立体相交称为相贯，表面形成的交线称为相贯线。

相贯线是常见的一种表面交线，图 4-15 所示是圆柱与圆柱相贯。

1. 相贯线的特性

（1）相贯线是相交两立体表面的共有线，也是两立体表面的分界线；相贯线上的点是两立体表面上的共有点。

（2）由于立体占有一定空间，所以，相贯线一般是一条

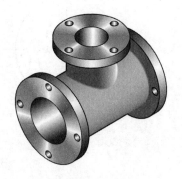

图 4-15 圆柱与圆柱相贯

闭合的空间曲线，特殊情况下是平面曲线或直线。

2. 相贯线的画法

相贯线的画法和截交线一样，同样是求作相交立体表面上一系列共有点的投影，再将所得到的点的同面投影用光滑曲线连接起来，即为所求的相贯线。

以下仅以两圆柱垂直正交以及相贯线的特殊情况为例阐述相贯线的画法。

例 4-6 两圆柱正交的相贯线画法。

分析 如图 4-16 所示，两不等径圆柱轴线垂直正交，小圆柱的水平投影和大圆柱的侧面投影都积聚为圆，因而两圆柱表面共有的相贯线在俯、左两视图中必然重合在积聚性的投影圆上，所以，对于两圆柱正交的情况，只需求出两相交圆柱的非圆投影上的相贯线即可。

作图 （1）作出两圆柱正交的三视图，如图 4-16a 所示。

（2）求相贯线上特殊点的投影。找出特殊点 Ⅰ、Ⅱ、Ⅲ、Ⅳ，利用圆柱面投影的积聚性，由 H 面投影的 1、2、3、4 和 W 面的投影 $1''$、$(2'')$、$3''$、$4''$，求出 V 面投影 $1'$、$2'$、$3'$、$(4')$，如图 4-16b 所示。

（3）求相贯线上一般位置点的投影。在俯视图适当位置作辅助正平面，得到小圆柱面上两个一般位置点 m、n，由"宽相等"得到 m''（n''），再由"长对正、高平齐"得到 V 面投影 m'、n'，如图 4-16b 所示。

（4）用光滑曲线连接 $1'm'3'n'2'$，完成相贯线的正面投影，即完成全图。

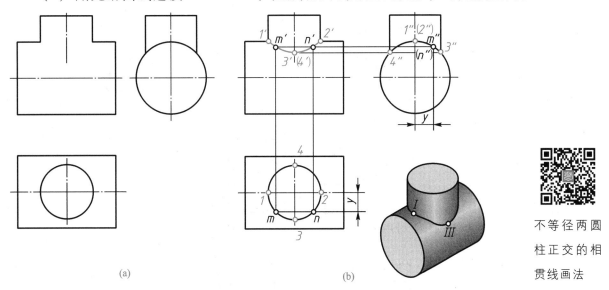

不等径两圆柱正交的相贯线画法

图 4-16 不等径两圆柱正交的相贯线画法

一般情况下，两不等径圆柱的相贯线可采用国家标准允许的简化画法，用一段圆弧代替。如图 4-17a 所示，相贯线的正面投影以大圆柱的半径为半径画弧，圆弧凸向大圆柱。

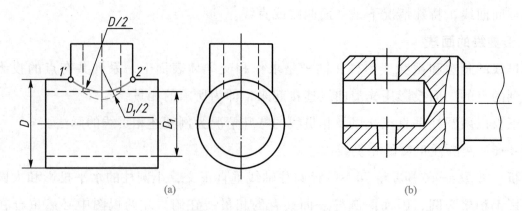

图 4-17　相贯线的简化画法

对小结构的相贯线，在不致引起误解的情况下，可用直线代替，如图 4-17b 所示。

需要说明的是，两圆柱正交时，其相贯线会因两圆柱直径的相对变化而变化，其变化规律如图 4-18 所示。

（1）相贯线的投影曲线始终由小圆柱向大圆柱轴线弯曲，如图 4-18a 所示；

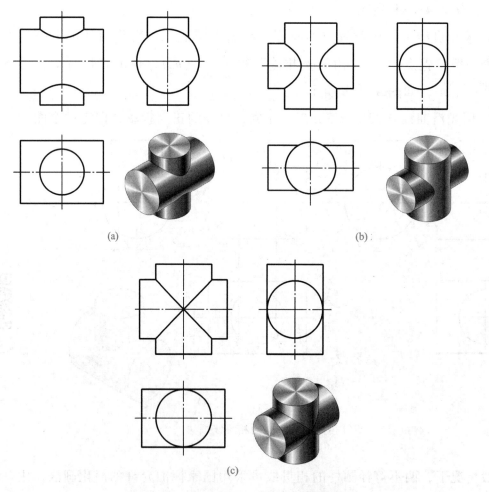

图 4-18　正交两圆柱相贯线的弯曲趋向

（2）两圆柱直径差越小，相贯线的投影曲线越弯，且更趋近大圆柱轴线，如图 4-18b 所示；

（3）当两圆柱直径相等时，相贯线为两个相交的椭圆，在与圆柱轴线平行的投影面上为两正交直线，如图 4-18c 所示。

圆柱孔与圆柱面相交或两圆柱孔相交时所产生的相贯线和两圆柱外表面的相贯线形状及作图方法完全相同，如图 4-19 所示。

3. 同轴回转体的相贯线

同轴回转体由两个回转体以共轴线的形式相交形成，此时的相贯线已不是空间曲线，而是垂直于回转体轴线的圆，在与轴线平行的投影面上为垂直于轴线的直线，如图 4-20 所示。

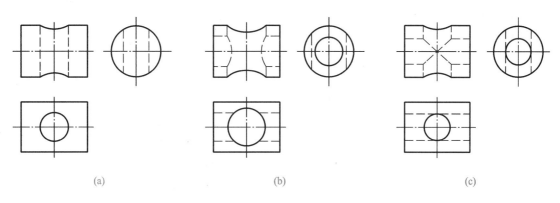

(a)　　　　　　　　　(b)　　　　　　　　　(c)

图 4-19　内外圆柱表面交线

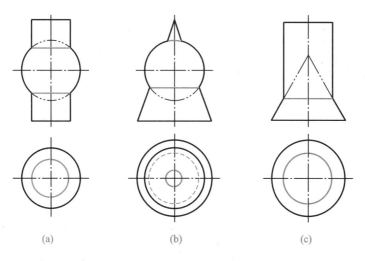

(a)　　　　　　　　　(b)　　　　　　　　　(c)

图 4-20　同轴回转体的相贯线

第四节 组合体视图的画法

一、画图步骤

画组合体视图的一般步骤是：形体分析→选择视图→选择比例，确定图幅→布局图形→初画底图→检查，描深，完成全图。

二、画图示例

下面以图 4-21 所示轴承座为例加以说明。

1. 形体分析

首先应对组合体进行形体分析，先看清楚该组合体的形状、结构特点以及各表面之间的相互关系，明确组合形式；然后将组合体分成几个组成部分，进一步了解组成部分之间的分界线特点，为画三视图做好准备。

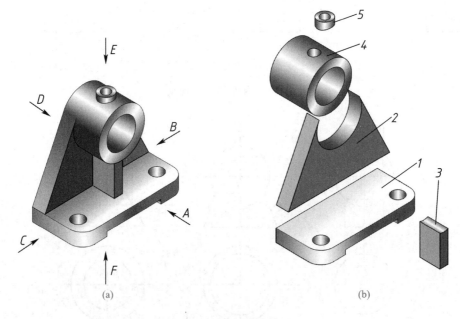

图 4-21　轴承座

图 4-21a 所示为一轴承座的轴测图，通过形体分析可知它是由底板 *1*、支撑板 *2*、加强肋板 *3*、圆筒 *4* 以及圆凸台 *5* 组成，如图 4-21b 所示。底板 *1*、支撑板 *2* 和加强肋板 *3* 两两的组合形式为相接；支撑板 *2* 的左、右侧面和圆筒 *4* 外表面相切；加强肋板 *3* 与圆筒 *4* 属于相贯，相贯线是圆弧和直线；圆筒 *4* 和圆凸台 *5* 的中间有圆柱形通孔，它们的组合形式为相贯；底板 *1* 上有两个圆柱形通孔，底面还有一矩形通槽。

2. 选择视图

选择视图首先需要确定主视图。通常要求主视图能较多地表达物体的形状和特征，即尽量将组成部分的形状和相互关系反映在主视图上，并使主要平面平行于投影面，以便投影表达实形。图 4-21a 所示的轴承座，从箭头 A 方向看去，所得到的视图满足所述的基本要求，可以作为主视图。

其次确定其他视图。俯视图主要表达底板的形状和两孔中心的位置；左视图主要表达肋板的形状。因此，三个视图都是必需的，缺少一个视图都不能将物体表达清楚。

3. 选择比例，确定图幅

根据组合体的大小选择适当的作图比例和图幅的大小，此时注意要遵守制图标准的规定。所选幅面的大小应留有余地，以便标注尺寸，画标题栏和写说明等。

4. 布局图形

布局图形时，要根据各视图每个方向上的最大尺寸和视图间预留的间隙，来确定每个视图的位置。视图间的空隙应保证标注尺寸后尚有适当的余地，并且要求布置均匀，不宜偏向一方。

5. 初画底图

初画底图时，应注意以下几点：

（1）合理布局后，画出每个视图互相垂直的两根基准线，如图 4-22a 所示。

（2）逐一画出每一个基本形体的三视图。先画底板的三视图，如图 4-22b 所示；再画圆筒和圆凸台的三视图，如图 4-22c 所示；最后画支撑板和加强肋板的三视图，如图 4-22d所示；补画底板上的圆角、圆孔、通槽的三视图，如图 4-22e 所示。画图的先后顺序，一般是从主视图到俯视图和左视图；先画主要部分，后画次要部分；先画看得见的部分，后画看不见的部分；先画主要的圆或圆弧，后画直线。

（3）画每一基本形体时，一般是三个视图对应着一起画。先画反映实形或有特征（圆、多边形）的视图，再按投影关系画其他视图（如图 4-22 中的箭头所示的顺序），尤其注意必须按投影关系正确地画出相接、相切和相贯处的投影。

6. 检查，描深

检查底稿，改正错误，然后再描深，如图 4-22f 所示。描深时应注意全图同类线型深浅、粗细保持一致，以达到美观的效果。

106

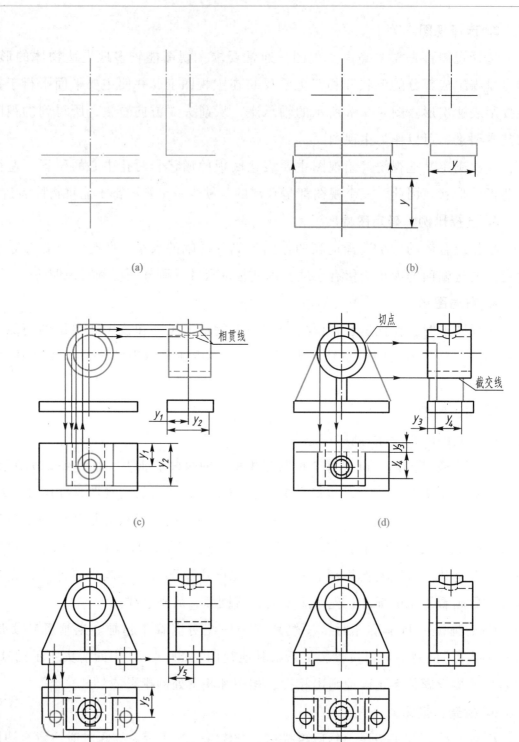

(a)

(b)

(c)

(d)

相贯线

切点

截交线

y_1　y_2

y_3　y_4

轴承座画图
步骤

(e)

(f)

y_5

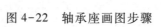

图 4-22　轴承座画图步骤

第五节　组合体的尺寸标注

画出组合体的三视图，只是解决了形状问题，要想表明它的真实大小，还需要在视图上标注出尺寸。

一、基本要求

在组合体的视图上标注尺寸，应做到正确、完整、清晰。

（1）正确　尺寸标注必须符合国家标准的规定；

（2）完整　所注各类尺寸应齐全，做到不遗漏、不多余；

（3）清晰　尺寸布置要整齐清晰，便于看图。

二、尺寸种类

组合体由若干基本几何体按一定的位置和方式组合而成，因此在视图上除了要决定基本几何体的大小外，还需要解决它们之间的相对位置和组合体本身的总体尺寸。所以，组合体的尺寸包括下列三种：

（1）定形尺寸　表示各基本几何体大小（长、宽、高）的尺寸；

（2）定位尺寸　表示各基本几何体之间相对位置（上下、左右、前后）的尺寸；

（3）总体尺寸　表示组合体总长、总宽、总高的尺寸。

三、尺寸基准

确定尺寸位置的点、直线、平面称为尺寸基准（简称基准）。

组合体具有长、宽、高三个方向的尺寸，标注每一个方向的尺寸都应先选择好基准。标注时，通常选择组合体的底面、端面、对称面、轴线、对称中心线等作为基准。图 4-21 所示轴承座的尺寸基准是：长度方向尺寸以对称面为基准；宽度方向尺寸以后端面为基准；高度方向尺寸以底面为基准，如图 4-23 所示。

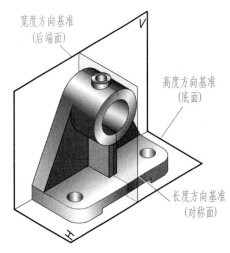

图 4-23　轴承座的尺寸基准

107

四、基本方法

标注组合体尺寸的基本方法是形体分析法。

保证尺寸标注完整，最适宜的办法是形体分析法。就是说将组合体分解为若干个基本形体，然后注出确定各基本形体位置关系的定位尺寸，再逐个注出这些基本形体的定形尺寸，最后注出组合体的总体尺寸。

例 4-7　标注轴承座视图的尺寸

（1）标注定形尺寸

如图 4-24a、b、c、d 所示，分别标注底板、圆筒、凸台、支撑板和肋板的定形尺寸。

（2）标注定位尺寸

长度方向注出底板上两圆孔的定位尺寸 30，宽度方向注出底板上两圆孔与支撑板端面的定位尺寸 12、圆凸台到支撑板端面的定位尺寸 10、高度方向注出圆筒到底面的定位尺寸 25，如图 4-24e 所示。

（3）标注总体尺寸

标注总高 37。轴承座的总体尺寸（长、宽、高）为 40、20、37。如图 4-24e 所示。

五、尺寸布置

标注组合体视图的尺寸，除了要求完整、准确地注出三类尺寸以外，还要注意尺寸的布置，使其标注得清晰，以便阅读。因此，在标注尺寸时，除应严格遵守国家标准的有关规定外，还要注意以下几点：

（1）各基本形体的定形尺寸和有关的定位尺寸，要尽量集中标注在一个或两个视图上，这样集中标注便于看图。

（2）尺寸应注在表达形体特征最明显的视图上，并尽量避免标注在虚线上。

（3）对称结构的尺寸，一般应对称标注。

（4）尺寸应尽量注在视图外边，布置在两个视图之间。

（5）圆的直径一般注在投影为非圆的视图上，圆弧的半径则应标注在投影为圆弧的视图上。

（6）多个尺寸平行标注时，应使较小的尺寸靠近视图，较大的尺寸依次向外分布，以免尺寸线与尺寸界线交错。

六、标注步骤

组合体尺寸的标注，归纳起来可按如下步骤进行：

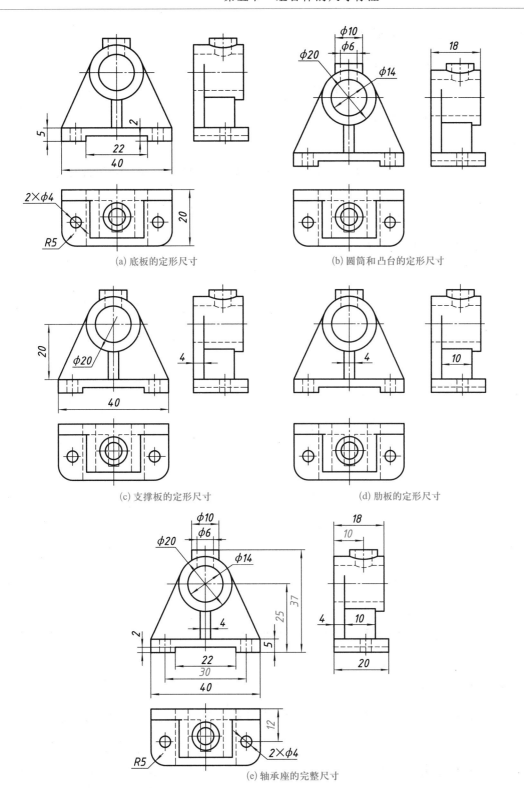

(a) 底板的定形尺寸

(b) 圆筒和凸台的定形尺寸

(c) 支撑板的定形尺寸

(d) 肋板的定形尺寸

(e) 轴承座的完整尺寸

图 4-24 轴承座的尺寸标注

轴承座的

尺寸标注

109

（1）分析组合体由哪些基本形体组成。

（2）选择组合体长、宽、高方向的主要尺寸基准。

（3）标注各基本形体相对组合体基准的定位尺寸。

（4）标注各基本形体的定形尺寸。

（5）标注组合体的总体尺寸。

（6）检查、调整尺寸。对标注的尺寸进行检查、整理、调整，把多余的和不适合的尺寸去掉。

第六节　识读组合体视图

画图是将实物或想象（设计）中的物体运用正投影法表达在图纸上，是一种从空间形体到平面图形的表达过程。读图则是这一过程的逆过程，是根据平面图形（视图）想象出空间物体的结构形状。

读图的基本方法有两种，一种为形体分析法，一种为线面分析法。

一、形体分析法

形体分析法是根据视图的特点、基本形体的投影特征，把物体分解成若干个简单的形体，分析出组合形式后，再将它们组合起来，构成一个完整的组合体。

用形体分析法看视图的步骤及方法如下：

1. 认识视图，抓住特征

认识视图就是先弄清图样上共有几个视图，然后分清图样上其他视图与主视图之间的位置关系。

抓住特征就是先找出最能代表物体构形的特征视图，通过与其他视图的配合，对物体的空间构形有一个大概的了解。

2. 分析投影，联想形体

参照物体的特征视图，从图上对物体进行形体分析，按照每一个封闭线框代表一个形体轮廓的投影原理，把图形分解成几个部分。再根据三视图"长对正""高平齐""宽相等"的投影规律，划分出每一块的三个投影，分别想出它们的形状。一般顺序是先看主要部分，后看次要部分；先看容易确定的部分，后看难于确定的部分；先看整体形状，后看细节形状。

下面以图 4-25 所示轴承座为例，说明用形体分析法看图的方法。

图 4-25a 所示为轴承座的三视图，反映形状特征较多的是主视图，它反映了 I 、II

两个形体的特征形状。

从形体Ⅰ的主视图入手，根据三视图的投影规律，可找到俯视图上和左视图上相对应的投影，如图4-25b封闭的粗线框所示。可以想象出形体Ⅰ是一个长方体，上部挖了一个半圆槽。

同样，我们可以找出三角形肋板Ⅱ的其他两个投影，如图4-25c所示的封闭粗线框。可以想象出它的形状是一个三角块，左边、右边各一个。

最后再来看底板Ⅲ，如图4-25d所示的封闭粗线框，俯视图反映了它的形状特征。再配合左视图可以想象出它的形状是带弯边的矩形板，上面钻了两个孔。

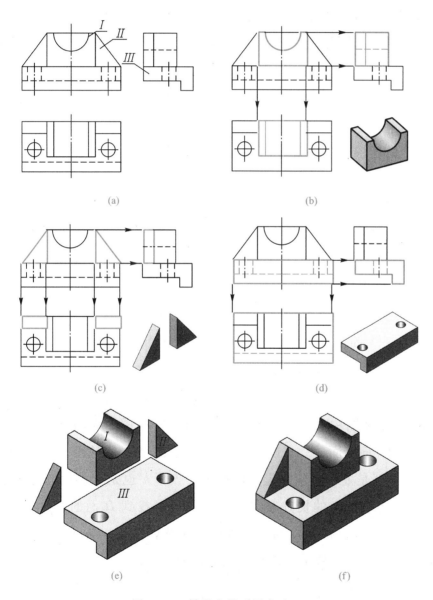

图4-25 轴承座的看图方法

轴承座的
看图方法

111

3. 综合起来，想象整体

在看懂了每一个形体形状的基础上，再根据整体的三视图，找它们之间的相对位置关系，逐渐想象出一个整体形状。

通过对轴承座的分析可知，长方体 I 在底板 Ⅲ 的上面并居中靠后。肋板 Ⅱ 在长方体 I 的左、右两侧，并与后面平齐。底板 Ⅲ 从左视图中可见其后面与 I、Ⅱ 后面平齐，前面带弯边。这样综合起来想其整体形状为如图 4-25e、f 所示的空间物体。

二、线面分析法

在一般情况下，只用形体分析法读图就可以了，但是对于一些比较复杂的物体（如较复杂的切割类组合体），单用形体分析法还不够，还要应用另一种分析方法——线面分析法来进行分析，集中解决看图的难点。

线面分析法就是运用线面的投影规律，分析视图中的线条、线框的含义和空间位置，从而看懂视图。

下面以图 4-26 所示的压块为例，说明用线面分析法看图的方法。

1. 用形体分析法先做主要分析

从图 4-26a 所示压块的三个视图中，可看出其基本形体是个长方体。从主视图可看出，长方体的中上部有一个阶梯孔，在它的左上方切掉一角；从俯视图可知，长方体的左端切掉前、后两个角；由左视图可知，长方体的前、后两边各切去一块长条。

2. 用线面分析法再作补充分析

从图 4-26b 可知，在俯视图中有梯形线框 a，而在主视图中可找出与它对应的斜线 a'，由此可见 A 面是垂直于 V 面的梯形平面，长方体的左上角是由 A 面截切而成的。平面 A 与 W 面和 H 面都处于倾斜位置，所以它的侧面投影 a'' 和水平面投影 a 是类似图形，不反映 A 面的真实形状。

从图 4-26c 可知，在主视图中有七边形线框 b'，而在俯视图中可找出与它对应的斜线 b，由此可见 B 面是垂直于 H 面的。长方体的左端，就是由这样的两个平面截切而成的。平面 B 对 V 面和 W 面都是处于倾斜位置，因而侧面投影 b'' 也是个类似的七边形线框。

从图 4-26d 可知，由主视图上的长方形线框 d' 入手，可找到 D 面的三个投影；由俯视图的四边形线框（c）入手，可找到 C 面的三个投影；从投影图中可知 D 面为正平面，C 面为水平面。长方体的前、后两边是由这两个平面截切而成的。

3. 综合起来想整体

通过以上分析，逐步弄清了各部分的形状和其他一些细节；最后综合起来，就可以想象出压块的整体形状，如图 4-26e、f 所示。

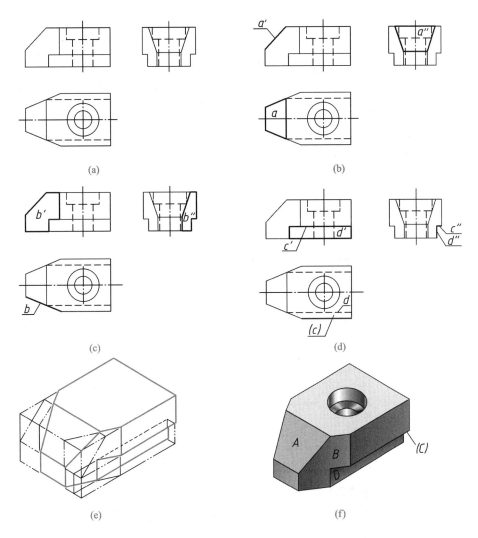

图 4-26　用线面分析法看图（压块）

本 章 小 结

　　本章着重介绍了截交线、相贯线的画法，用形体分析法和线面分析法来说明组合体的画图方法、看图方法和尺寸标注方法，为后续章节识读和绘制零件图、装配图作准备。

　　1. 几何体被平面截切，表面就会产生截交线；两几何体相交，表面就会产生相贯线。求截交线和相贯线的作图步骤如下：

　　（1）分析形体的表面性质，根据基本形体的投影，求出表面交线的特殊点，以确定表面交线的范围。

　　（2）选择适当的辅助平面，在特殊点之间的适当位置求一定数目的一般点。

　　（3）根据表面交线在基本形体上的位置判断可见性。

　　（4）根据可见性的判断结果，依次光滑连接各点的同面投影，即得表面交线的投影。用粗实线表示表面交线投影的可见部分，用细虚线表示其不可见部分。

2. 用形体分析法画组合体视图就是将比较复杂的组合体分解为若干个简单几何体，按其相互位置画出每个简单几何体的视图，将这些视图组合起来，即可得整个组合体的视图。

3. 用形体分析法看组合体视图就是通过形体分析把组合体视图分离为若干个简单几何体的视图，并分别想象出它们的形状，从而想象出组合体的整体形状。

4. 用形体分析法标注组合体尺寸，就是将组合体分解成若干个简单几何体后，逐个标出其定形尺寸及定位尺寸，然后标出组合体的总体尺寸。通常容易遗漏的是定位尺寸，因此在标注和检查尺寸时应特别注意。

5. 组合体的画图和看图方法主要是运用形体分析法。由于组合体的基本形体经常是不完整的，有表面交线出现。因此，除用形体分析法外，还要从表面交线入手，运用线面分析法进行分析，并应注意：画图时求交线，看图时分析交线，标注尺寸时不注交线。

1. 何谓形体分析法？

2. 组合体有几种基本组合形式？

3. 截交线与相贯线有何区别？

4. 组合体的尺寸标注有哪些基本要求？组合体的尺寸包括哪几种？

5. 如何合理选择组合体的主视图？

6. 识读组合体视图的主要方法有哪些？

第五章

图样表示法

在生产实际中，当机件的形状和内、外结构比较复杂时，仅用三视图难以表达清楚。为此，国家标准《技术制图》和《机械制图》规定了视图、剖视图和断面图等基本表示法。熟悉并掌握这些表示法，就能根据不同零件的结构特点，灵活选用最佳的方法，完整、清晰地表达机件的结构形状。

透过现象看本质。剖视图和断面图主要用来表达机件的内部结构和断面形状，是本章学习的重点。

第一节 视图

视图主要用于表达机件的外部结构形状。视图分基本视图、向视图、局部视图和斜视图四种。

一、基本视图

将机件向基本投影面投射所得的视图，称为基本视图。

采用正六面体的六个面为基本投影面。将机件置于正六面体中，由前、后、左、右、上、下 6 个方向，分别向 6 个基本投影面投射得到 6 个视图，再按图 5-1 所示的展开方法展开，便得到位于同一平面的 6 个基本视图，如图 5-2 所示。

6 个基本视图的名称和投射方向为：

主视图　由前向后投射所得的视图；

俯视图　由上向下投射所得的视图；

左视图　由左向右投射所得的视图；

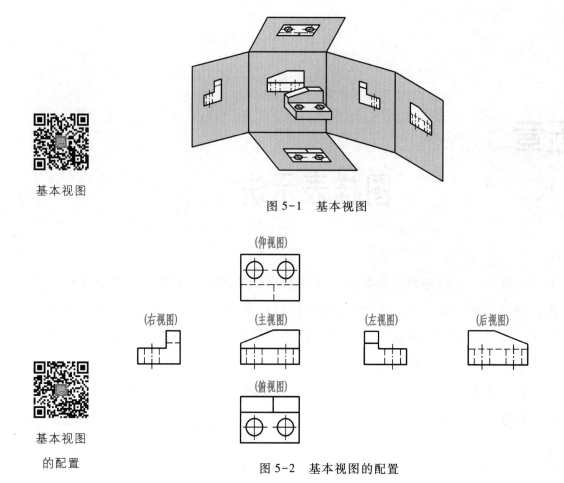

基本视图

图 5-1　基本视图

基本视图
的配置

图 5-2　基本视图的配置

右视图　由右向左投射所得的视图；

仰视图　由下向上投射所得的视图；

后视图　由后向前投射所得的视图。

基本视图的配置，如图 5-2 所示。在同一张图纸上按图 5-2 配置视图时，一律不标注视图的名称。

6 个基本视图之间，仍符合"长对正""高平齐""宽相等"的投影关系。

在绘制图样时，应根据零件的结构特点，按实际需要选用视图。一般应优先考虑选用主、俯、左三个基本视图，然后再考虑其他的基本视图。总的要求是表达完整、清晰、不重复，使视图数量最少。

二、向视图

向视图是可自由配置的视图，它是基本视图的移位配置。在采用这种表达方式时，应在向视图的上方标注"×"（"×"为大写拉丁字母），在相应视图的附近用箭头指明投射方向，并标注相同的字母，如图 5-3 所示。

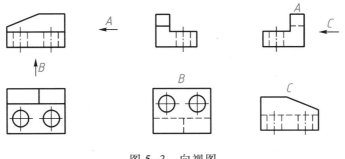

图 5-3　向视图

三、局部视图

如图 5-4a 所示零件，用两个基本视图（主、俯视图）能将零件的大部分形状表达清楚，只有圆筒左侧的凸缘部分未表达清楚，如果再画一个完整的左视图，则显得有些重复。因此，在左视图中可以只画出凸缘部分的图形，而省去其余部分，如图 5-4b 所示。这种将物体的某一部分向基本投影面投射所得的视图，称为局部视图。

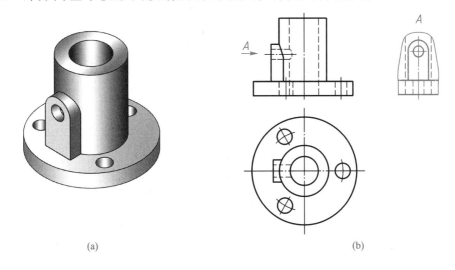

(a)　　　　　(b)

图 5-4　局部视图（一）

局部视图可按基本视图的配置形式配置，也可按向视图的配置形式配置并标注。当局部视图按投影关系配置，中间又没有其他图形隔开时，可省略标注。

局部视图的断裂边界应以波浪线或双折线表示。当它们所表示的局部结构是完整的，且外轮廓线又成封闭时，断裂边界线可省略不画，如图 5-5 所示。

局部视图应用起来比较灵活。当物体的其他部位都表达清楚，只差某一局部需要表达时，就可以用局部视图表达该部分的形状，这样不但可以减少基本视图，而且可以使图样简单、清晰。

在不致引起误解时，对于对称机件的视图，可只画一半或四分之一，并在对称中心

117

线的两端画出两条与其垂直的平行细实线，如图 5-6 所示。

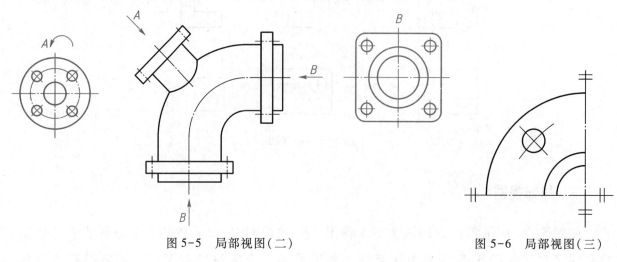

图 5-5　局部视图(二)　　　　图 5-6　局部视图(三)

四、斜视图

图 5-7a 所示零件，具有倾斜部分，在基本视图中不能反映该部分的实形，这时可选用一个新的投影面，使它与零件上倾斜部分的表面平行，然后将倾斜部分向该投影面投影，就可得到反映该部分实形的视图，如图 5-7b 所示。这种物体向不平行于基本投影面的平面投射所得的视图称为斜视图。

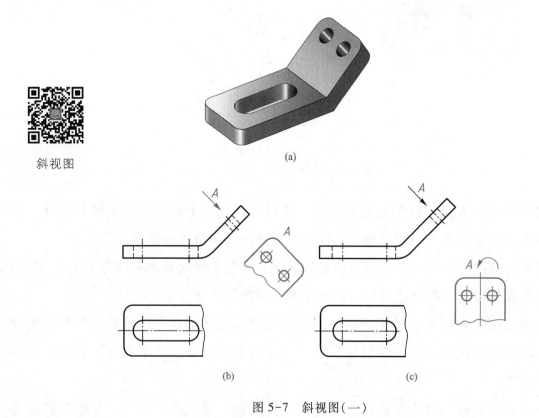

斜视图

(a)

(b)　　　　　　　　　(c)

图 5-7　斜视图(一)

斜视图主要用来表达物体上倾斜部分的实形，所以其余部分不必全部画出而用波浪线或双折线断开。

　　斜视图通常按向视图的配置形式配置并标注（图5-7b）。必要时，允许将斜视图旋转配置；标注时，表示该视图名称的大写拉丁字母应靠近旋转符号的箭头端（图5-7c），也允许将旋转角度标注在字母之后（图5-8）。

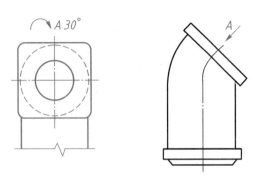

图 5-8　斜视图（二）

第二节　剖视图

　　用视图表达零件形状时，对于零件上看不见的内部形状（如孔、槽等），用细虚线表示。如果零件的内、外形状比较复杂，则图上就会出现虚、实线交叉重叠，这样既不便于看图，也不便于画图和标注尺寸。为了能够清楚地表达出零件的内部形状，在机械制图中常采用剖视的方法。

一、剖视图概述

1. 剖视图的概念

　　假想用剖切面剖开机件，将处在观察者和剖切面之间的部分移去，而将其余部分向投影面投射所得的图形，称为剖视图，简称剖视。

　　如图5-9b所示，在零件的视图中，主视图用虚线表达其内部形状，不够清晰。如按图5-9a所示，假想用一个剖切平面，从零件中间剖切开，移去剖切平面与观察者之间的部分，将其余部分向V面进行投射，就得到一个剖视的主视图，如图5-9c所示。这时，原来看不见的内部形状变为看得见，虚线也就成为实线了。

2. 有关术语

（1）剖切面　剖切被表达物体的假想平面或曲面；

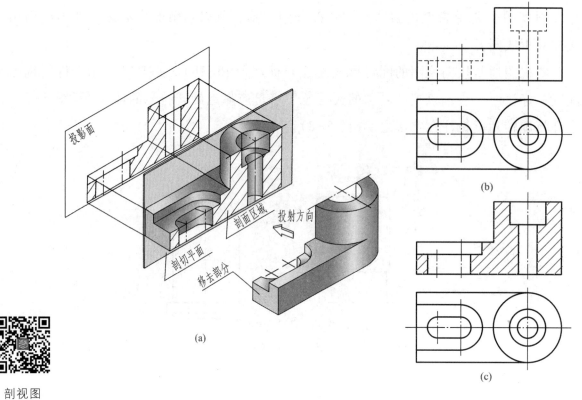

(a)

剖视图

图 5-9　剖视图

（2）剖面区域　假想用剖切面剖开物体，剖切面与物体的接触部分；

（3）剖切线　指示剖切面位置的线（用细点画线）；

（4）剖切符号　指示剖切面起讫和转折位置（用粗短画表示）及投射方向（用箭头或粗短画表示）的符号。

二、剖面区域的表示法

1. 剖面符号

机件被假想剖开后，剖面区域要画出与材料相应的剖面符号，以便区别零件的实体和空心部分。机械制图采用国家标准中规定的剖面符号，见表 5-1。

表 5-1　不同材料的剖面符号（摘自 GB/T 4457.5—2013）

金属材料 （已有规定剖面符号者除外）		木质胶合板 （不分层数）	
线圈绕组元件		基础周围的泥土	

续表

转子，电枢、变压器和电抗器等的叠钢片		混凝土	
非金属材料（已有规定剖面符号者除外）		钢筋混凝土	
型砂、填砂、粉末冶金、砂轮、陶瓷刀片、硬质合金刀片等		砖	
玻璃及供观察用的其他透明材料		格网（筛网、过滤网等）	
木材	纵断面	液体	
	横断面		

2. 剖面线

在机械设计中，金属材料使用最多，为便于画图，国家标准规定用简明易画的平行细实线作为剖面符号，并且特称为剖面线。

剖面线应以适当角度的细实线绘制，最好与主要轮廓或剖面区域的对称线成 45°，如图 5-10a 所示。必要时，剖面线也可画成与主要轮廓线成适当角度，如图 5-10b 所示。

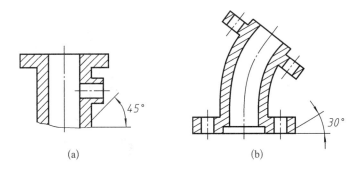

(a)　　　　　　　　(b)

图 5-10 金属材料机件的剖面线

同一物体的各个剖面区域，其剖面线画法应一致。相邻物体的剖面线必须以不同的方向或以不同的间隔画出，如图 5-11 所示。

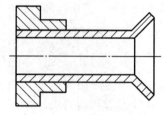

三、剖视图的种类

按剖切的范围，剖视图可分为全剖视图、半剖视图和局部剖视图。

图 5-11　不同物体
剖面线的绘制

1. 全剖视图

用剖切面完全地剖开机件所得的剖视图称为全剖视图，如图 5-9 所示。

全剖视图一般适用于表达内形比较复杂、外形比较简单或外形已在其他视图上表达清楚的零件。

2. 半剖视图

当机件具有对称平面时，向垂直于对称平面的投影面上投射所得的图形，可以对称中心线为界，一半画成剖视图，另一半画成视图，这样的图形称为半剖视图。

图 5-12a 所示零件，左右对称（对称平面是侧平面），所以在主视图上可以一半画成剖视，另一半画成视图，如图 5-12b 所示。

图 5-12b 中，俯视图也画成半剖视，其剖切情况如图 5-12c 所示。

由于半剖视图既充分地表达了机件的内部形状，又保留了机件的外部形状，所以常用它来表达内外形状都比较复杂的对称机件。

半剖视

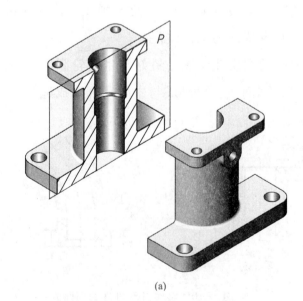

(a)

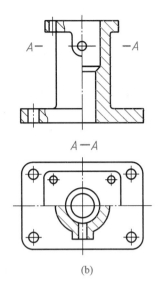

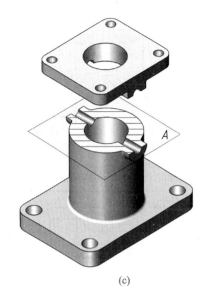

(b)

(c)

图 5-12 半剖视（一）

当机件的形状接近于对称，且不对称部分已另有图形表达清楚时，也可以画成半剖视图，如图 5-13 所示。

画半剖视图时应注意：

（1）视图与剖视图的分界线应是对称中心线（细点画线），而不应画成粗实线，也不应与轮廓线重合。

（2）机件的内部形状在半剖视图中已表达清楚，在另一半视图上就不必再画出虚线，但对于孔或槽等，应画出中心线位置。

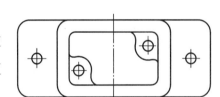

3. 局部剖视图

图 5-13 半剖视（二）

用剖切面局部地剖开机件所得的剖视图称为局部剖视图，如图 5-14 所示。

画局部剖视图时应注意：

（1）局部剖视图用波浪线或双折线分界，波浪线、双折线不应和图样上其他图线重合。

（2）当被剖结构为回转体时，允许将该结构的轴线作为局部剖视与视图的分界线，如图 5-15 所示。

（3）如有需要，允许在剖视图的剖面中再作一次局部剖切，采用这种表达方法时，两个剖面区域的剖面线应同方向、同间隔，但要互相错开，并用引出线标注其名称，如图 5-16 所示。

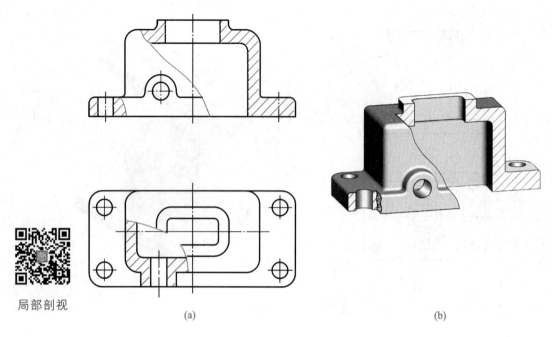

局部剖视

(a)　　　　　　　　　　　　　　　(b)

图 5-14　局部剖视(一)

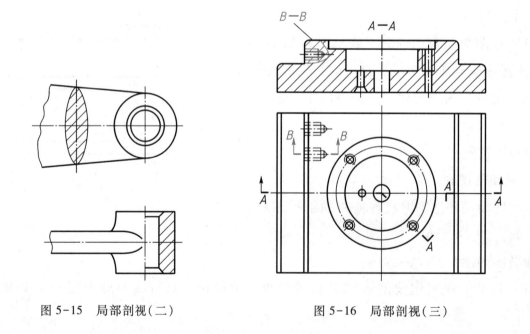

图 5-15　局部剖视(二)　　　　　　图 5-16　局部剖视(三)

　　局部剖视图既能把物体局部的内部形状表达清楚，又能保留物体的某些外形，其剖切的位置和范围可根据需要而定，因此是一种极其灵活的表达方法。

四、剖切面的种类

　　剖视图是假想将机件剖开后投射而得到的视图。由于机件内部结构形状的多样性和复杂性，常需要选用不同数量和位置的剖切面来剖开机件，才能把机件的内部形状表达清楚。

常用的剖切面有以下三种：

1. 单一剖切面

单一剖切面可以是平行于基本投影面的剖切平面，如前所述的全剖视、半剖视和局部剖视，所举图例大多是用这种剖切面剖开机件而得的剖视图。单一剖切面也可以是不平行于基本投影面的斜剖切平面，如图 5-17 中的 B—B。这种剖视图一般应与倾斜部分保持投影关系，也可以配置在其他位置。为使画图和读图方便，可把剖视图转正，同时按规定标注，如图 5-17 所示。

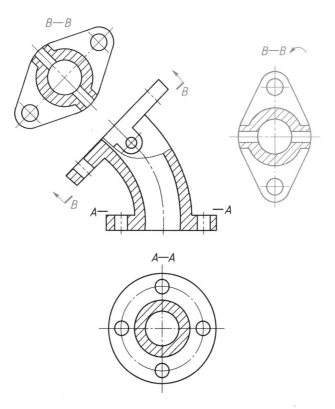

图 5-17　单一剖切面（不平行于基本投影面）

2. 几个平行的剖切面

当机件的内部结构位于几个平行平面上时，如果仅用一个剖切面剖开，不能将其内部形状完全表达清楚，采用几个相互平行的剖切面从不同位置的孔轴线剖切开，在一个剖视图上就可以把几个孔的形状和位置表达清楚，如图 5-18 所示。

作剖视图时，要用剖切符号标注转折处位置，但因剖切面是假想的，不要在剖面区域内画出两个剖切面转折处的投影，如图 5-18 所示。

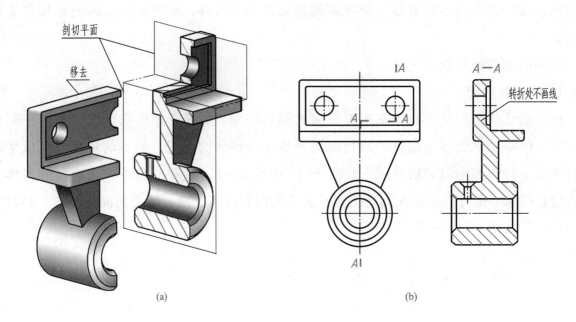

(a)

(b)

图 5-18 几个平行的剖切平面

3. 几个相交的剖切平面

当机件具有回转轴时，用单一剖切面不能完整表达其内部形状，可采用两个以上的相交剖切平面在回转轴处剖开机件，将剖开后结构旋转到与选定的投影面平行后投射，其剖视图和标注方法如图 5-19 所示。

采用相交剖切平面画剖视图时应当注意：相交剖切平面的交线应垂直于某一投影面；画剖视图时要先剖开后旋转再投射。

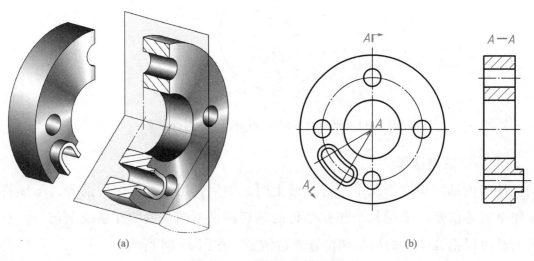

(a)

(b)

图 5-19 几个相交的剖切平面

五、画剖视图的注意事项

（1）剖视图是用剖切面假想地剖开物体，所以，当物体的一个视图画成剖视图后，其他视图的完整性应不受影响，仍按完整视图画出，如图 5-9c 所示，俯视图画成完整视图。

（2）在剖切面后方的可见部分应全部画出，不能遗漏，也不能多画。图 5-20 所示是画剖视图时几种常见的漏线、多线现象。

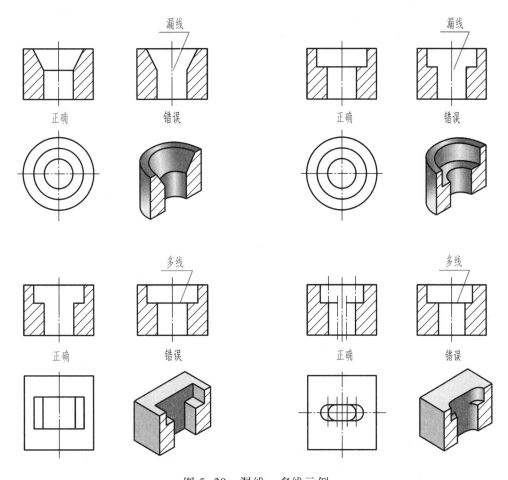

图 5-20 漏线、多线示例

（3）在剖视图上，对于已经表示清楚的结构，其细虚线可以省略不画。但如果仍有表达不清楚的部位，其细虚线则不能省略，如图 5-21 所示。在没有剖切的视图上，细虚线的问题也按同样原则处理。

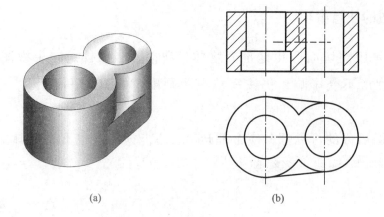

图 5-21　剖视图上的细虚线

六、剖视图的标注

1. 标注方法

一般应在剖视图的上方标注剖视图的名称"×—×"（×为大写拉丁字母或阿拉伯数字）。在相应的视图上用剖切符号表示剖切位置和投射方向（用箭头表示），并标注相同的字母（图 5-16）。

2. 一些可以省略标注的场合

（1）剖切符号之间用剖切线（细点画线）相连。剖切线也可省略不画（图 5-16）。

（2）转折处位置较小，难以注写又不致引起误解时，也可省注字母（图 5-16）。

（3）当剖视图按投影关系配置，中间又没有其他图形隔开时，可省略箭头，如图 5-22 所示。

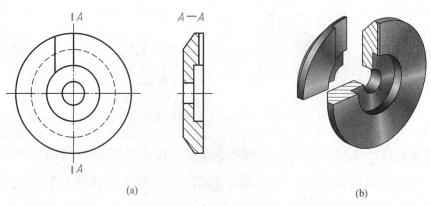

图 5-22　省略标注（一）

（4）当单一剖切平面通过物体的对称平面或基本对称的平面，且剖视图按投影关系配置，中间又没有其他图形隔开时，可省略标注，如图 5-23 所示的主视图。

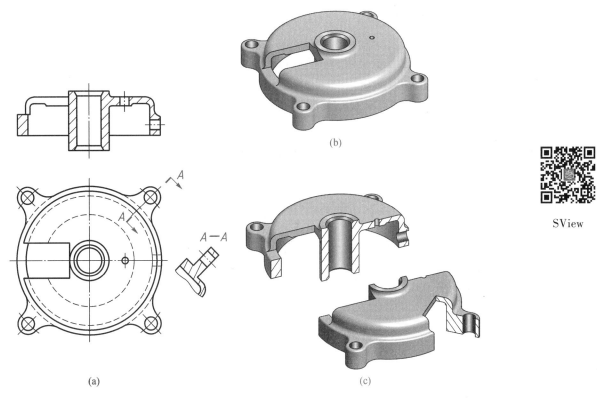

SView

图 5-23 省略标注（二）

129

（5）当单一剖切平面的剖切位置明显时，局部剖视图的标注可省略，如图 5-24 所示。

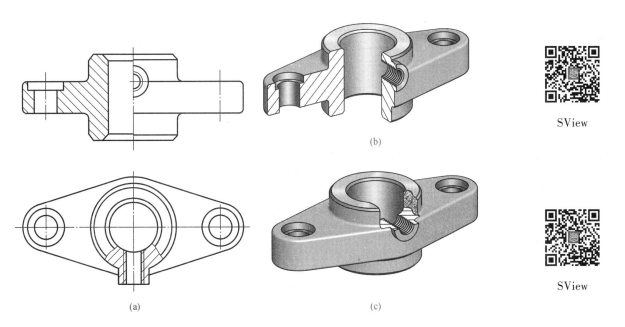

SView

SView

图 5-24 省略标注（三）

第三节 断面图

一、断面图的概念

假想用剖切面将机件的某处切断，仅画出该剖切面与物体接触部分的图形，称为断面图，简称断面，如图 5-25b 所示。

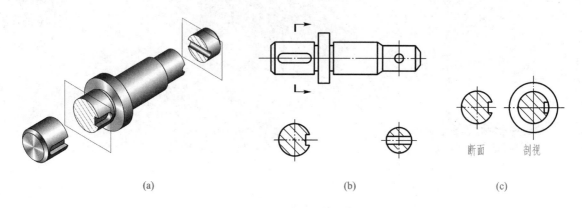

(a)　　　　　　　　　　　　　　(b)　　　　　　　　　　　　(c)

图 5-25　断面

画断面图时，应特别注意断面图与剖视图的区别，断面图只画出物体被切处的断面形状。而剖视图除了画出物体断面形状之外，还应画出断面后的可见部分的投影，如图 5-25c 所示。

断面图通常用来表示物体上某一局部的断面形状。例如零件上的肋板、轮辐，轴上的键槽和孔等。

二、断面图的分类及其画法

断面图可分为移出断面图 和重合断面图 。

1. 移出断面图

移出断面图的图形应画在视图之外，轮廓线用粗实线绘制，配置在剖切线的延长线上(图 5-25b)或其他适当的位置。

画移出断面图时应注意以下几点：

（1）当剖切平面通过由回转面形成的孔或凹坑的轴线时，这些结构应按剖视绘制，如图 5-26 所示。

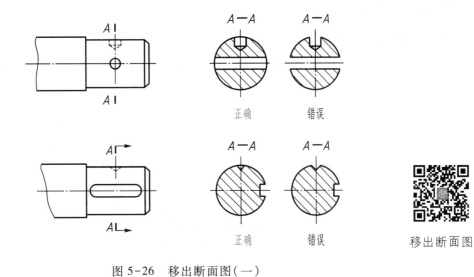

图 5-26 移出断面图(一)

（2）当剖切平面通过非圆孔，会导致出现分离的两个断面图时，则这些结构应按剖视绘制，如图 5-27 所示。

（3）由两个或多个相交的剖切平面剖切得出的移出断面图，中间一般应断开绘制，如图 5-28 所示。

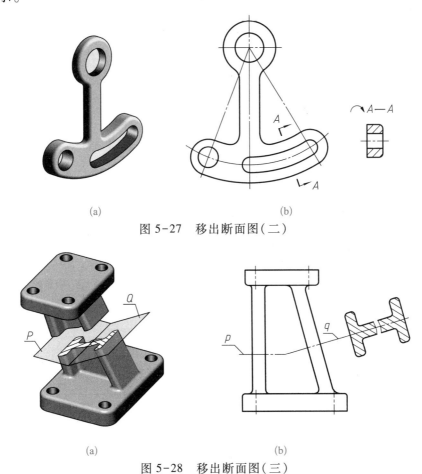

图 5-27 移出断面图(二)

(a)　　　　　　　(b)

图 5-28 移出断面图(三)

2. 重合断面图

重合断面图的图形应画在视图之内，断面轮廓线用细实线绘出。当视图中轮廓线与重合断面图的图形重叠时，视图中的轮廓线仍应连续画出，不可间断，如图 5-29 所示。

3. 断面图的标注

（1）移出断面图的标注 一般应在断面图的上方标注移出断面图的名称"×—×"（×为大写拉丁字母）。在相应的视图上用剖切符号表示剖切位置和投射方向（用箭头表示），并标注相同的字母，如图 5-27 所示。

移出断面图的标注及其可以省略标注的一些场合见表 5-2。

表 5-2 移出断面图的标注

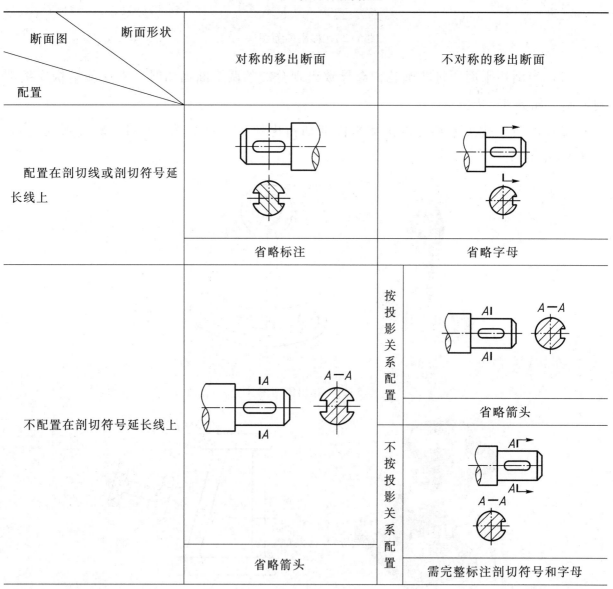

续表

断面图 断面形状 配置	对称的移出断面	不对称的移出断面
配置在视图中断处的对称移出断面	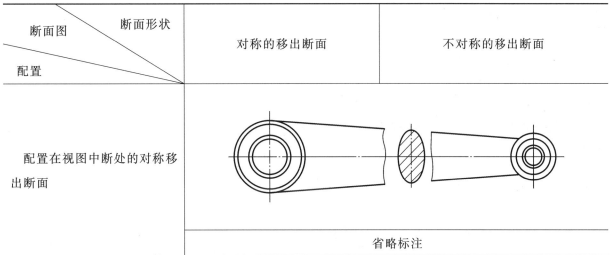	
	省略标注	

（2）重合断面图的标注 重合断面图不需标注，如图5-29、图5-30所示。

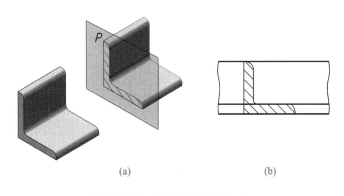

(a)   (b)

图5-29 重合断面图（一）

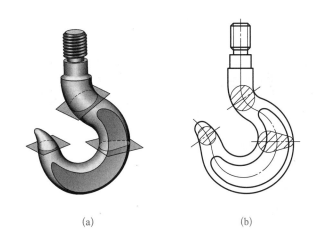

(a)   (b)

图5-30 重合断面图（二）

重合断面图

133

第四节　其他表示法

一、局部放大图

机件上有些细小结构，在视图中难以清晰地表达，同时也不便于标注尺寸。对这种细小结构，可用大于原图所采用的比例画出，并将它们放置在图纸的适当位置。用这种方法画出的图形称为局部放大图，如图 5-31 所示。

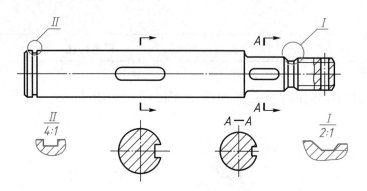

图 5-31　局部放大图（一）

画局部放大图时应注意下面几点：

（1）局部放大图可画成视图、剖视图、断面图，它与被放大部分的表达方式无关（图 5-31）。局部放大图应尽量配置在被放大部位的附近。

（2）绘制局部放大图时，应按图 5-31、图 5-32 的方式，用细实线圈出被放大部分的部位。

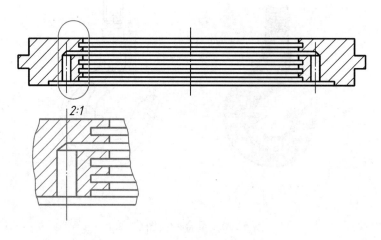

图 5-32　局部放大图（二）

当同一物体上有几个被放大的部分时，则必须用罗马数字依次标明被放大的部位，并在局部放大图的上方标注出相应的罗马数字和所采用的比例（图5-31）。

当机件上仅有一个被放大的部分时，在局部放大图的上方只需注明所采用的比例，如图5-32所示。

（3）同一机件上不同部位的局部放大图，当图形相同或对称时，只需画出一个，如图5-33所示。

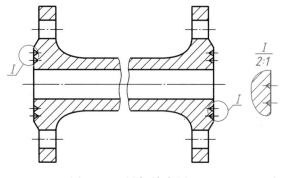

图5-33　局部放大图（三）

二、简化画法

为提高识图和绘图效率，增加图样的清晰度，加快设计进程，简化手工绘图和计算机绘图对技术图样的要求，国家标准 GB/T 16675.1—2012《技术制图　简化表示法　第 1 部分:图样画法》规定了技术图样中的简化画法。

1. 简化原则

简化必须保证不致引起误解和不会产生理解的多意性。在此前提下，应力求制图简便。

2. 简化的基本要求

（1）应避免不必要的视图和剖视图（图5-34）。

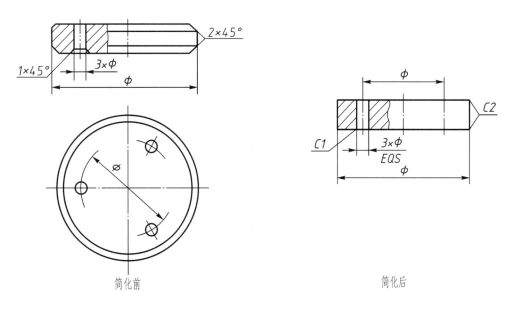

简化前　　　　　　　　　　　简化后

图5-34　简化画法

（2）在不致引起误解时，应避免使用细虚线表示不可见的结构（图 5-35）。

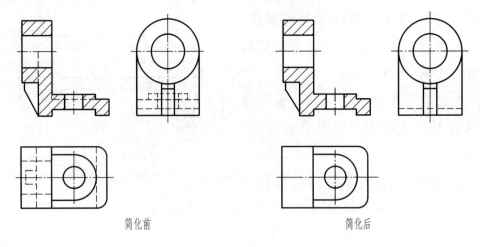

简化前　　　　　　　　　　　　　简化后

图 5-35　简化画法

3. 简化画法示例

简化画法示例见表 5-3。

表 5-3　简化画法示例

序号	简化对象	简 化 画 法	规 定 画 法	说　明
1	剖面符号			在不致引起误解的情况下，剖面符号可省略
2	相贯线或过渡线			在不致引起误解时，图形中的过渡线、相贯线可以简化，例如用圆弧或直线代替非圆曲线。也可采用模糊画法表示相贯线

序号	简化对象	简 化 画 法	规 定 画 法	说　明
3	符号表示	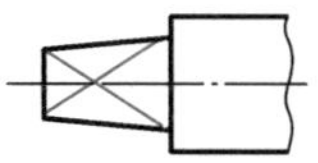	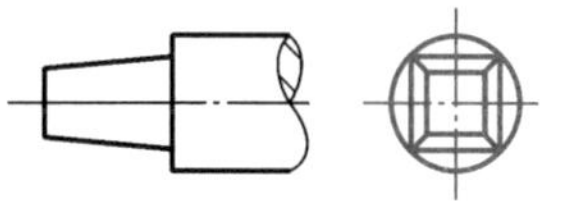	当回转体零件上的平面在图形中不能充分表达时，可用两条相交的细实线表示这些平面
4	相同要素	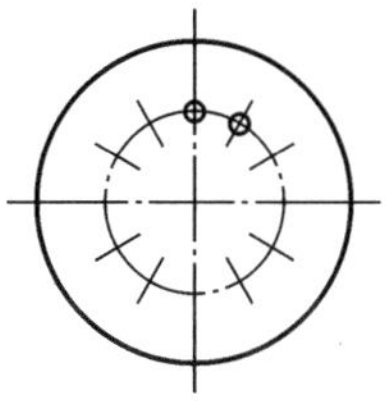	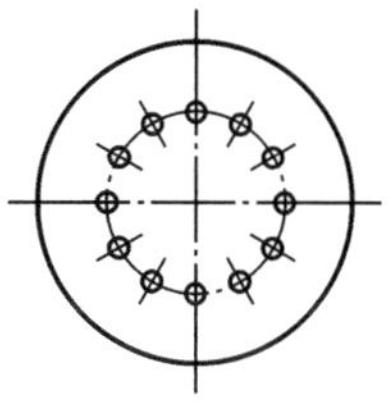	若干直径相同且成规律分布的孔，可以仅画出一个或少量几个，其余只需用细点画线或"╋"表示其中心位置
		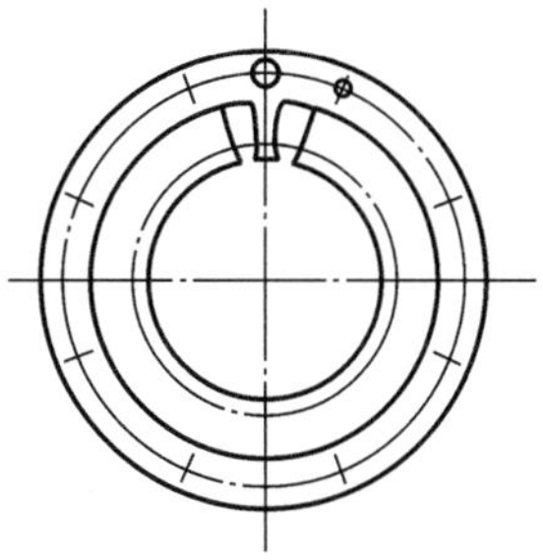	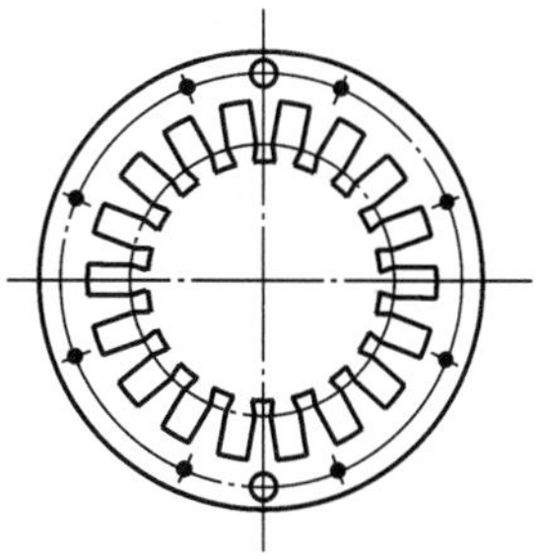	当机件具有若干相同结构（如齿、槽等），并按一定规律分布时，只需画出几个完整的结构，其余用细实线连接，在零件图中则必须注明该结构的总数

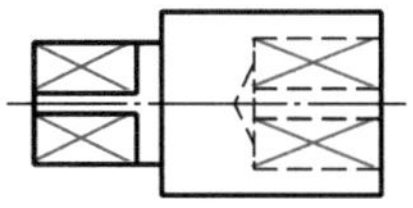

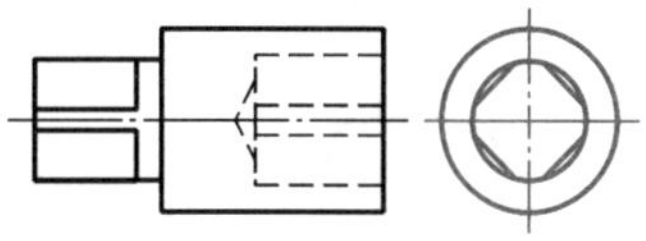

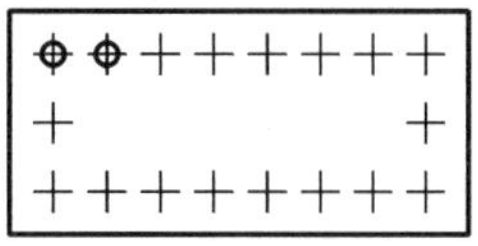

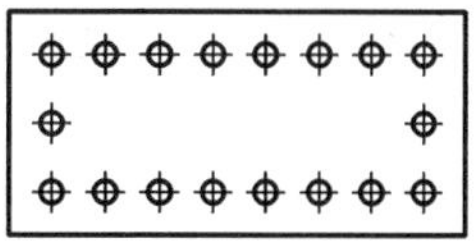

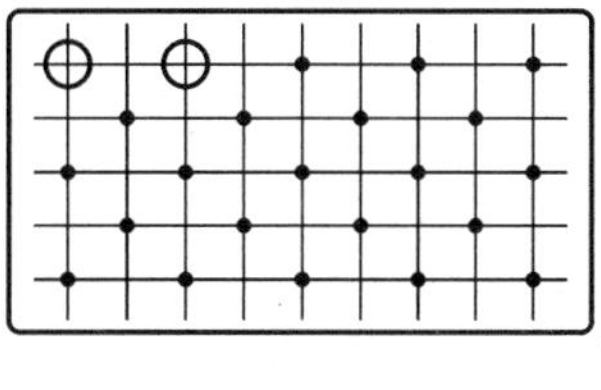

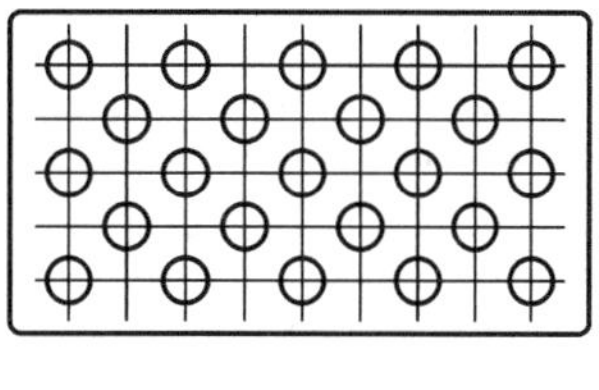

续表

序号	简化对象	简 化 画 法	规 定 画 法	说　明
5	较小结构及倾斜要素			当零件上较小的结构及斜度等已在一个图形中表达清楚时，其他图形应当简化或省略
				与投影面倾斜角度小于或等于30°的圆或圆弧，手工绘图时，其投影可用圆或圆弧代替
6	滚花结构			滚花一般采用在轮廓线附近用粗实线局部画出的方法表示，也可省略不画

序号	简化对象	简 化 画 法	规 定 画 法	说　　明
7	肋、轮辐及薄壁结构	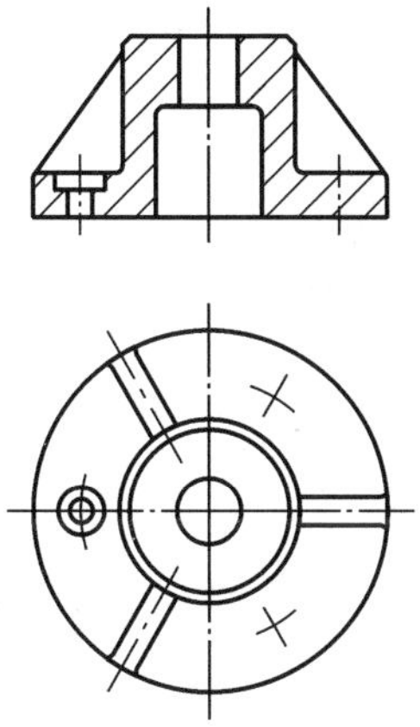 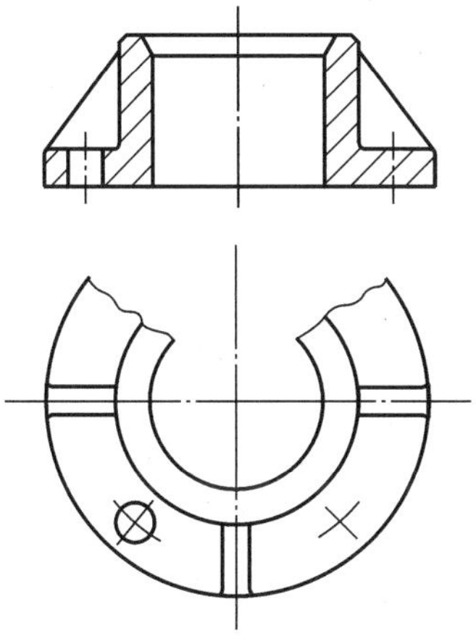		对于机件的肋、轮辐及薄壁等，如按纵向剖切，这些结构都不画剖面符号，而用粗实线将它与其邻接部分分开。当零件回转体上均匀分布的肋、轮辐、孔等结构不处于剖切平面上时，可将这些结构旋转到剖切平面上画出

三、图样表示法应用示例

读剖视图和断面图时，首先要根据剖视和断面的概念看清楚是何种剖视或断面，弄清剖切平面对物体及投影面的位置；然后再按照一定的步骤和方法去读图，就可以想出图示物体的形状了。

例 5-1　读轴的剖视图和断面图（图 5-36）。

分析　图 5-36 中共有三个图形，上面为主视图，下面是两个移出的断面图。

主视图中剖与未剖部分是以波浪线为界的，所以主视图采用局部剖视，单一剖切平面通过轴的轴线，并平行于正面。

轴

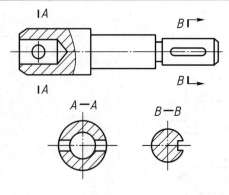

图 5-36　轴

在两个移出断面图中，左边的 *A—A* 断面图是用通过两个小孔的中心线，并平行于侧面（垂直于轴）的剖切平面剖切后画出的。由于图形对称，省去了投射方向的箭头。

右边的 *B—B* 断面图所用的剖切平面的位置、投射方向，读者可根据图 5-36 中的标注自行分析。

主视图反映了轴的主体，采用局部剖视是为了清晰地（不用虚线）表示轴上的大孔。采用 *A—A* 断面是为了表示轴上的两个小孔。采用 *B—B* 断面是为了表示键槽的深度。

例 5-2　看缸盖的剖视图（图 5-37）。

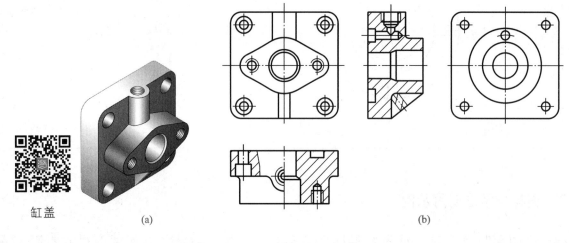

（a）　　　　　　　　　　　　　　　　　　　（b）

图 5-37　缸盖

分析　读图的方法和步骤如下：

（1）看图形，明确投影关系　图 5-37b 中共有四个图形，主视图、俯视图、左视图和后视图。其中俯视图画的是半剖视和局部剖视，它除了表示外形，还表示了四个沉头孔和两个螺纹孔；左视图画的是全剖视，剖切位置符号省略未画，它主要表示内部孔的结构，中间是大阶梯孔，小油孔为等径垂直相贯，还画了一个重合断面表示三角形肋板的断面形状；后视图主要表示环形槽。

（2）分析形体，想出内、外结构　用形体分析法将物体分解成若干个基本形体，想出每个基本体的形状，并根据剖面符号想出每个基本体内部孔、槽的形状和位置，从而弄清基本体的内、外结构形状。

如缸盖，可分解成四个基本形体，方形底板、菱形凸台、半圆柱、三角形肋板。菱形凸台中间有个大圆孔，两边各有一个小螺纹孔；半圆柱上有个小油孔；方形底板中间有一个大圆孔，一个小油孔，一个环形槽和四个沉头孔。

（3）综合整体，看懂物体形状　根据视图投影关系，想出几个基本形体之间的相对位置，组合起来看懂整个物体的内、外结构形状。

如缸盖，菱形凸台在方形底板前面位于中间，半圆柱在底板前面和菱形凸台上面，三角形肋板在底板前面和菱形凸台下面，整个缸盖左右为对称形。就整个缸盖内部结构来看，从左视图和俯视图上可看出有大圆柱阶梯孔、相贯的小油孔，环形槽，四个沉头孔和两个螺纹孔。看清各简单形体的内外形状和相互位置后，可想出缸盖的整体形状，如图5-37a所示。

第五节　第三角画法简介

国际标准规定，在表达物体结构时，第一角画法和第三角画法等效使用。我国国家标准规定优先采用第一角画法，而美国、日本等一些国家则采用第三角画法。随着国际科学技术交流的日益频繁，熟悉第三角画法十分必要。

1. 第三角投影的形成与视图

如图5-38所示，三个相互垂直相交的投影面将空间分为四个分角。

与第一角画法不同，第三角画法是将物体置于第三分角内（H面之下、V面之后、W面之左），使投影面处于观察者与物体之间（假想投影平面是透明的）而得到的三面正投影，如图5-39所示。

和第一角画法一样，第三角画法也有六个基本视图。

将物体置于透明的正六面体内，观察者在外，将物体从六个方向进行投射，在六个基本投影面上得到六个基本视图。

图5-40所示是第三角画法和第一角画法的基本视图配置及投影面展开。

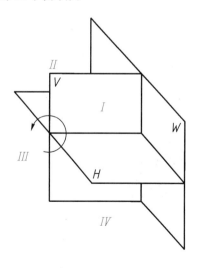

图5-38　四个分角

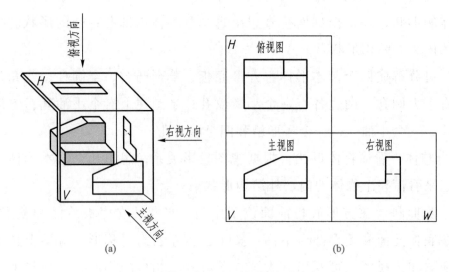

图 5-39　第三角画法三视图的形成与配置

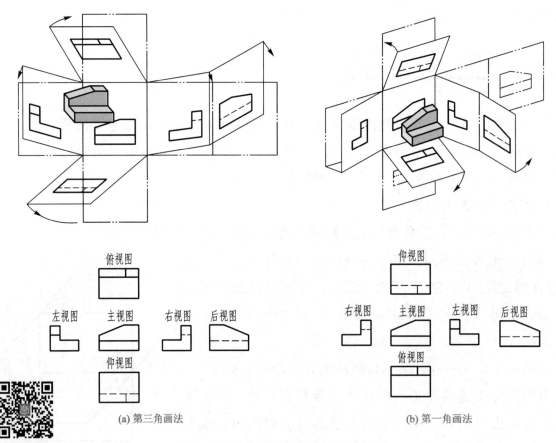

(a) 第三角画法　　　　　　　　(b) 第一角画法

图 5-40　基本视图配置及投影面展开

第三角画法基
本视图配置及
投影面展开

142

国家标准规定，我国优先采用第一角画法。采用第一角画法和第三角画法均可用识别符号表示，如图 5-41 所示。采用第一角画法时，通常不必画出识别符号；采用第三角画法时，必须在图样的标题栏或其他适当位置画出第三角投影的识别符号。

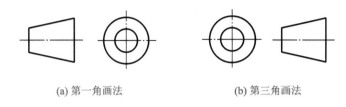

(a) 第一角画法　　　　　　　　　　(b) 第三角画法

图 5-41　第一、第三角画法的识别符号

如图 5-42 所示，只有弄清该机件是采用第三角画法还是第一角画法，才能确切知道机件圆盘上的小孔在左边还是右边。读图时，特别是技术交流中的图样，要留意识别符号，避免误读。

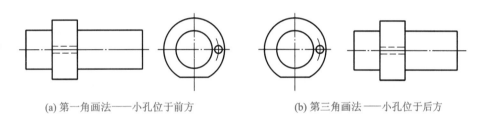

(a) 第一角画法——小孔位于前方　　　　　(b) 第三角画法——小孔位于后方

143

图 5-42　带孔小轴的第三角和第一角画法比较

图 5-43 是分别按第三角画法和第一角画法画出的弯板的三视图。

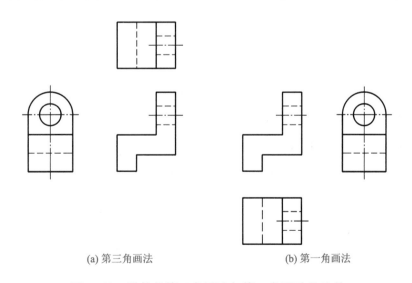

(a) 第三角画法　　　　　　　　　(b) 第一角画法

图 5-43　机件的第三角画法与第一角画法的比较

2. 第三角画法和第一角画法的比较（图 5-43）

（1）共同点　两者都是采用正投影法所得的多面投影图、正投影法的投影规律对两

者同样适用；两者六个基本视图的名称相同。

（2）不同点

① 投影要素的相对位置不同：

第三角画法： 观察者→投影面→物体；

第一角画法： 观察者→物体→投影面。

基本投影面的展开方式不同，如图5-40所示。

② 视图的配置位置不同：如图5-40所示，投影要素的相对位置和投影面展开方式的不同决定了两者六个基本视图的配置位置不同。

对比可见，将第三角画法中的左视图和右视图的位置对换，俯视图和仰视图的位置对换即为第一角画法的基本视图配置。

此外，需要注意的是，物体的前后位置在视图中的反映不同。因展开方式不同，六个基本视图中，俯视图、仰视图、左视图和右视图在第三角画法中，距离主视图近的一面表示物体的前面，第一角画法中四个基本视图距离主视图近的一面则表示物体的后面。

第三角画法和第一角画法一样，除了六个基本视图外，也有局部视图、斜俯视以及断裂画法、局部放大图等，以适应表达各种机件内外结构的需要。

本章小结

本章主要介绍了视图、剖视图与断面图的画法和标注规定。对于这些图样表示法，一方面，要弄清它们的基本概念，即它们是怎样剖切、怎样投射的，能熟练运用学过的投影原理和方法画出零件的视图；另一方面，要分清各种表达方法的应用场合，对具体情况做具体分析，目的是将零件的各个方向的内、外部形状准确地表达出来，并使作图简便。

1. 机械图样常用的表示法归纳见下表：

分 类		适 用 情 况	配 置 及 标 注
视图——主要用于表达物体的外部结构形状	基本视图	用于表达物体的外形	各视图按规定位置配置，不标注
	向视图		可自由配置，标注时应在视图的上方标注"×"，在相应视图附近用箭头指明投射方向，并标注相同的字母
	局部视图	用于表达物体的局部外形	可按基本视图或向视图的配置形式配置并标注
	斜视图	用于表达物体倾斜部分的外形	按向视图的配置形式配置并标注

续表

分　类		适 用 情 况	配置及标注
剖 视 图——主要用于表达物体的内部结构形状	全剖视图	用于表达物体的整个内形(剖切面完全切开物体)	一般应在剖视图上方标注剖视图的名称"×—×"。在相应的视图上用剖切符号表示剖切位置和投射方向，并标注相同的字母 当单一剖切平面通过物体的对称平面，按投影关系配置且中间又无其他图形隔开时，可省略标注
	半剖视图	用于表达物体有对称平面的外形与内形(以对称线分界)	
	局部剖视图	用于表达物体的局部内形(局部地剖切)	
断 面 图——主要用于表达物体断面的形状	移出断面图	用于表达物体断面形状	配置在剖切线或剖切符号的延长线上时：断面为对称——不标注；断面不对称——画剖切符号(含箭头)；移位配置时：断面为对称——画剖切符号(省箭头)、注字母；断面不对称——不按投影关系配置时，画剖切符号(含箭头)，注字母；按投影关系配置时，画剖切符号，注字母，省略箭头
	重合断面图		一律不标注

2. 画图时，对机件结构要进行详细的形体分析，对表达方案的选择，应考虑看图方便，并在完整、清晰地表达物体各部分形状和结构的前提下，力求画图简便。

3. 第三角画法是将物体置于第三分角内，并使投影面处于观察者与物体之间而得到的多面正投影的一种方法。采用第三角画法时，可假想投影平面是透明的。

第三角画法和第一角画法的 6 个基本视图名称相同，但两种画法的展开方式和 6 个基本视图的配置不同。

我国规定优先采用第一角画法。如果要采用第三角画法绘制图样时，必须在图样中画出第三角投影的识别符号。

思　考　题

1. 基本视图在图样上如何配置？

2. 视图主要表达什么？视图分哪几种？

3. 剖视图主要表达什么？分哪几种，各适用于哪些情况？

4. 局部视图与局部剖视图有何区别？

5. 断面图主要表达什么？断面图分哪几种，适用何种情况？

6. 剖视图和断面图有何区别？

7. 什么是局部放大图？

8. 画肋、轮辐、薄壁时，应注意哪些问题？

9. 视图、剖视图与断面图的标注方法有哪些？在什么情况下可省略标注？

10. 第三角画法的六个基本视图与第一角画法的六个基本视图的配置有什么联系？

第六章
常用标准件及齿轮和弹簧表示法

在机械设备和仪器仪表的装配和安装过程中，广泛使用螺栓、螺钉、螺母、键、销、滚动轴承等零件，国家标准对这些零件的结构、规格尺寸和技术要求做了统一规定，实现了标准化，所以统称标准件。此外，齿轮、弹簧等常用机件国家标准也对其结构要素实行了标准化。为了减少设计和绘图工作量，国家标准对上述常用机件以及某些重复结构要素统一了规定画法和简化画法，并进行必要的标注。

本章主要介绍螺纹及螺纹紧固件、齿轮、键、销、弹簧和滚动轴承的表示法。

第一节　螺纹及螺纹紧固件

一、螺纹的基本知识

1. 螺纹的形成

螺纹是在圆柱或圆锥表面上，沿螺旋线所形成的具有规定牙型的连续凸起。在圆柱或圆锥外表面上形成的螺纹称为外螺纹，如图 6-1a 所示；在圆柱或圆锥内表面上形成的螺纹称为内螺纹，如图 6-1b 所示。

加工螺纹的方法有很多，在车床上车削螺纹就是常用的加工方法之一，如图 6-2a、b 所示；若加工直径较小的螺纹孔，可先用钻头钻孔，再用丝锥攻制加工内螺纹，如图 6-2c 所示。

2. 螺纹的结构要素

螺纹的结构要素有五个，即牙型、直径、螺距（或导程/线数）、线数和旋向。内、

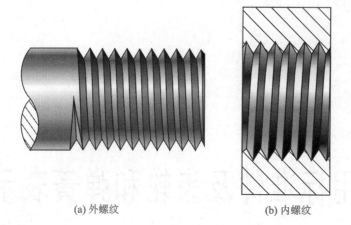

(a) 外螺纹　　　　　　　　　　　　　(b) 内螺纹

图 6-1　外螺纹和内螺纹

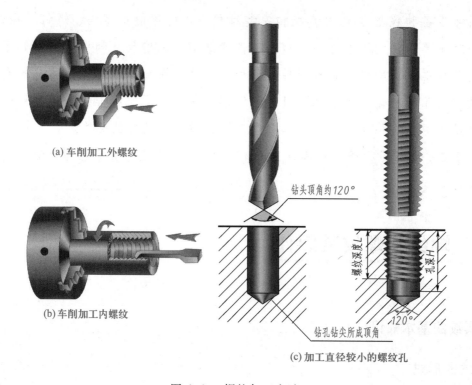

(a) 车削加工外螺纹

(b) 车削加工内螺纹

钻头顶角约120°

螺纹深度 L

孔深 H

120°

钻孔钻尖所成顶角

(c) 加工直径较小的螺纹孔

图 6-2　螺纹加工方法

外螺纹配合时，两者的五要素必须相同。

（1）螺纹牙型

牙型是指通过螺纹轴线剖开的断面图上螺纹的轮廓形状，如图 6-3 所示。常用的螺纹牙型有三角形、梯形和锯齿形等。

（2）螺纹直径

螺纹直径分为大径、小径和中径，如图 6-4 所示。

大径　与外螺纹牙顶或内螺纹牙底相切的假想圆柱面的直径，称为螺纹的大径。内、

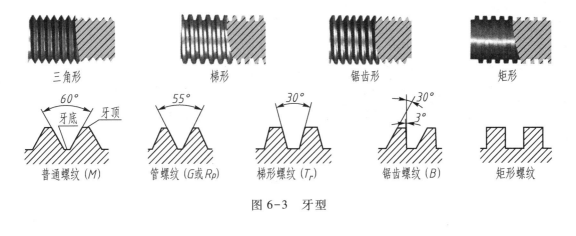

图 6-3　牙型

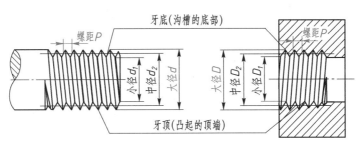

图 6-4　螺纹各部分名称

外螺纹的大径分别用 D 和 d 表示。除管螺纹外，通常所说的螺纹的公称直径就是指螺纹大径的基本尺寸。

　　小径　与外螺纹牙底或内螺纹牙顶相切的假想圆柱面的直径，称为螺纹的小径。内、外螺纹的小径分别用 D_1 和 d_1 表示。

　　中径　中径是假想圆柱或圆锥的直径，该圆柱或圆锥的母线通过螺纹牙型上沟槽和牙厚宽度相等的地方。内、外螺纹的中径分别用 D_2 和 d_2 表示。

（3）螺纹的导程（Ph）与螺距（P）

　　导程　导程是同一螺旋线上的相邻两牙在中径线上对应两点间的轴向距离；

　　螺距　螺距是相邻两牙在中径线上对应两点间的轴向距离。

（4）螺纹的线数（n）

　　螺纹的线数是指形成螺纹时的螺旋线的条数。螺纹有单线和多线之分。单线螺纹是指沿一条螺旋线形成的螺纹；多线螺纹是指沿两条或两条以上螺旋线所形成的螺纹，如图 6-5 所示。

　　由图 6-5 可知，螺距、导程和线数存在以下关系：

$$螺距 = \frac{导程}{线数}$$

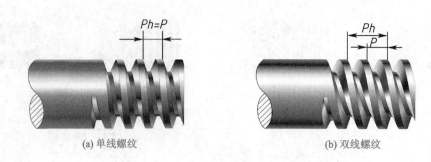

(a) 单线螺纹　　　　　　　　(b) 双线螺纹

图 6-5　螺纹的线数、导程和螺距

单线螺纹　　$Ph=P$；

多线螺纹　　$Ph=nP(n\geqslant2)$，$n=2$ 时，称为双线螺纹。

（5）螺纹的旋向

螺纹按旋进的方向不同，可分为右旋螺纹和左旋螺纹（图 6-6）。按顺时针方向旋进的螺纹，称为右旋螺纹，其螺旋线的特征是左低右高；按逆时针方向旋进的螺纹，称为左旋螺纹，其螺旋线的特征是左高右低。右旋螺纹最为常用。

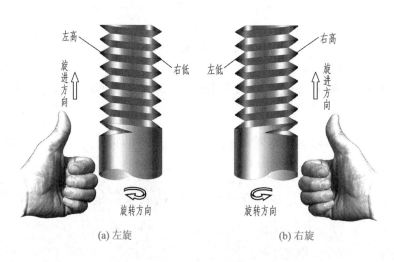

(a) 左旋　　　　　　　　(b) 右旋

图 6-6　螺纹的旋向

3. 螺纹的分类

螺纹按其用途可分为四类：

（1）紧固（连接）螺纹　如普通螺纹、小螺纹；

（2）传动螺纹　如梯形螺纹、锯齿形螺纹、矩形螺纹；

（3）管螺纹　如 55°密封管螺纹、55°非密封管螺纹、60°圆锥管螺纹；

（4）专门用途螺纹　如自攻螺钉用螺纹等。

此外，螺纹还可按牙型分为 5 种螺纹，即三角形、梯形、锯齿形、矩形和圆形螺纹；按螺纹的标准化程度则可分为标准螺纹和非标准螺纹。

二、螺纹的画法规定

1. 外螺纹画法

如图 6-7 所示，螺纹的牙顶（大径）用粗实线表示，牙底（小径）用细实线表示；通常，小径按 0.85 倍大径绘制；螺纹终止线用粗实线表示；在平行于螺纹轴的视图中，表示牙底的细实线应画入倒角或倒圆部分；在垂直于螺纹轴的视图中，表示牙底的细实线只画约 3/4 圈，此时轴上的倒角圆省略不画；在螺纹的剖视图（或断面图）中，剖面线应画到粗实线。

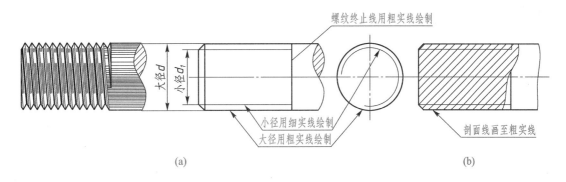

(a)　　　　　　　　　　　　　　　　　　(b)

图 6-7　外螺纹的画法

2. 内螺纹画法

在视图中，内螺纹若不可见，所有的图线均用细虚线绘制。当采用剖视表达时，如图6-8a 所示，螺纹的牙顶（小径）用粗实线表示；牙底（大径）用细实线表示；螺纹终止线用粗实线表示；剖面线画到粗实线处；在投影为圆的视图中，表示牙底的细实线只画约 3/4 圈，倒角圆省略不画。

对于不穿通的螺纹孔（盲孔），应分别画出钻孔深度 H 和螺孔深度 L，如图 6-8b 所示。一般，钻孔深度比螺孔深度深 $0.2 \sim 0.5D$（D 为螺孔大径）。

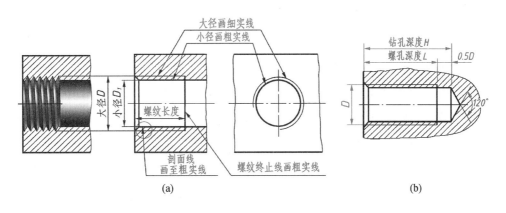

(a)　　　　　　　　　　　　　　　　　　(b)

图 6-8　内螺纹的画法

3. 螺纹连接画法

在剖视图中，规定内、外螺纹旋合的部分按外螺纹的画法绘制，其余部分按各自的画法表示，如图 6-9 所示。应该注意的是，表示内、外螺纹的大径、小径的粗、细实线必须分别对齐。

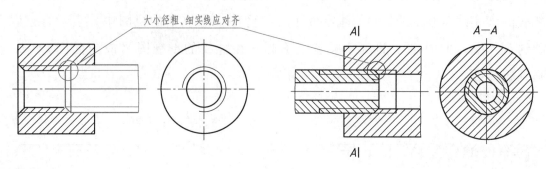

图 6-9　螺纹连接的画法

螺纹连接的
画法

三、螺纹标记和标注

螺纹的标注包括螺纹标记的标注、螺纹长度的标注和螺纹副的标注。

1. 常用螺纹的标记

普通螺纹应用最广，它的标记由三部分组成，即螺纹代号、公差带代号[①]和旋合长度代号，每部分用横线隔开；其中螺纹代号又包括特征代号、公称直径、螺距和旋向。标记格式为：

| 特征代号 | 公称直径 | ×螺距（单线）或 Ph 导程/P 螺距（多线） | ﹣公差带代号 | ﹣旋合长度代号 | ﹣旋向 |

例如，标记 M20×1.5-5g6g-S-LH，其含义为：

普通螺纹（M），公称直径为 20 mm，细牙，螺距为 1.5 mm；中径公差带代号为 5 g，顶径公差带代号为 6 g；短旋合长度（S）；左旋（LH）。

上述普通螺纹的标记规定中，还需说明的是：粗牙螺纹不注螺距，右旋时不注旋向；中径和顶径公差带代号相同时只注一次（如 6H）；旋合长度共分三组，即长组（L）、短组（S）和中等组（N），中等旋合长度组螺纹不标注旋合长度代号（N）。

各种常用的螺纹标记列于表 6-1 中，其中梯形和锯齿形螺纹为多线螺纹时，螺距应注在括弧中，并冠以 P 字，括弧前注写导程。

另外，管螺纹（含 NPT、G、R_1、R_2、R_c、R_p 螺纹）的标记中（表 6-1），紧随特征代号之后

---

① 有关公差带的概念将在第七章中介绍。

的分数（如 3/8）称为尺寸代号。

表 6-1　标准螺纹的标记

螺纹类别		标准编号	特征代号	标记示例	螺纹副标记示例	说　明
普通螺纹		GB/T 197—2018	M	M10-5g6g-S M20×2-6H-LH	M20×2-6H/6g-LH	普通螺纹粗牙不注螺距； 中等旋合长度不标 N（以下同）
小螺纹		GB/T 15054.4—1994	S	S 0.8 4H5 S 1.2 LH5h3	S0.94H5/5h3	内螺纹中径公差带为 4H，顶径公差等级为 5 级； 外螺纹中径公差带为 5h，顶径公差等级为 3 级
梯形螺纹		GB/T 5796.4—2022	Tr	Tr40×7-7H Tr40×14(P7) -7e-LH	Tr36×6-7H/7e	公差带代号只指中径的公差带，无短旋合长度
锯齿形螺纹		GB/T 13576.4—2008	B	B40×7-7A B40×14(P7) LH-8c-L	B40×7-7A/7c	同梯形螺纹说明
60°密封管螺纹	圆锥内（外）螺纹	GB/T 12716—2011	NPT	NPT 3/8-LH		内、外螺纹均只有一种公差带，故不标记； 左旋时，尺寸代号后加"LH"
	圆柱内螺纹		NPSC	NPSC 3/8		
55°非密封管螺纹		GB/T 7307—2001	G	G 1½A G1/2-LH	仅需标记外螺纹的标记代号	外螺纹公差等级分 A 级和 B 级两种；内螺纹公差等级只有一种，故不标记

螺纹类别		标准编号	特征代号	标记示例	螺纹副标记示例	说　　明
55°密封管螺纹	圆锥外螺纹	GB/T 7306.1～7306.2—2000	R_1	$R_1 3$	$R_c/R_2\ 3/4$ $R_p/R_1\ 3$	R_1 表示与圆柱内螺纹相配合的圆锥外螺纹； R_2 表示与圆锥内螺纹相配合的圆锥外螺纹； 内、外螺纹均只有一种公差带，表示螺纹副时只注写一次
			R_2	$R_2 3/4$		
	圆锥内螺纹		R_c	$R_c 1\frac{1}{2}\text{-LH}$		
	圆柱内螺纹		R_p	$R_p\ 1/2$		

2. 常用螺纹及螺纹副的标注示例

常用螺纹及螺纹副的标注方法见表 6-2。

表 6-2　常用螺纹及螺纹副的标注方法

标注内容	图样标注示例	说　　明
公称直径以 mm 为单位的螺纹	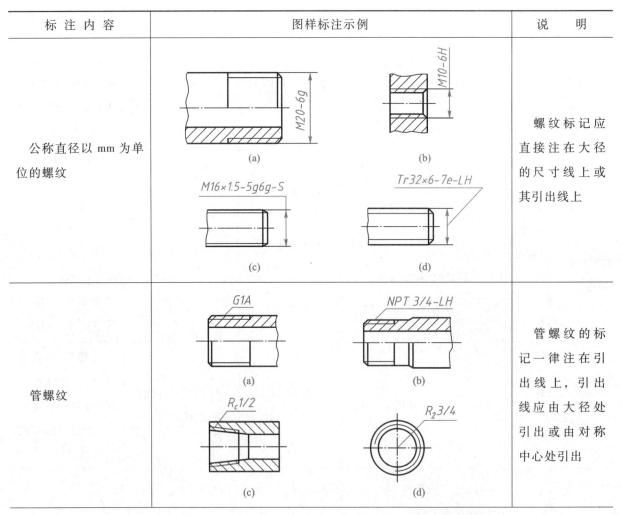	螺纹标记应直接注在大径的尺寸线上或其引出线上
管螺纹		管螺纹的标记一律注在引出线上，引出线应由大径处引出或由对称中心处引出

续表

标 注 内 容	图 样 标 注 示 例	说　　明
螺纹长度	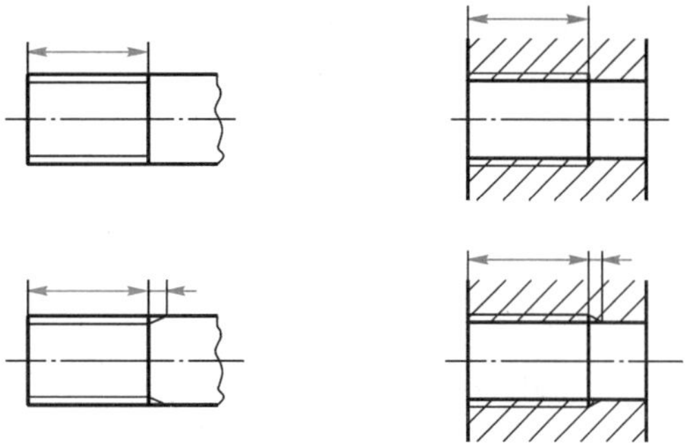	图样中标注的螺纹长度，均指不包括螺尾在内的有效螺纹长度；否则应另加说明或按实际需要标注
螺纹副	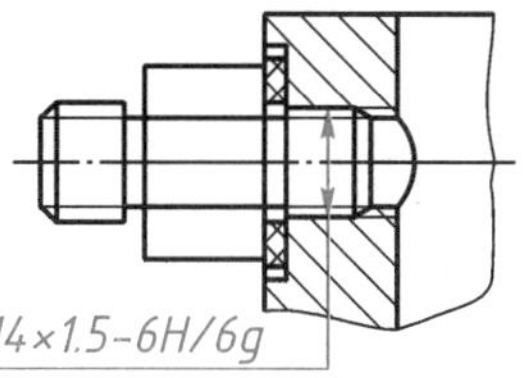 M14×1.5-6H/6g	米制螺纹的螺纹副标记的标注方法与螺纹标记的标注方法相同
	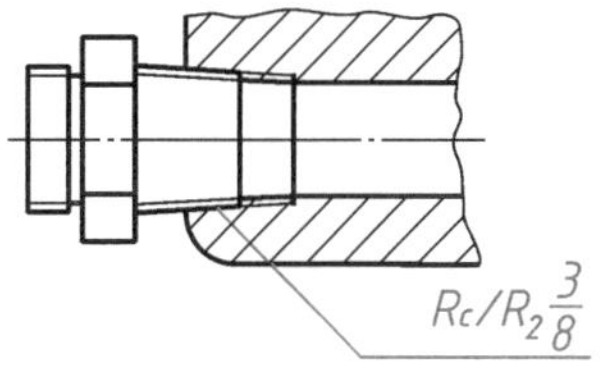 Rc/R₂ 3/8	管螺纹标记应采用引出线，由配合部分的大径处引出标注

四、螺纹紧固件及其连接画法

常用的螺纹紧固件有：螺栓、螺柱（也称双头螺柱）、螺钉、紧定螺钉、螺母和垫圈等如图 6-10 所示。这类零件都已标准化，并由标准件厂大量生产。根据规定标记，它们的结构型式和尺寸，可从有关标准中查出。因此，在一套完整的产品图样中符合标准的螺纹紧固件，不需再详细画出它们的零件图。

螺纹紧固件的种类虽然很多，但其连接形式，可归为螺栓连接、螺柱连接和螺钉连接三种。为了提高画图速度，在画装配图时这些连接通常采用比例画法。画螺纹连接图时，各部分尺寸均与公称直径 d 建立了一定的比例关系，按这些比例关系绘图，称为比例画法。现分别介绍如下：

1. 螺栓连接的画法

螺栓适用于连接两个不太厚的零件和需要经常拆卸的场合。螺栓穿入两个零件的光孔，再套上垫圈，然后用螺母拧紧。垫圈的作用是防止损伤零件的表面，并能增加支承面积，使其受力均匀。

圆柱头开槽螺钉　　圆柱头内六角螺钉　　沉头十字槽螺钉　　无头开槽螺钉　　六角头螺栓

双头螺柱　　　　　　六角螺母　　　　　六角开槽螺母　　　　平垫圈　　　　弹簧垫圈

图 6-10　螺纹紧固件

普通螺栓连接的比例画法如图 6-11 所示。

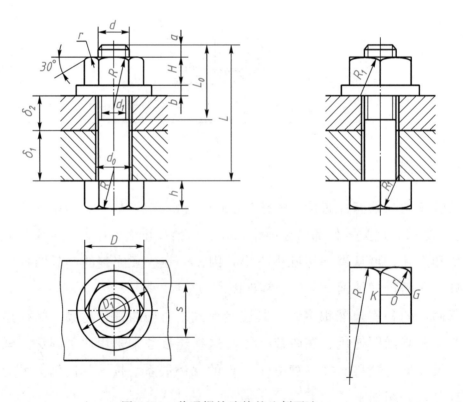

图 6-11　普通螺栓连接的比例画法

画螺栓连接图时，应注意以下几点：

（1）螺栓公称长度 L 应按下式估算：

$$L = \delta_1 + \delta_2 + b + H + a$$

式中，δ_1，δ_2——被连接零件的厚度；

    $a = (0.3 \sim 0.4)d$，d 为螺栓的公称直径；

    $b = 0.15d$；

    $H = 0.8d$。

用上式算出的 L 值应圆整，使其符合标准规定的长度系列。

（2）图 6-11 中其他尺寸与 d 的比例关系为：

$d_0 = 1.1d$；

$R = 1.5d$；

$h = 0.7d$；

$d_1 = 0.85d$；

$L_0 = (1.5 \sim 2)d$；

$D = 2d$；

$D_1 = 2.2d$；

$R_1 = d$；

s，r 由作图得出。

（3）在装配图中，当剖切平面通过螺杆的轴线时，对于螺柱、螺栓、螺钉、螺母及垫圈等均按未剖切绘制。

（4）螺纹紧固件的工艺结构，如倒角、退刀槽、缩颈、凸肩等均可省略不画。

（5）两个被连接零件的接触面只画一条线；两个零件相邻但不接触，仍画成两条线。

（6）在剖视图中表示相邻的两个零件时，相邻零件的剖面线必须以不同的方向或以不同的间隔画出。同一零件的各个剖面区域，其剖面线画法应一致。

（7）为了保证装配工艺合理，被连接件的光孔直径应比螺纹大径大些，一般按 $1.1d$ 画。螺纹的有效长度应画得低于光孔顶面，使 $L - L_0 < \delta_1 + \delta_2$，以便于螺母调整、拧紧，使连接可靠。

2. 双头螺柱连接的画法

双头螺柱为两头制有螺纹的圆柱体，一端旋入被连接件的螺孔内，称为旋入端；另一端与螺母旋合，紧固另一个被连接件，称为紧固端。

双头螺柱连接由双头螺柱、螺母、垫圈组成。双头螺柱连接多用于被连接件之一太厚，不适于钻成通孔或不能钻成通孔的场合。连接时，将双头螺柱的旋入端旋入被连接件的螺纹孔中，并使紧固端穿过较薄零件的通孔，再套上垫圈用螺母拧紧。双头螺柱连接的比例画法如图 6-12 所示。

画双头螺柱装配图时应注意以下几点：

（1）双头螺柱的公称长度 L 应按下式估算：

$$L = \delta_1 + 0.15d + 0.8d + (0.3 \sim 0.4)d$$

用上式算出的 L 值，应圆整成标准系列值。

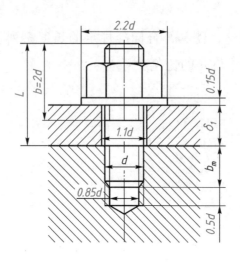

图 6-12　双头螺柱连接的比例画法

（2）双头螺柱的旋入端长度（b_m）与带螺纹孔的被连接件材料有关，选取时可参考下述条件：

对于钢或青铜　　　$b_m = d$

对于铸铁　　　　　$b_m = 1.25d \sim 1.5d$

对于铝　　　　　　$b_m = 2d$

旋入端的螺纹终止线应与结合面平齐，表示旋入端已足够地拧紧。

（3）被连接件螺孔的螺纹深度应大于旋入端的螺纹长度 b_m，一般螺孔的螺纹深度按 $b_m + 0.5d$ 画出。在装配图中，不穿通的螺纹孔可不画出钻孔深度，仅按有效螺纹部分的深度画出。

（4）其余部分的画法与螺栓连接画法相同。

3. 螺钉连接的画法

螺钉连接不用螺母，而将螺钉直接拧入被连接件的螺孔里。螺钉连接适用于受力不大的零件间的连接。如图 6-13 所示，连接时，上面的零件钻通孔，其直径比螺钉大径略大，另一零件加工成螺纹孔，然后将螺钉拧入，用螺钉头压紧被连接件。螺钉的螺纹部分要

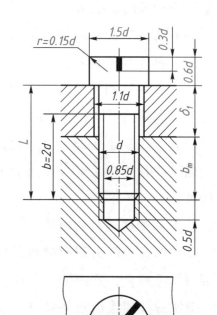

图 6-13　螺钉连接画法

有一定的长度，以保证连接的可靠性。

画图时应注意以下几点：

（1）螺钉的公称长度 L 可按下式估算：

$$L = \delta_1 + b_m$$

式中，b_m 根据被旋入零件的材料而定。然后将估算出的数值(L)圆整成标准系列值。

（2）螺纹终止线应伸出螺纹孔端面，以表示螺钉尚有拧紧的余地，而被连接件已被压紧。

（3）在垂直于螺钉轴线的视图中，螺钉头部的一字槽要偏转 $45°$，并采用简化的单线画出。

常用螺纹紧固件的简化画法及标记见表 6-3。

表 6-3　常用螺纹紧固件的简化画法及其标记

名称及视图	规定标记示例	名称及视图	规定标记示例
六角头螺栓-A 级和 B 级 GB/T 5782 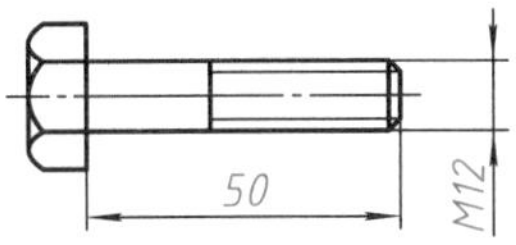	螺栓 GB/T 5782 M12×50	十字槽沉头螺钉 GB/T 819.1 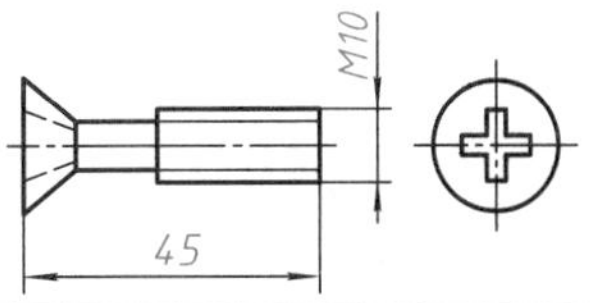	螺钉 GB/T 819.1 M10×45
双头螺柱($b_m = 1.25d$) GB/T 898 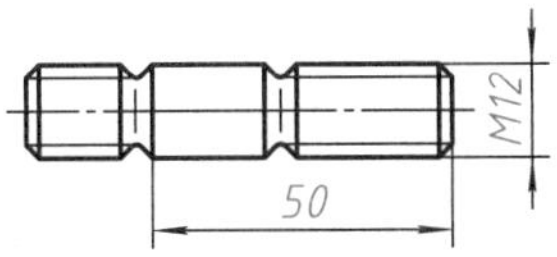	螺柱 GB/T 898 AM12×50	开槽锥端紧定螺钉 GB/T 71 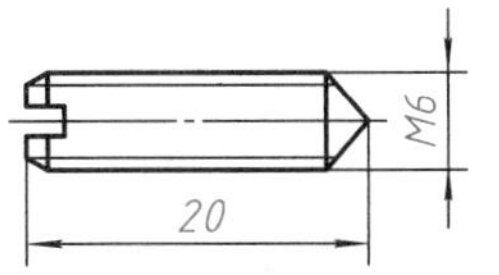	螺钉 GB/T 71　M6×20
开槽圆柱头螺钉 GB/T 65　A 型 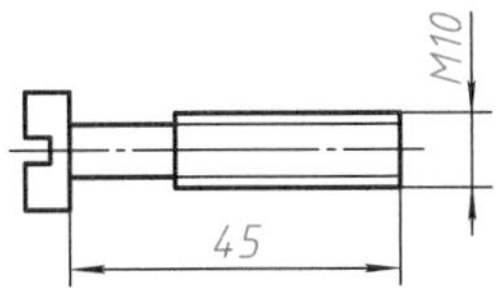	螺钉 GB/T 65 M10×45	1 型六角螺母-A 级和 B 级 GB/T 6170 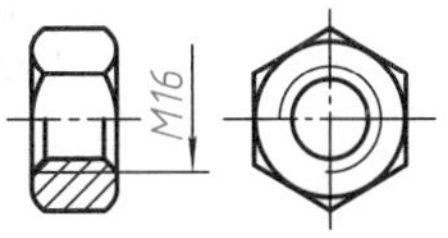	螺母 GB/T 6170　M16
开槽沉头螺钉 GB/T 68 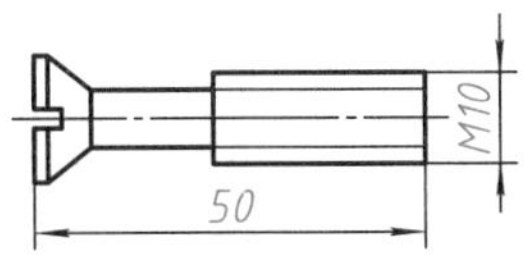	螺钉 GB/T 68 M10×50	平垫圈-A 级 GB/T 97.1 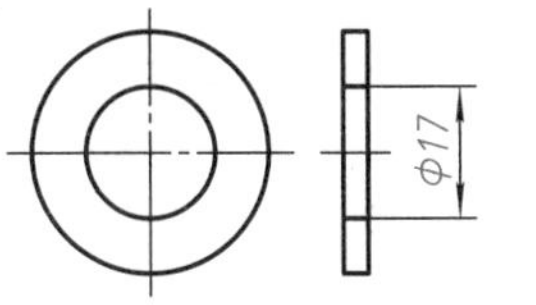	垫圈　GB/T 97.1　16

159

在装配图中，螺栓连接、螺柱连接和螺钉连接可根据情况采用简化画法，如图 6-14 所示。

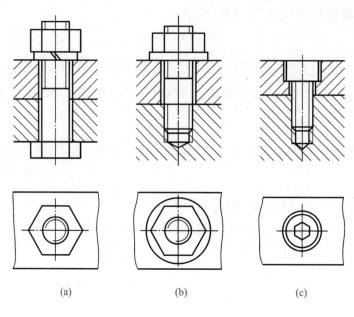

　　　　(a)　　　　　　　　(b)　　　　　　　　(c)

图 6-14　螺纹连接的简化画法

第二节　键连接和销连接

一、键连接

1. 常用键的型式

键用来连接轴和轴上的传动件（如齿轮、带轮等），并通过它来传递转矩。键的种类很多，常用的有普通平键、半圆键和钩头楔键（图 6-15）等。其中普通平键应用最广，画图时根据有关标准可查得相应的尺寸及结构。

　　(a)普通平键　　　　　(b)半圆键　　　　　(c)钩头楔键

　　(d)将键嵌入轴槽内　　　　(e)键与轴同时装入轴孔

图 6-15　键和键连接

常用键的型式、标准、画法及标记见表 6-4。

表 6-4 常用键的型式、标准、画法及标记

名　　称	标　准　号	图　　例	标　记　示　例
普通型平键	GB/T 1096—2003		$b = 18$ mm, $h = 11$ mm, $L = 100$ mm 的普通型 平键（A 型）： GB/T 1096　键　18×11×100
			$b = 18$ mm, $h = 11$ mm, $L = 100$ mm 的普通型 平键（B 型）： GB/T 1096　键　B18×11×100
半圆键	GB/T 1099.1—2003		$b = 6$ mm, $h = 10$ mm, $D = 25$ mm 的半圆键： GB/T 1099.1　键　6×10×25
钩头楔键	GB/T 1565—2003		$b = 18$ mm, $h = 11$ mm, $L = 100$ mm 的钩头楔键： GB/T 1565　键　18×100

2. 常用键连接的画法

键和键槽的尺寸，根据轴的直径和键的型式，可从有关标准中查到。

普通平键和半圆键的侧面是工作面，在键连接画法中，两侧面应与轴和轮毂上的键槽侧面接触，其底面与轴上键槽底面接触，均应画一条线。键的顶面与轮毂上键槽的顶面之间有间隙，画图时画成两条线。当剖切平面通过轴和键的轴线时，根据画装配图时的规定画法，轴和键均按不剖画出，此时，为了表示键在轴上的装配情况，轴采用局部剖视。在装配图中，键的倒角或倒圆不必画出，如图 6-16 所示。

钩头楔键的顶面有 1∶100 的斜度，它是靠顶面与底面接触受力而传递转矩的，与键槽间没有间隙，只画一条线；两侧面与轮和轴上的键槽采用较为松动的间隙配合，由于基本尺寸相同，侧边只画一条线，如图 6-17 所示。

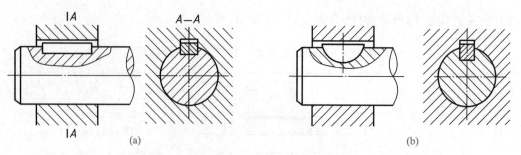

图 6-16　平键和半圆键连接的画法

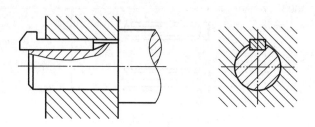

图 6-17　钩头楔键连接的画法

二、销连接

销在机器中主要用于零件之间的连接、定位或防松。常见的有圆柱销、圆锥销和开口销等。开口销经常要与开槽螺母配合使用，它穿过螺母上的槽和螺杆上的孔以防止螺母松动。

销是标准件，在使用和绘图时，可根据有关标准选用和绘制。销的型式、标准、画法及标记示例见表 6-5，图 6-18 为销连接的画法。

表 6-5　销的型式、标准、画法及标记示例

名　称	标　准　号	图　例	标　记　示　例
圆柱销 不淬硬钢 和奥氏体 不锈钢	GB/T 119.1—2000	≈15°　c　c　d　l	公称直径 $d=5$ mm、公差为 m6、公称长度 $l=18$ mm、材料为钢、不经淬火、不经表面处理的圆柱销： 　销　GB/T 119.1　5 m6×18
圆锥销	GB/T 117—2000	1:50　d　r_1　r_2　a　a　l	公称直径 $d=10$ mm、公称长度 $l=60$ mm、材料为 35 钢、热处理硬度为 28～38 HRC、表面氧化处理的 A 型圆锥销： 　销　GB/T 117　10×60

名 称	标 准 号	图 例	标 记 示 例
开口销	GB/T 91—2000	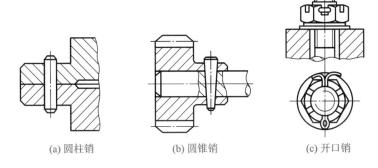	公称规格为 5 mm、公称长度 *l* = 50 mm、材料为 Q215 或 Q235、不经表面处理的开口销： 销 GB/T 91 5×50

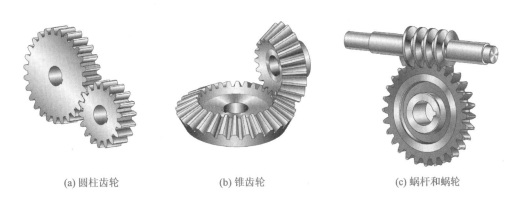

(a) 圆柱销　　　　　　(b) 圆锥销　　　　　　(c) 开口销

图 6-18 销连接的画法

第三节 齿轮

齿轮是机械传动中应用最广的一种传动件，它不仅可以用来传递动力，而且可以用来改变轴的转速和旋转方向。

常见的齿轮有：

（1）圆柱齿轮 常用于两平行轴的传动（图 6-19a）；

（2）锥齿轮 常用于两相交（一般是正交）轴的传动（图 6-19b）；

（3）蜗杆、蜗轮 用于两交叉（一般是垂直交叉）轴的传动（图 6-19c）。

(a) 圆柱齿轮　　　　　　(b) 锥齿轮　　　　　　(c) 蜗杆和蜗轮

图 6-19 齿轮

一、圆柱齿轮

圆柱齿轮分为直齿圆柱齿轮、斜齿圆柱齿轮和人字齿轮。

1. 齿轮各部分名称及计算公式

图 6-20 是一直齿圆柱齿轮，它的各部分名称如下：

（1）齿数（z）　轮齿的数量。

（2）齿顶圆直径（d_a）　通过轮齿顶部的圆周直径。

（3）齿根圆直径（d_f）　通过轮齿根部的圆周直径。

（4）分度圆直径（d）　对标准齿轮来说，为齿厚（s）等于齿槽宽（e）处的圆周直径。

（5）齿高（h）　分度圆把轮齿分成两部分。自分度圆到齿顶圆的距离，叫作齿顶高，用 h_a 表示；自分度圆到齿根圆的距离，叫作齿根高，用 h_f 表示。齿顶高与齿根高之和即全齿高，用 h 表示（$h = h_a + h_f$）。

（6）齿距（p）　分度圆上相邻两齿对应点之间的弧长。

齿距与齿厚（s）、齿槽宽（e）有如下关系：

$$齿距 = 齿厚 + 齿槽宽$$

（7）模数（m）　如果齿轮有 z 个齿，则

$$分度圆周长 = \pi d = zp$$

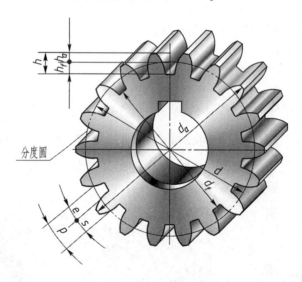

图 6-20　直齿圆柱齿轮

$$d = \frac{p}{\pi} z$$

令

$$\frac{p}{\pi} = m$$

则
$$d = mz$$

式中，m 称为齿轮的模数（单位：mm），它是齿轮设计、制造的一个重要参数。模数越大，轮齿各部分尺寸也随之成比例增大，轮齿上所能承受的力也越大。为了设计和制造的方便，模数的数值已经标准化，标准模数见表 6-6。

表 6-6 齿轮模数系列（GB/T 1357—2008） mm

第一系列	1 1.25 1.5 2 2.5 3 4 5 6 8 10 12 16 20 25 32 40 50
第二系列	1.125 1.375 1.75 2.25 2.75 3.5 4.5 5.5 (6.5) 7 9 11 14 18 22 28 35 45

注：1. 对斜齿圆柱齿轮是指法向模数 m_n；

2. 优先选用第一系列，括号内的数值尽可能不用。

标准直齿圆柱齿轮的计算公式见表 6-7。

表 6-7 标准直齿圆柱齿轮的计算公式

名 称	代 号	计 算 公 式
模 数	m	由强度计算决定，并选用标准模数
齿 数	z	由传动比 $i_{12} = \omega_1 / \omega_2 = z_2 / z_1$ 决定
分度圆直径	d	$d = mz$
齿顶高	h_a	$h_a = m$
齿根高	h_f	$h_f = 1.25\ m$
全齿高	h	$h = h_a + h_f = 2.25\ m$
齿顶圆直径	d_a	$d_a = m(z+2)$
齿根圆直径	d_f	$d_f = m(z-2.5)$
齿距	p	$p = \pi m$
中心距	a	$a = \dfrac{1}{2}(d_1 + d_2) = \dfrac{1}{2}m(z_1 + z_2)$

注：d_1、d_2 是相啮合的两个齿轮的分度圆直径；z_1、z_2 是两个齿轮的齿数；ω_1、ω_2 是两个齿轮的角速度。

2. 圆柱齿轮的画法规定（GB/T 4459.2—2003）

（1）一般用两个视图（图 6-21a），或者用一个视图和一个局部视图表示单个齿轮（图 6-25）。

（2）齿顶圆和齿顶线用粗实线绘制。

（3）分度圆和分度线用细点画线绘制。

（4）齿根圆和齿根线用细实线绘制，也可省略不画；在剖视图中，齿根线用粗实线绘制（图 6-21a）。

（5）在剖视图中，当剖切平面通过齿轮的轴线时，轮齿一律按不剖处理。

（6）当需要表示齿线的特征时，可用三条与齿线方向一致的细实线表示（图6-21b、c），直齿则不需表示。

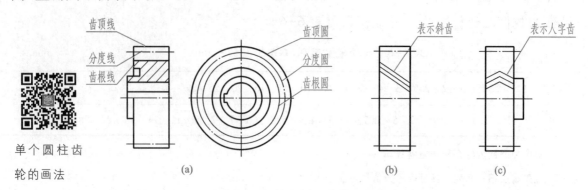

单个圆柱齿
轮的画法

图6-21　单个圆柱齿轮的画法

3. 圆柱齿轮啮合的画法

（1）画啮合图时，一般可采用两个视图，在垂直于圆柱齿轮轴线的投影面的视图中，啮合区内的齿顶圆均用粗实线绘制，节圆（两标准齿轮相互啮合时,分度圆处于相切的位置,此时分度圆又称节圆）相切，如图6-22a所示；也可用省略画法，如图6-22b所示。

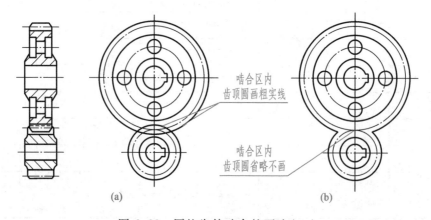

啮合区内
齿顶圆画粗实线

啮合区内
齿顶圆省略不画

(a)　　　　　　　　　　　　(b)

图6-22　圆柱齿轮啮合的画法（一）

（2）在圆柱齿轮啮合的剖视图中，当剖切平面通过两啮合齿轮的轴线时，在啮合区内，将一个齿轮的轮齿用粗实线绘制，另一个齿轮的轮齿被遮挡的部分用虚线绘制（图6-22）；也可省略不画被遮挡的轮齿。

（3）在平行于圆柱齿轮轴线的投影面的视图中，啮合区的齿顶线不需画出，分度圆相切处用粗实线绘制；其他处的节线仍用细点画线绘制，如图6-23所示。

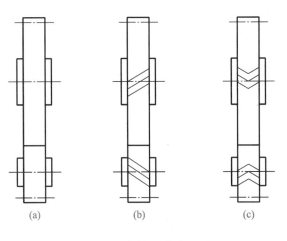

圆柱齿轮啮
合的画法

图 6-23 圆柱齿轮啮合的画法(二)

二、直齿锥齿轮

直齿锥齿轮常用于两相交轴之间的传动，常见的是两轴心线在同一平面内成直角相交。直齿锥齿轮是在圆锥面上制出轮齿，因而轮齿沿圆锥素线方向一端大，一端小，齿厚、齿槽宽、齿高及模数也随之变化。为了设计与制造的方便，通常规定以大端模数为标准模数，用它来计算和决定齿轮的其他各部分尺寸。

1. 直齿锥齿轮各部分名称和计算公式

（1）直齿锥齿轮各部分名称　直齿锥齿轮各部分名称如图 6-24 所示；

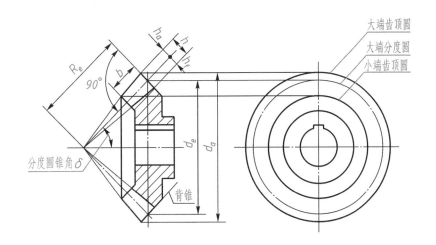

图 6-24 直齿锥齿轮

（2）直齿锥齿轮的计算公式　直齿锥齿轮的计算公式见表 6-8。

167

表 6-8　直齿锥齿轮计算公式

基本参数：大端模数 m，齿数 z，分度圆锥角 δ

序　号	名　　称	代　号	计　算　公　式
1	分度圆直径	d_e	$d_e = mz$
2	齿顶高	h_a	$h_a = m$
3	齿根高	h_f	$h_f = 1.2m$
4	齿　高	h	$h = h_a + h_f = 2.2m$
5	齿顶圆直径	d_a	$d_a = m(z + 2\cos\delta)$
6	齿根圆直径	d_f	$d_f = m(z - 2.4\cos\delta)$
7	外锥距	R_e	$R_e = \dfrac{mz}{2\sin\delta}$
8	齿宽	b	$b \leqslant \dfrac{R_e}{3}$

2. 锥齿轮的画法

锥齿轮的规定画法与圆柱齿轮基本相同。单个锥齿轮画法如图 6-24 所示。主视图画成剖视，当剖切平面通过齿轮轴线时，轮齿按不剖处理，用粗实线画出齿顶线及齿根线，用细点画线画出分度线。在反映圆的左视图上，规定用粗实线画出齿轮大端和小端的齿顶圆，用细点画线画大端的分度圆，小端的分度圆不画，齿根圆不画。

3. 锥齿轮啮合的画法

锥齿轮啮合的画法与圆柱齿轮啮合的画法基本相同，如图 6-25 所示。

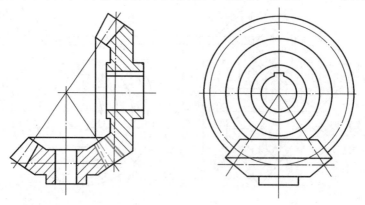

图 6-25　锥齿轮啮合的画法

三、蜗杆和蜗轮

蜗杆和蜗轮一般用于垂直交错两轴之间的传动。一般情况下，蜗杆是主动的，蜗轮是从动的。蜗杆的齿数称为头数，有单头、多头之分，最常用的蜗杆为圆柱形。蜗杆的画法规定与圆柱齿轮的画法规定基本相同。蜗轮类似斜齿圆柱齿轮，蜗轮轮齿部分的主要尺寸以垂直于轴线的中间平面为准。

　　蜗杆和蜗轮啮合的画法如图 6-26 所示。其中，图 6-26a 采用了两个外形视图；图 6-26b 采用了全剖视和局部剖视。在全剖视图中，蜗轮在啮合区被遮挡部分的虚线省略不画，局部剖视中啮合区内蜗轮的齿顶圆和蜗杆的齿顶线也可省略不画。

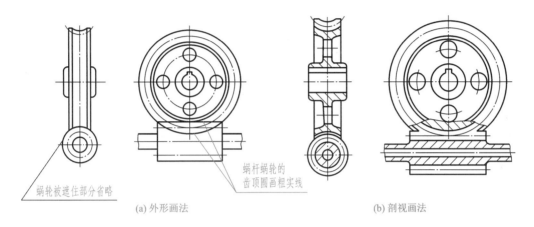

(a) 外形画法　　　　　　　　　　　　(b) 剖视画法

图 6-26　蜗杆和蜗轮啮合的画法

169

第四节　弹　簧

　　弹簧一般用在减振、夹紧、自动复位、测力和储存能量等方面。弹簧的种类很多，常用的有螺旋弹簧（图 6-27）、涡卷弹簧（图 6-28）和板弹簧（图 6-29）。本节着重介绍机械中最常用的圆柱螺旋压缩弹簧的画法。

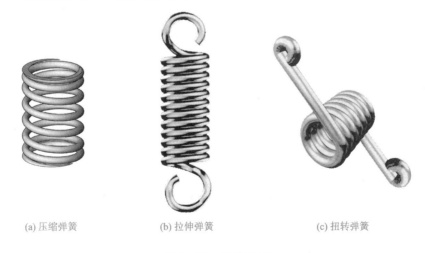

(a) 压缩弹簧　　　　　　(b) 拉伸弹簧　　　　　　(c) 扭转弹簧

图 6-27　螺旋弹簧

图 6-28 涡卷弹簧

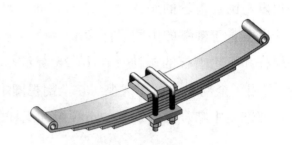

图 6-29 板弹簧

一、圆柱螺旋压缩弹簧各部分名称和尺寸关系

圆柱螺旋压缩弹簧的各部分名称和尺寸关系如下（图 6-30）：

1. 弹簧钢丝直径（线径）d

2. 弹簧直径

（1）外径 D 弹簧最大直径；

（2）内径 D_1 弹簧最小直径，$D_1 = D - 2d$；

（3）中径 D_2 弹簧的平均直径，$D_2 = \dfrac{D + D_1}{2}$

$= D_1 + d = D - d$。

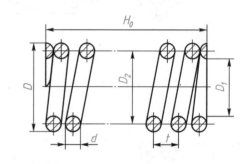

图 6-30 圆柱螺旋压缩弹簧

3. 节距 t

除磨平压紧的支承圈外，相邻两圈间的轴向距离称为节距。

4. 有效圈数 n、总圈数 n_1 和支承圈数 N_z

（1）支承圈数 N_z 为了使弹簧在工作时受力均匀，保证中心垂直于支承端面，螺旋压缩弹簧两端的几圈一般都要靠紧并将端面磨平。这部分不参与弹簧变形，称为支承圈。一般情况下，支承圈数 $N_z = 2.5$ 圈。

（2）有效圈数 n 除支承圈外，保持相等节距 t 的圈数称为有效圈数，它是计算弹簧受力的主要依据。

（3）总圈数 n_1 有效圈数与支承圈数之和称为总圈数，即

$$n_1 = n + N_z$$

5. 弹簧自由长度（高度）H_0

弹簧在不受任何外力的作用下，即处于自由状态时的长度称弹簧自由长度，即

$$H_0 = nt + (N_z - 0.5)d$$

6. 弹簧钢丝的展开长度 L

$$L \approx n_1 \sqrt{(\pi D_2)^2 + t^2}$$

二、螺旋弹簧的画法规定（GB/T 4459.4—2003）

（1）在平行于螺旋弹簧轴线的投影面的视图中，其各圈的轮廓应画成直线，如图 6-31 所示。

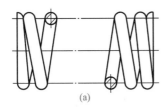
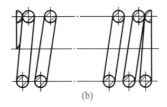

图 6-31 螺旋弹簧的画法

（2）螺旋弹簧均可画成右旋；但对必须保证的旋向要求，应在"技术要求"中注明。

（3）如要求螺旋压缩弹簧两端并紧且磨平时，不论支承圈的圈数多少和末端贴紧情况如何，均可按图 6-31 的形式绘制。必要时也可按支承圈的实际结构绘制。

（4）有效圈数在 4 圈以上的螺旋弹簧，中间部分可以省略不画，并允许适当缩短图形的长度。

（5）在装配图中，螺旋弹簧被剖切时，如果弹簧丝直径在图形上等于或小于 2 mm 时，可用涂黑表示（图 6-32a），也可采用示意画法（图 6-32b）。被弹簧挡住的结构一般不画出，可见部分应从弹簧的外轮廓线或从弹簧钢丝断面的中心线画起（图 6-33）。

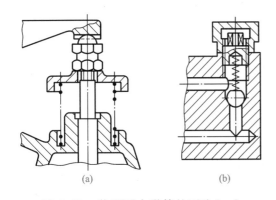

图 6-32 装配图中弹簧的画法（一）

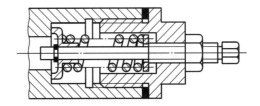

图 6-33 装配图中弹簧的画法（二）

三、圆柱螺旋压缩弹簧的作图步骤

（1）根据 D_2，作出中径（两平行中心线），定出自由长度 H_0，如图 6-34a 所示；

（2）根据 d 画出两端支承圈，如图 6-34b 所示；

（3）根据节距 t 画出中间各圈，如图 6-34c 所示；

（4）按右旋方向作相应圆的公切线，再画上剖面符号，完成全图，如图 6-34d 所示。

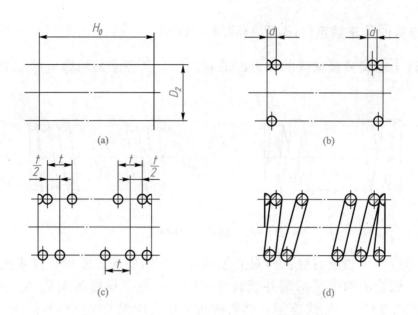

图 6-34　圆柱螺旋压缩弹簧的画图步骤

　　图 6-35 为圆柱螺旋压缩弹簧的零件图。螺旋压缩弹簧一般用两个或一个视图表示，图上标注 d、D（或 D_1）、t、H_0 等尺寸。在主视图上方用斜线表示出外力与弹簧变形之间的关系，代号 F_1、F_2 为工作负荷，F_j 为极限负荷。技术要求应填写旋向、有效圈数、总圈数、工作极限应力和热处理要求、各项检验要求等内容。

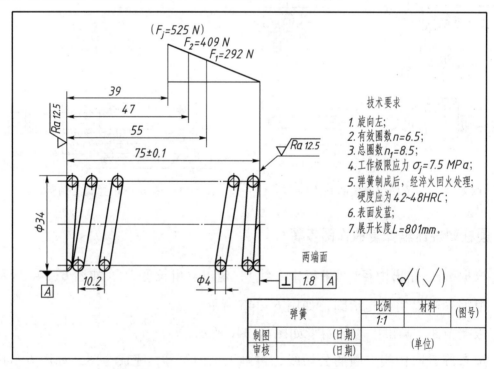

图 6-35　圆柱螺旋压缩弹簧零件图

第五节　滚动轴承

滚动轴承是支承轴旋转的部件。由于它具有摩擦力小、结构紧凑等特点，因此得到了广泛的应用。滚动轴承的种类很多，并已标准化，选用时可查阅有关标准。

一、滚动轴承的结构和分类

1. 滚动轴承的结构

滚动轴承一般由四部分组成，如图 6-36 所示。

（1）内圈　内圈与轴相配合，通常与轴一起转动。内圈孔径称为轴承内径，用符号 d 表示，它是轴承的规格尺寸。

（2）外圈　外圈一般都固定在机体或轴承座内，一般不转动。

（3）滚动体　滚动体位于内、外圈的滚道之间，滚动体的形状有球、圆柱、圆锥等多种。

（4）保持架　保持架用来保持滚动体在滚道之间彼此有一定的距离，防止相互间摩擦和碰撞。

2. 滚动轴承的分类

滚动轴承的分类方法很多，按其承载特性可分为三类：

（1）向心轴承　主要承受径向载荷，如深沟球轴承（图 6-36a）；

（2）推力轴承　主要承受轴向载荷，如推力球轴承（图 6-36b）；

（3）向心推力轴承　同时承受径向和轴向载荷，如圆锥滚子轴承（图 6-36c）。

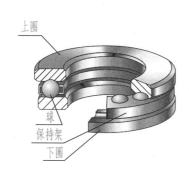

(a) 深沟球轴承　　　　(b) 推力球轴承　　　　(c) 圆锥滚子轴承

图 6-36　滚动轴承

173

二、滚动轴承的代号

1. 滚动轴承代号的构成

滚动轴承代号是用字母加数字表示滚动轴承的结构、尺寸、公差等级、技术性能等特征的产品符号。滚动轴承代号由基本代号、前置代号和后置代号三部分构成，其排列顺序为：

| 前置代号 | 基本代号 | 后置代号 |

2. 滚动轴承（滚针轴承除外）基本代号

基本代号表示轴承的基本类型、结构和尺寸，是滚动轴承代号的基础。基本代号由轴承类型代号、尺寸系列代号和内径代号构成，其排列顺序为：

| 类型代号 | 尺寸系列代号 | 内径代号 |

（1）类型代号　轴承类型代号用阿拉伯数字或大写拉丁字母表示，见表6-9。

表6-9　滚动轴承类型代号

代　　号	轴　承　类　型	代　　号	轴　承　类　型
0	双列角接触球轴承	N	圆柱滚子轴承
1	调心球轴承		双列或多列用字母 NN 表示
2	调心滚子轴承和推力调心滚子轴承	U	外球面球轴承
3	圆锥滚子轴承	QJ	四点接触球轴承
4	双列深沟球轴承		
5	推力球轴承		
6	深沟球轴承		
7	角接触球轴承		
8	推力圆柱滚子轴承		

注：在表中代号后或前加字母或数字表示该类轴承中的不同结构。

（2）尺寸系列代号　尺寸系列代号由轴承的宽（高）度系列代号和直径系列代号组成，用数字表示。

（3）内径代号　内径代号表示轴承的公称内径，用数字表示，见表6-10。

表6-10　轴承内径代号

轴承公称内径/mm	内　径　代　号	示　　例
0.6 到 10（非整数）	用公称内径毫米数直接表示，在其与尺寸系列代号之间用"/"分开	深沟球轴承 618/2.5 $d = 2.5$ mm

续表

轴承公称内径/mm		内 径 代 号	示 例
1 到 9(整数)		用公称内径毫米数直接表示,对深沟及角接触球轴承 7,8,9 直径系列,内径与尺寸系列代号之间用"/"分开	深沟球轴承 625 深沟球轴承 618/5 $d = 5$ mm
10 到 17	10	00	深沟球轴承 6200 $d = 10$ mm
	12	01	
	15	02	
	17	03	
20 到 480(22,28,32 除外)		公称内径除以 5 的商数,商数为个位数,需在商数左边加"0",如 08	调心滚子轴承 23208 $d = 40$ mm
大于和等于 500 以及 22,28,32		用公称内径毫米数直接表示,但在与尺寸系列之间用"/"分开	调心滚子轴承 230/500 $d = 500$ mm 深沟球轴承 62/22 $d = 22$ mm

175

3. 滚动轴承的前置、后置代号

前置、后置代号是轴承在结构形状、尺寸、公差、技术要求等有改变时,在其基本代号左右添加的补充代号。前置代号用字母表示,后置代号用字母或加数字表示。

轴承代号标记示例

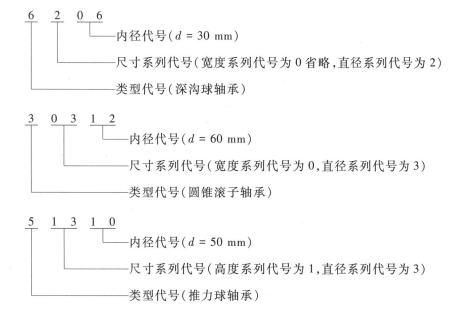

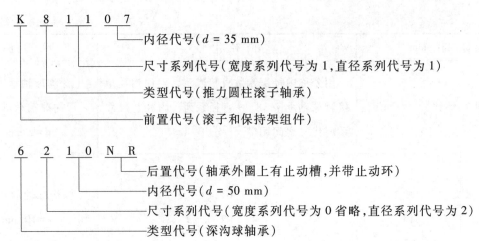

```
K 8 1 1 0 7
        └── 内径代号(d = 35 mm)
      └──── 尺寸系列代号(宽度系列代号为1,直径系列代号为1)
    └────── 类型代号(推力圆柱滚子轴承)
  └──────── 前置代号(滚子和保持架组件)

6 2 1 0 N R
        └── 后置代号(轴承外圈上有止动槽,并带止动环)
      └──── 内径代号(d = 50 mm)
    └────── 尺寸系列代号(宽度系列代号为0省略,直径系列代号为2)
  └──────── 类型代号(深沟球轴承)
```

三、滚动轴承的画法

滚动轴承的规定画法，见表 6-11。

表 6-11　滚动轴承的规定画法

类型名称和标准号	深沟球轴承 GB/T 276—2013	圆锥滚子轴承 GB/T 297—2015	推力球轴承 GB/T 301—2015
规定画法	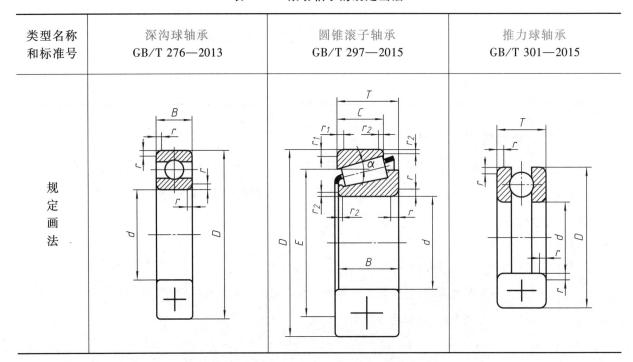		

1. 简化画法

简化画法包括通用画法和特征画法，但在同一图样中一般只采用一种画法。

（1）通用画法　在剖视图中，当不需要确切地表示滚动轴承的外形轮廓、载荷特性、结构特征时，可采用通用画法，即用矩形线框及位于线框中央正立的十字形符号来表示。十字形符号不应与矩形线框接触。通用画法应绘制在轴的两侧。

（2）特征画法　在剖视图中，如需较形象地表示滚动轴承的结构特征，可采用特征画法，即在矩形线框内画出其结构要素符号表示结构特征。特征画法应绘制在轴的两侧。

用简化画法绘制滚动轴承时应注意以下几点：

① 各种符号、矩形线框和轮廓线均用粗实线绘制；

② 矩形线框或外形轮廓的大小应与滚动轴承的外形尺寸一致。

2. 规定画法

在滚动轴承的产品图样、产品样本及说明书等图样中，可采用规定画法绘制。在装配图中，规定画法一般采用剖视图绘制在轴的一侧，另一侧按通用画法绘制。

采用规定画法绘制滚动轴承的剖视图时，其滚动体不画剖面线，其内外套圈等可画成方向和间隔相同的剖面线。在不致引起误解时，也允许省略不画。

本 章 小 结

本章主要介绍了螺纹紧固件、键、销、齿轮、弹簧、滚动轴承等常用零件。这些零件一般不按真实投影画图，国家标准中规定了某些简化画法和规定标注。

1. 画法

（1）螺纹的画法　无论是外螺纹还是内螺纹（当内螺纹画成剖视图时），螺纹的大径用粗实线表示，小径用细实线表示，螺纹终止线用粗实线表示。

当用剖视图表达内外螺纹的连接时，其旋合部分按外螺纹的画法绘制，其余部分仍按各自的画法表示。

（2）齿轮的画法　齿顶圆和齿顶线画成粗实线；分度圆和分度线画成细点画线；齿根圆和齿根线画成细实线，也可省略不画；在剖视图中，齿根线用粗实线表示。

（3）螺旋弹簧的画法　用直线代替螺旋线；有效圈数在四圈以上的螺旋弹簧，中间部分可省略不画。

（4）滚动轴承的画法　滚动轴承的画法有简化画法和规定画法两种。简化画法又可分为通用画法和特征画法。

2. 标注

（1）标准螺纹的标注　在螺纹的大径上注明特征代号、公称直径、螺距、旋向、公差带代号和旋合长度代号。

（2）齿轮的标注　齿顶圆直径、分度圆直径及有关齿轮的基本尺寸要直接注出。其他各主要参数如模数 m、齿数 z、齿形角 α 和精度等级等要在图纸右上角参数表中说明。

（3）弹簧的标注　图上要标注弹簧钢丝直径 d、弹簧外径 D、节距 t 和自由高度 H_0 等尺寸。在主视图上方用斜线表示出外力与弹簧变形之间的关系，在技术要求中填写旋向、有效圈数、总圈数、工作极限应力和热处理要求、各项检验要求等内容。

螺纹紧固件、键、销和滚动轴承是标准件，一般不画其零件图。在装配图的明细栏中，只要标注出它们的标记就可以在有关标准中查出其结构型式、规格、尺寸等。

思 考 题

1. 螺纹的基本要素是什么？

2. 在螺纹的测绘中，主要是确定螺纹的哪几个要素？

3. 在装配图中，画螺纹紧固件应注意哪些事项？

4. 单个齿轮及啮合的两齿轮按规定画法应该怎样画？

5. 螺旋弹簧的中间部分是否可以省略不画？

6. 滚动轴承代号 6210 的含义是什么？

第七章

零 件 图

机器或部件都是由若干个零件装配而成的，制造机器首先要加工零件。零件图就是生产中用于指导制造和检验零件的图样。

本章以生产实际的视角，讨论识读和绘制零件图的基本方法，并简要介绍零件图上标注尺寸的合理性、零件工艺结构以及技术要求等内容。

第一节　零件图概述

零件是组成机器或部件的基本单元。

任何一台机器或一个部件都是由若干零件按一定的装配关系和使用要求装配而成的，制造机器必须首先制造零件。零件图就是直接指导制造和检验零件的图样，是零件生产中的重要技术文件。

一张完整的零件图（图 7-1），应包含以下内容：

1. 一组图形

用必要的视图、剖视图、断面图及其他规定画法，正确、完整、清晰地表达零件各部分的结构和内外形状。

2. 完整的尺寸

正确、完整、清晰、合理地标注零件制造、检验时所需要的全部尺寸。

3. 技术要求

用规定的代号、符号或文字说明零件在制造、检验和装配过程中应达到的各项技术要求，如尺寸公差、几何公差、表面粗糙度、热处理等各项要求。

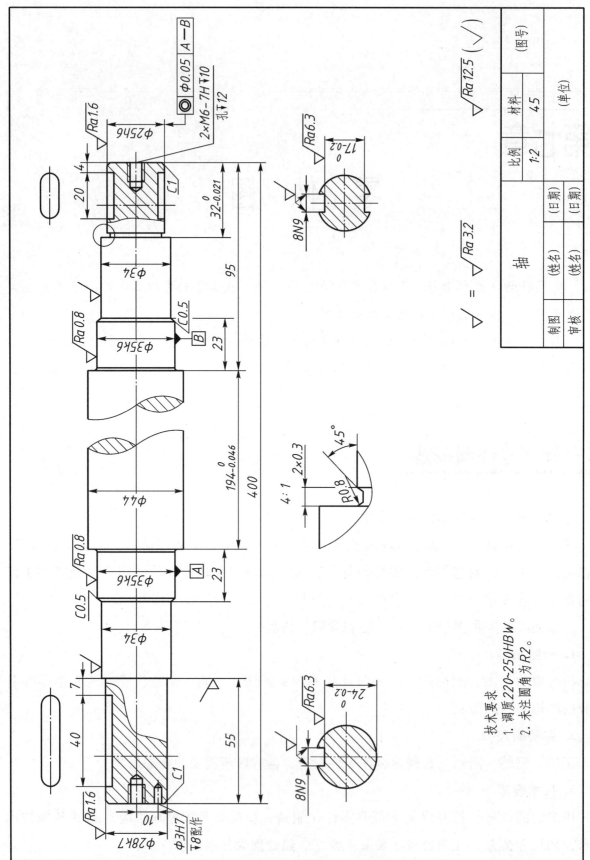

图 7 - 1 轴的零件图

4. 标题栏

说明零件的名称、材料、图号、比例以及图样的责任者签字等。

第二节 零件的视图选择

零件图应把零件的结构形状正确、完整、清晰地表达出来。不同的零件有不同的结构形状，所以首先要分析零件的结构特点，了解零件在机器或部件中的位置、作用和加工方法，然后灵活地选择基本视图、剖视图、断面图及其他表达方法，合理地选择主视图和其他视图，确定一种较为合理的表达方案是表达零件结构形状的关键。

一、主视图的选择

主视图是一组视图的核心。读图和画图一般都是从主视图入手的，所以，主视图的选择是否合理，直接影响读图和画图是否便捷。选择主视图时，应综合考虑以下三个原则：

1. 形状特征原则

主视图的投射方向，应符合最能表达零件各部分的形状特征。

图 7-2 中箭头 K 所示方向的投影清楚地显示出该支座各部形状、大小及相互位置关系。支座由圆筒、连接板、底板、支撑肋四部分组成，所选择的主视图投射方向 K 较其他方向（如 Q、R 向）更清楚地显示了零件的形状特征。因此，主视图的选择应尽量多地反映出零件各组成部分的结构特征及相互位置关系。

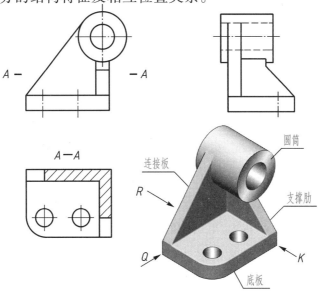

图 7-2 支座的主视图选择

2. 工作位置原则

主视图的投射方向，应符合零件在机器上的工作位置。

对支架、箱体等非回转体零件，选择主视图时，一般应遵循这一原则。图 7-2 所示支座的主视图，既表达了形状特征，又体现了它的工作位置。又如图 7-3 所示吊钩的主视图显示了吊钩的工作位置。

3. 加工位置原则

主视图的投射方向，应尽量与零件主要的加工位置一致。如图 7-4 所示，轴类零件的主要加工工序在车床和磨床上完成，因此，零件主视图应选择其轴线水平放置，以便于加工时看图。

对轴、套、轮、盘类等回转体零件，选择主视图时，一般应遵循这一原则。

综上所述，主视图选择主要是依据零件的形状特征，主要加工位置，以及工作位置等因素的综合分析来确定。

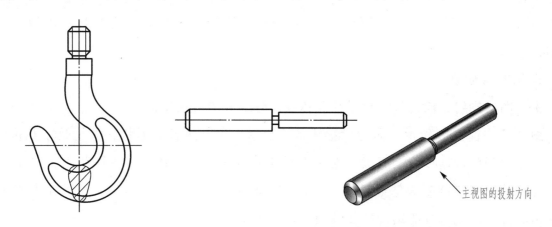

图 7-3　吊钩的工作位置　　　　　　图 7-4　轴类零件的主视图选择

二、其他视图选择

一般情况下，仅有一个主视图是不能把零件的形状和结构表达完全的，还必须配合其他视图。因此，主视图确定后，要分析还有哪些形状结构没有表达完全，考虑选择适当的其他视图，如剖视图、断面图和局部视图等，将该零件表达清楚。

主视图确定后，其他视图的选择应遵循以下原则：

（1）根据零件复杂程度和内、外结构特点，综合考虑所需要的其他视图，使每一个视图有一个表达的重点。视图数量的多少与零件的复杂程度有关，选用时尽量采用较少的视图，使表达方案简洁、合理，便于看图和绘图。

（2）优先考虑采用基本视图，在基本视图上作剖视图，并尽可能按投影关系配置各视图。

如图 7-5 所示，带孔的立板和底板下部的燕尾槽形状以及相对位置，可用左视图表达；底板和凸台的形状、位置，可用俯视图表达。为了将孔和槽表达清楚，主视图采用全剖视，左视图采用半剖视。

总之，确定零件的主视图及整体表达方案，应灵活地运用上述各原则。从实际出发，根据具体情况全面地加以分析、比较，使零件的表达正确、完整、清晰而又简洁。

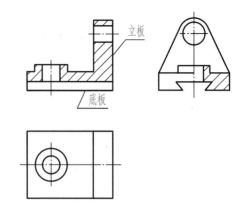

图 7-5　其他视图的选择

第三节　零件图的尺寸标注

零件图的尺寸标注，除了要求正确、完整、清晰之外，还要考虑尺寸标注的合理性。既要符合设计要求，又要满足工艺生产要求，便于零件的加工和检验。本节主要介绍合理标注尺寸应考虑的基本问题和一般原则。

一、合理选择尺寸基准

任何零件都有长、宽、高三个方向的尺寸，每个方向至少要选择一个尺寸基准。一般选择零件结构的对称面、回转轴线、主要加工面、重要支承面或结合面作为尺寸基准。

根据基准的不同作用，可分为设计基准和工艺基准。

1. 设计基准

确定零件在部件或机器中的位置和作用的基准称为设计基准。如图 7-6 所示轴承座，底面为安装面，标注轴承孔的中心高，应由这一平面来确定，底面为高度方向的设计基准。设计基准一般是主要基准，轴承座的左右和前后对称面为长度和宽度方向的主要基准。

2. 工艺基准

零件在加工、测量时选定的基准称为工艺基准。零件上有些结构若以设计基准为起点标注尺寸，不便于加工和测量时，需增加一些辅助基准作为标注这些尺寸的起点，如图 7-6 中的螺纹孔的深度，若以底面为基准标注尺寸，不利于测量，将顶面设为高度方向的辅助基准，标注螺纹孔深度尺寸 10，则便于测量，所以顶面是工艺基准。

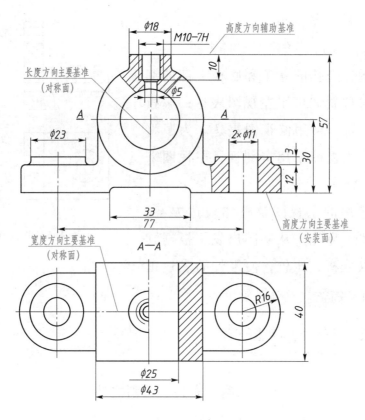

图 7-6 基准的选择

选择基准时，尽可能使工艺基准与设计基准重合，在保证设计要求的前提下，满足工艺要求。

二、合理标注尺寸的原则

1. 重要尺寸直接注出

重要尺寸是指有配合功能要求的尺寸、重要的相对位置尺寸、影响零件使用性能的尺寸。这些尺寸都要直接注出。

如图 7-7a 所示的轴承座，轴孔的中心高 h_1 是重要尺寸，必须直接注出，若按图 7-7b 标注，则尺寸 h_2 和 h_3 将产生较大的累积误差，使孔的中心高不能满足设计要求。另外，为安装方便，图 7-7a 中底板上两孔的中心距 l_1 也应直接注出，若按图 7-7b 标注，由尺寸 l_3 间接确定 l_1，则不能满足装配要求。

2. 避免注成封闭尺寸链

如图 7-8a 所示，轴的长度方向尺寸，除了标注总长尺寸外，又对轴上各段尺寸逐次进行了标注。因此，形成尺寸链式的封闭图形，即封闭尺寸链。这种标注，轴上的各段尺寸 A、B、C 的尺寸精度可以得到保证，但各段尺寸的误差积累起来，最后都集中反映到总长尺寸上，而总长尺寸 L 的尺寸精度则难以得到保证。为此，在标注尺寸时，应将

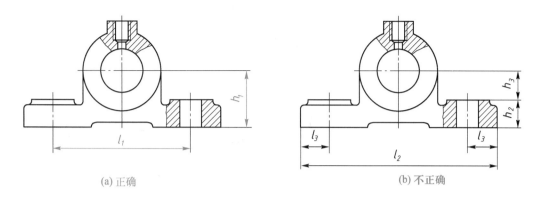

图 7-7　重要尺寸直接注出

次要的轴段空出，不标注尺寸，如图 7-8b 所示尺寸。该轴段由于不标注尺寸，使尺寸链留有开口，称为开口环。开口环尺寸在加工中自然形成。

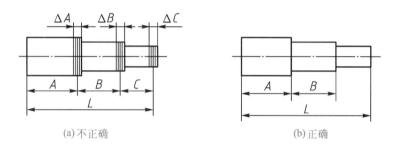

图 7-8　封闭尺寸链

3. 便于加工和测量

（1）符合加工顺序的要求

如图 7-9a 所示，考虑到轴的加工顺序，轴向尺寸选择右端面为工艺基准标注。

为方便不同工种的工人识图，应将零件上的加工面与非加工面尺寸尽量分别标注在图形两边；同一工种的加工尺寸，要适当集中，以便加工时查找方便。如图 7-9b 所示，轴线上方尺寸为铣削工序尺寸，轴线下方尺寸为车削工序尺寸。

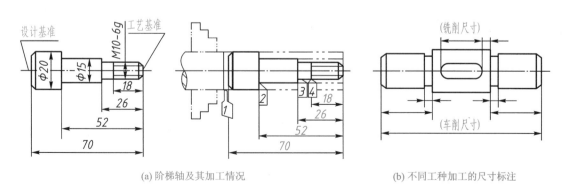

图 7-9　符合加工顺序的标注

（2）符合测量方便

如图 7-10 所示，图 b 中的几何中心点无法实际测量到，图 d 中的小孔高度无法直接测量。

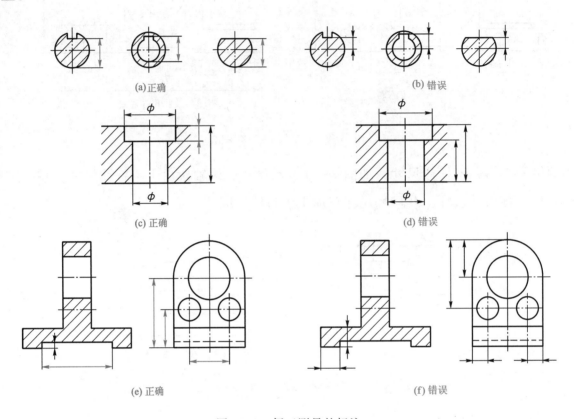

图 7-10　便于测量的标注

三、零件上常见结构的尺寸标注

零件上常见结构的尺寸标注见表 7-1。

表 7-1　零件上常见结构的尺寸标注

零件结构类型		简化注法		一般注法	说明
光孔	一般孔	4×φ5▽10　　4×φ5▽10		4×φ5	**深度符号** 　4×φ5 表示直径为 5 mm 均布的 4 个光孔，孔深可与孔径连注，也可分开注出

零件结构类型		简化注法	一般注法	说明
光孔	精加工孔	4×φ5$_{0}^{+0.012}$↓10 孔↓12　　4×φ5$_{0}^{+0.012}$↓10 孔↓12	4×φ5$_{0}^{+0.012}$	光孔深为 12 mm，钻孔后需精加工至 φ5$_{0}^{+0.012}$ mm，深度为 10 mm
	锥孔	锥销孔φ5 配作　　锥销孔φ5 配作	锥销孔φ5 配作	φ5 mm 为与锥销孔相配的圆锥销小头直径（公称直径）。锥销孔通常是两零件装配在一起后加工的
沉孔	锥形沉孔	4×φ7 ∨φ13×90°　　4×φ7 ∨φ13×90°	90° φ13　4×φ7	∨ 埋头孔符号 4×φ7 表示直径为 7 mm 均匀分布的 4 个孔。锥形沉孔可以旁注，也可直接注出
	柱形沉孔	4×φ7 ⊔φ13↓3　　4×φ7 ⊔φ13↓3	φ13 3　4×φ7	⊔ 沉孔及锪平孔符号 柱形沉孔的直径为 13 mm，深度为 3 mm，均需标注
	锪平沉孔	4×φ7 ⊔φ13　　4×φ7 ⊔φ13	φ13 锪平　4×φ7	锪平面 φ13 mm 的深度不必标注，一般只要锪平到不出现毛面为止

续表

零件结构类型		简化注法	一般注法	说明
螺孔	通孔	2×M8-6H　　2×M8-6H	2×M8-6H	2×M8 表示公称直径为 8 mm 的 2 个螺纹孔,可以旁注,也可直接注出
	不通孔	2×M8-6H↓10 孔↓12　　2×M8-6H↓10 孔↓12	2×M8-6H	一般应分别注出螺纹和孔的深度尺寸

第四节　零件的工艺结构

零件的结构形状除了满足使用上的要求外,还应满足制造工艺的要求,即应具有合理的工艺结构。

一、铸造工艺结构

1. 铸件壁厚

铸件壁厚设计得是否合理,对铸件质量有很大的影响。铸件的壁越厚,冷却得越慢,就越容易产生缩孔;壁厚变化不均匀,在突变处易产生裂纹,如图 7-11b 所示。同一铸件壁厚相差一般不得超过 2~2.5 倍。在图 7-11 中,图 a、c 结构合理,图 b、d 结构不合理,即铸件壁厚要均匀,避免突然变厚和局部肥大。

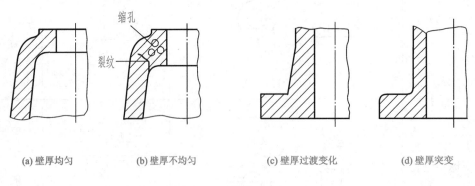

(a) 壁厚均匀　　　　(b) 壁厚不均匀　　　　(c) 壁厚过渡变化　　　　(d) 壁厚突变

图 7-11　铸件壁厚

2. 起模斜度

铸造生产中，为便于从砂型中顺利取出木模，常沿木模的起模方向做成 3°～6°的斜度，这个斜度称为起模斜度。**起模斜度在图样上可以不必画出，不加标注，由木模直接做出**，如图 7-12a 所示。

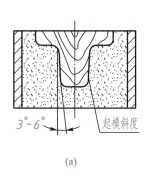
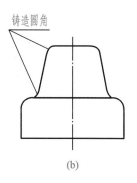

图 7-12　铸造圆角、起模斜度

3. 铸造圆角

为便于分型和防止砂型夹角落砂，以避免铸件尖角处产生裂纹和缩孔，在铸件表面转角处做成圆角，称为铸造圆角。一般铸造圆角为 $R3～R5$（图 7-12b）。

二、机械加工工艺结构

1. 倒角和倒圆

为了除去零件在机械加工后的锐边和毛刺，常在轴孔的端部加工成 45°或 30°倒角；在轴肩处为避免应力集中，常采用圆角过渡，称为倒圆，如图 7-13 所示。当倒角、倒圆尺寸很小时，在图样上可不画出，但必须注明尺寸或在"技术要求"中加以说明。

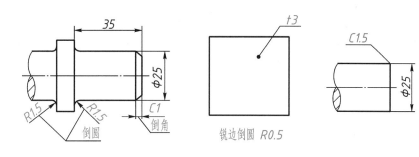

图 7-13　倒角和倒圆

2. 退刀槽和砂轮越程槽

零件在车削或磨削时，为保证加工质量，便于车刀的进入或退出，以及砂轮的越程需要，常在轴肩处、孔的台肩处预先车削出退刀槽或砂轮越程槽，如图 7-14 所示。具体尺寸与构造可查阅有关标准和设计手册。

189

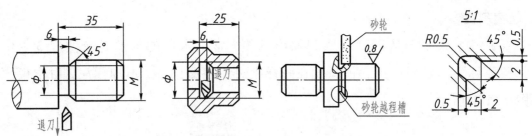

图 7-14 退刀槽和砂轮越程槽

图 7-15 给出了退刀槽和越程槽的三种常见的尺寸标注方法。

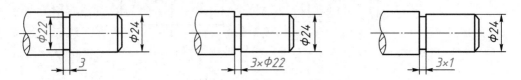

图 7-15 退刀槽和越程槽的尺寸标注

3. 凸台和凹坑

两零件的接触面一般都要进行加工，为减少加工面积，并保证接触面的接触良好，常在零件的接触部位设置凸台或凹坑，如图 7-16 所示。

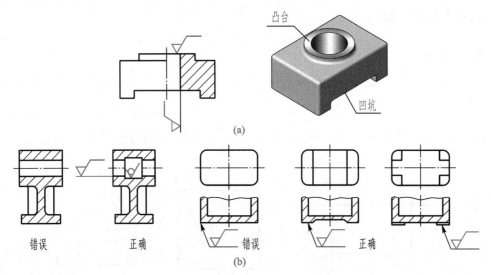

图 7-16 凸台和凹坑

4. 钻孔结构

钻孔时，为保证钻孔质量，钻头的轴线应与被加工表面垂直。否则，会使钻头折弯，甚至折断。当被加工面倾斜时，可设置凹坑或凸台；钻头钻透时的结构，要考虑到不使钻头单边受力，如图 7-17 所示。

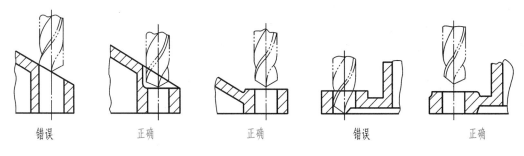

图 7-17　钻孔结构

三、装配工艺结构

为了便于零件的装配和拆卸，必须保证必要的安装、拆卸紧固件的空间位置或设置必要的工艺孔，如扳手旋转空间，螺钉拆卸空间等，如图 7-18 所示。

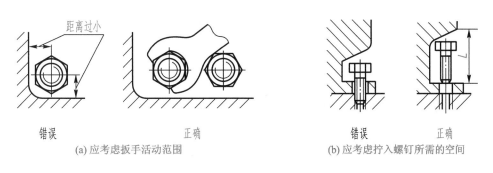

图 7-18　应考虑空间位置

191

四、零件过渡表面

在铸造零件上，两表面相交处一般都有小圆角光滑过渡，因而两表面之间的交线就很不明显。为了看图时能分清不同表面的界限，在投影图中仍应画出这种交线，即过渡线。

过渡线用细实线画出，它的画法与相贯线的画法相同，但为了区别于相贯线，在过渡线的两端与圆角的轮廓线之间应留有间隙，如图 7-19a 所示。

当两曲面的轮廓线相切时，过渡线在切点附近应断开，如图 7-19b 所示。

当平面与平面或平面与曲面相交时，过渡线应在转角处断开，并加画过渡圆弧，如图 7-19c 所示。

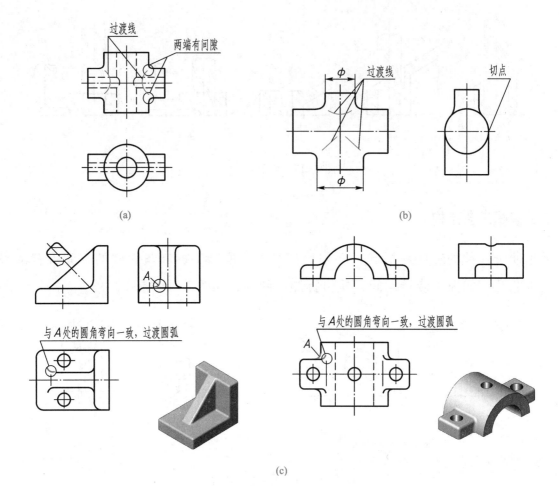

图 7-19 过渡线的画法

第五节 零件图上的技术要求

零件图上需注写相应的技术要求以控制零件的几何精度、尺寸精度和表面质量，如表面结构、尺寸公差、几何公差，对材料的热处理和表面处理等要求。技术要求通常用符号、代号或标记标注在图形上，或写在标题栏附近。

一、表面结构表示法

表面结构是表面粗糙度、表面波纹度、表面缺陷、表面纹理等的总称。这里主要介绍常用的表面粗糙度表示法。

1. 表面粗糙度

表面粗糙度是指加工后零件表面上具有的较小间距和峰谷所组成的微观不平度。它是评定零件表面质量的一项重要技术指标，对于零件的配合、耐磨性、抗蚀性及密封性都有显著影响。

2. 表面粗糙度的评定参数

国家标准《产品几何技术规范（GPS）　表面结构　轮廓法　表面粗糙度参数及其数值》（GB/T 1031—2009）中规定了表面粗糙度参数及其数值。表面粗糙度常用轮廓算术平均偏差 Ra 和轮廓最大高度 Rz 来评定，参数 Ra 被推荐优先选用。Ra 值越小，表面质量要求越高，加工成本也越高。

常用的 Ra 值为：$25\ \mu m$、$12.5\ \mu m$、$6.3\ \mu m$、$3.2\ \mu m$、$1.6\ \mu m$、$0.8\ \mu m$ 等。表 7-2 列出 Ra 值与其对应的加工方法。

表 7-2　Ra 数值与应用举例

$Ra/\mu m$	表 面 特 征	主 要 加 工 方 法	应 用 举 例
25	可见刀痕	粗车、粗铣、粗刨、钻、粗纹锉刀和粗砂轮加工	粗糙度最低的加工面，很少使用
12.5	微见刀痕	粗车、刨、立铣、平铣、钻	不接触表面、不重要的接触面，如螺钉孔、倒角、机座底面等
6.3	可见加工痕迹	精车、精铣、精刨、铰、镗、粗磨等	没有相对运动的零件接触面，如箱、盖、套筒要求紧贴的表面、键和键槽工作表面；相对运动速度不高的接触面，如支架孔、衬套的工作表面等
3.2	微见加工痕迹		
1.6	看不见加工痕迹		
0.8	可辨加工痕迹方向	精车、精铰、精拉、精镗、精磨等	要求很好配合的接触面，如与滚动轴承配合的表面、锥销孔等；相对运动速度较高的接触面，如滑动轴承的配合表面、齿轮轮齿的工作表面等

3. 表面结构的图形符号

标注表面结构的图形符号种类、名称、尺寸及其含义见表 7-3。

表 7-3　表面结构图形符号及含义

符 号 名 称	符 号	含义及说明
基本图形符号	$H_1=1.4h$　$H_2=3h$　$60°$　$60°$　字高 h　符号线宽 $h/10$	未指定工艺方法的表面，当作为注解时，可单独使用

续表

符号名称	符号	含义及说明
扩展图形符号		用去除材料的方法获得的表面
		用于不去除材料的表面，也可表示保持上道工序形成的表面
完整图形符号		在上述三个符号的长边上加一横线，用于标注表面结构特征的补充信息
工件轮廓各表面的图形符号		在上述三个符号上加一小圆，表示构成图形封闭轮廓的所有表面有相同的表面要求
表面结构补充要求的注写位置		位置 a 注写第一表面结构要求；位置 b 注写第二或更多表面结构要求；位置 c 注写加工方法；位置 d 注写表面纹理方向；位置 e 注写加工余量

4. 表面结构要求在图样中的注法（GB/T 131—2006）

（1）表面结构要求对每一表面一般只注一次，并尽可能注在相应的尺寸及其公差的同一视图上。除非另有说明，所标注的表面结构要求是对完工零件表面的要求。

（2）表面结构的注写和读取方向与尺寸的注写和读取方向一致。表面结构要求可标注在轮廓线上，其符号应从材料外指向并接触表面（图 7-20）。必要时，表面结构也可用带箭头或黑点的指引线引出标注，如图 7-21 所示。

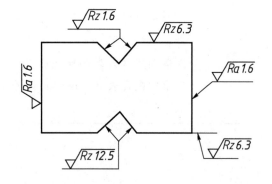

图 7-20　表面结构要求在轮廓线上的标注

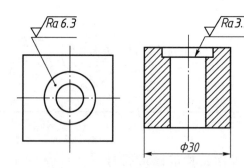

图 7-21　用指引线引出标注表面结构要求

（3）在不致引起误解时，表面结构要求可以标注在给定的尺寸线上，如图 7-22 所示。

（4）表面结构要求可标注在几何公差框格的上方，如图 7-23 所示。

（5）表面结构要求可以直接标注在延长线上，如图 7-24 所示。

194

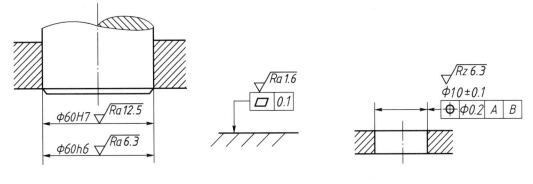

图 7-22 表面结构要求标注   图 7-23 表面结构要求标注在

在尺寸线上   几何公差框格的上方

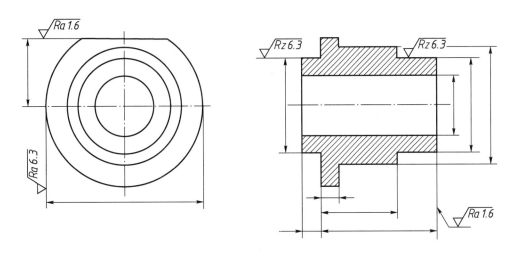

图 7-24 表面结构要求标注在圆柱特征的延长线上

（6）圆柱和棱柱表面的表面结构要求只标注一次（图 7-24）。如果每个棱柱表面有不同的表面要求，则应分别单独标注，如图 7-25 所示。

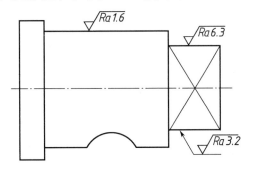

图 7-25 圆柱和棱柱的表面结构要求的注法

5. 表面结构要求在图样中的简化注法

（1）有相同表面结构要求的简化注法

如果在工件的多数（包括全部）表面有相同的表面结构要求时，则其表面结构要求可

统一标注在图样的标题栏附近。此时(除全部表面有相同要求的情况外),表面结构要求的符号后面应有:

在圆括号内给出无任何其他标注的基本符号,如图7-26a所示。

在圆括号内给出不同的表面结构要求,如图7-26b所示。

不同的表面结构要求应直接标注在图形中,如图7-26a、b所示。

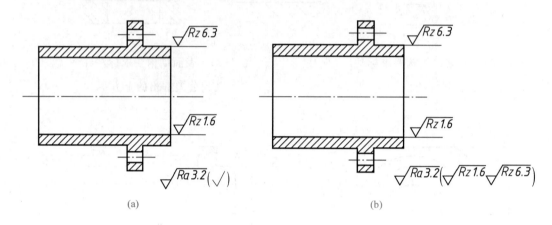

图7-26 大多数表面有相同表面结构要求的简化注法

(2) 多个表面有共同要求的注法

如图7-27所示,用带字母的完整符号,以等式的形式在图形或标题栏附近,对有相同表面结构要求的表面进行简化标注。

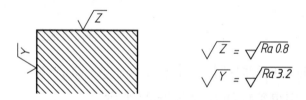

图7-27 在图纸空间有限时的简化注法

只用表面结构符号的简化注法,如图7-28所示,用表面结构符号以等式的形式给出对多个表面共同的表面结构要求。

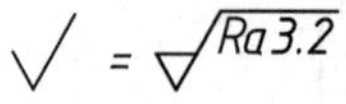

$\sqrt{} = \sqrt{Ra\,3.2}$	$\sqrt{} = \sqrt{Ra\,3.2}$	$\sqrt{} = \sqrt{Ra\,3.2}$
(a) 未指定工艺方法	(b) 要求去除材料	(c) 不允许去除材料

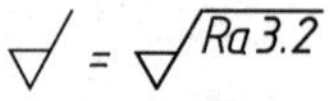

图7-28 多个表面结构要求的简化注法

(3) 由两种或多种工艺获得的同一表面的注法

由几种不同的工艺方法获得的同一表面,当需要明确每种工艺方法的表面结构要求时,可按图7-29a所示进行标注(图中Fe表示基体材料为钢,Ep表示加工工艺为电镀)

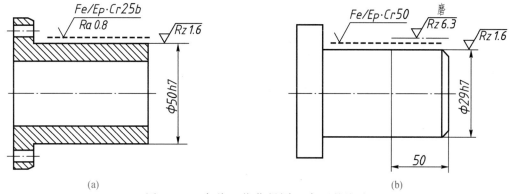

图 7-29　多种工艺获得同一表面的注法

图 7-29b 所示为三个连续的加工工序的表面结构、尺寸和表面处理的标注。

第一道工序：单向上限值，$Rz = 1.6$ μm。

第二道工序：镀铬，无其他表面结构要求。

第三道工序：一个单向上限值，仅对长为 50 mm 的圆柱表面有效，$Rz = 6.3$ μm。

二、极限与配合

现代化大规模生产要求零件具有互换性，即从一批规格相同的零件中任取一件，不经修配就能安装到机器或部件上，并满足使用要求。零件的互换性给机器的装配、维修带来极大的方便，缩短生产周期、提高生产效益。

1. 尺寸公差

零件在生产中由于加工和测量等因素的影响，完工后的实际尺寸总是存在一定的误差。为保证零件的互换性，必须将零件的实际尺寸控制在允许变动的范围内，这个允许的变动量称为尺寸公差，简称公差。有关尺寸公差的术语和定义，见表 7-4。

表 7-4　尺寸公差的有关术语和定义

术语	定义	孔	轴
图例		上极限尺寸$\phi30.021$　下极限尺寸$\phi30$　公差0.021　上极限偏差$+0.021$　下极限偏差0　公称尺寸$\phi30$　孔	上极限偏差-0.007　下极限偏差-0.02　公差0.013　零线　$\phi29.98$　下极限尺寸$\phi29.993$　上极限尺寸　轴

术语	定义	孔	轴
公称尺寸	设计给定的尺寸	$D = 30$ mm	$d = 30$ mm
实际尺寸	零件加工后实际测得的尺寸		
极限尺寸	允许尺寸变化的两个极限值		
上极限尺寸	允许尺寸变化的最大值	$D_{max} = 30.021$ mm	$d_{max} = 29.993$ mm
下极限尺寸	允许尺寸变化的最小值	$D_{min} = 30$ mm	$d_{min} = 29.98$ mm
极限偏差	极限尺寸减去公称尺寸的代数差		
上极限偏差	上极限尺寸减去公称尺寸的代数差	$ES = L_{max} - L$ $= 30.021$ mm $- 30$ mm $= +0.021$ mm	$es = l_{max} - l$ $= 29.993$ mm $- 30$ mm $= -0.007$ mm
下极限偏差	下极限尺寸减去公称尺寸的代数差	$EI = L_{min} - L$ $= 30$ mm $- 30$ mm $= 0$ mm	$ei = l_{min} - l = 29.98$ mm $- 30$ mm $= -0.02$ mm
尺寸公差	上极限尺寸与下极限尺寸之差的绝对值或上极限偏差与下极限偏差之差的绝对值	$T_h = \|L_{max} - L_{min}\|$ $= \|30.021$ mm $- 30$ mm$\|$ $= 0.21$ mm 或 $T_h = \|ES - EI\|$ $= \|0.021$ mm $- 0$ mm$\|$ $= 0.21$ mm	$T_h = \|l_{max} - l_{min}\|$ $= \|29.993$ mm $- 29.98$ mm$\|$ $= 0.013$ mm 或 $T_h = \|es - ei\|$ $= \|(-0.007)$ mm $- (-0.020)$ mm$\|$ $= 0.013$ mm

2. 公差带和公差带图

　　以公称尺寸为基准（零线），由代表上、下极限偏差的两条直线所限定的区域称为公差带。公差带的宽度即公差带的大小。为了直观表达公称尺寸、极限偏差和公差的关系，常画出公差带图，如图 7-30 所示。在公差带图中，零线是确定正、负偏差的基准线，零线以上为正偏差、零线以下为负偏差。

3. 标准公差与基本偏差

公差带是由公差带大小和位置两个要素构成的，即标准公差和基本偏差，前者确定了公差带的大小，后者确定了公差带相对于零线的位置。公差带的两个要素都已标准化。

标准公差 确定公差带大小的数值称为标准公差。国家标准规定将标准公差分为 20 个等级，即：IT01、IT0、IT1、IT2 、…、IT18。IT 表示标准公差，数字表示公差等级，IT01 公差值最小，精度最高；IT18 公差值最大，精度最低。标准公差数值见附表 14。

基本偏差 确定公差带相对零线位置的上极限偏差或下偏差称为基本偏差。基本偏差一般指靠近零线的那个偏差，如图 7-31 所示，当公差带在零线上方时，基本偏差为下极限偏差；当公差带在零线下方时，基本偏差为上极限偏差。基本偏差的代号用字母表示，国家标准分别对孔和轴规定了 28 个不同的基本偏差，如图 7-32 所示。

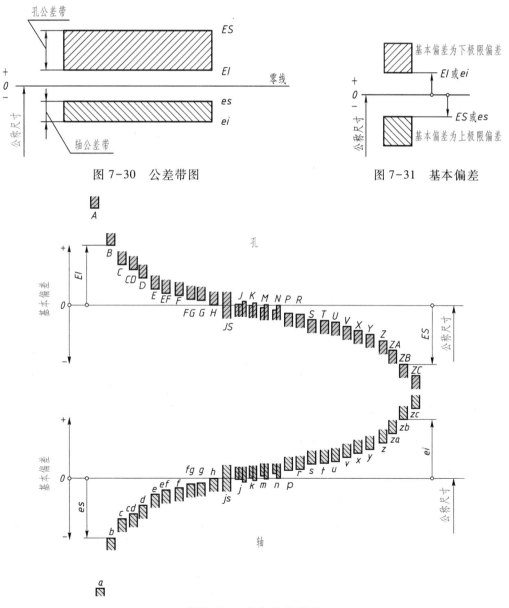

图 7-30 公差带图　　　　图 7-31 基本偏差

图 7-32 基本偏差系列

基本偏差中大写字母表示孔、小写字母表示轴。孔的基本偏差从 A ~ H 为下极限偏差，从 J ~ ZC 为上极限偏差，JS 的上、下极限偏差分别为 $+\dfrac{IT}{2}$ 和 $-\dfrac{IT}{2}$。轴的基本偏差从 a ~ h 为上极限偏差，从 j ~ zc 为下极限偏差，js 的上、下极限偏差分别为 $+\dfrac{IT}{2}$ 和 $-\dfrac{IT}{2}$。孔和轴的极限偏差可见附表 15 和附表 16。

　　公差带代号　孔、轴的尺寸公差可用公差带代号表示。公差带代号由基本偏差代号（字母）和标准公差等级（数字）组成。举例：

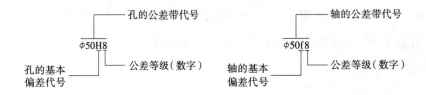

4. 公差尺寸注法

　　公差尺寸用公称尺寸后跟公差带代号或对应的偏差值表示，在零件图上有三种标注形式，如表 7-5 所示。

表 7-5　尺寸公差注法

孔	轴	孔	轴
$\phi40H8$	$\phi40f7$	$\phi40K8$	$\phi40h7$
$\phi40^{+0.039}_{0}$	$\phi40^{-0.025}_{-0.050}$	$\phi40^{+0.012}_{-0.027}$	$\phi40^{0}_{-0.025}$
$\phi40H8(^{+0.039}_{0})$	$\phi40f7(^{-0.025}_{-0.050})$	$\phi40K8(^{+0.012}_{-0.027})$	$\phi40h7(^{0}_{-0.025})$

　　（1）标注公差代号时，基本偏差代号和公差等级数字均应与公称尺寸数字等高，如 $\phi50f7$。

　　（2）标注偏差数值时，上极限偏差应注在公称尺寸右上方，下极限偏差应与公称尺寸注在同一底线上，字体应比公称尺寸小一号，如 $\phi50^{-0.025}_{-0.050}$。若上、下极限偏差相同，只是符号相反，则可简化标注，如 $\phi40\pm0.2$，此时偏差数字应与公称尺寸数字等高。

三、几何公差

零件在加工过程中，不仅会产生尺寸误差，也会出现几何误差。如轴的直径大小符合尺寸要求，但其轴线有些弯曲，仍然不是合格产品。所以，产品质量不仅需要表面粗糙度、尺寸公差给以保证，而且还要对零件宏观的几何形状和相对位置公差加以限制。如图 7-33a 表示轴的轴线有 $\phi0.05$ mm 的直线度形状公差要求；图 7-33b 表示零件的 30 mm的上表面对 20 mm 的上表面之间有 0.06 mm 的平行度方向公差要求。

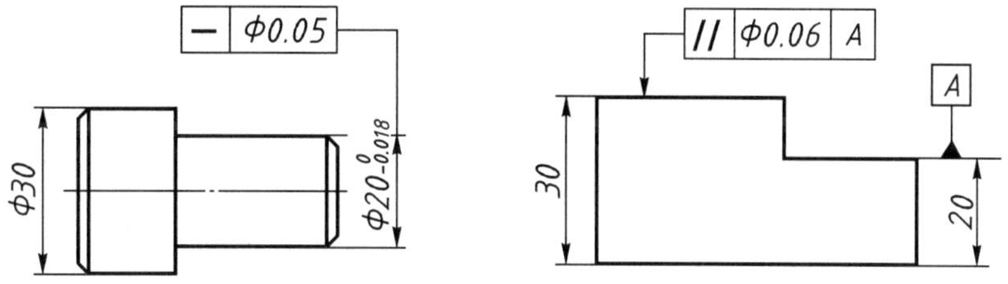

(a)　　(b)

图 7-33　形状和位置公差示例

1. 几何公差符号

几何公差的几何特征和符号见表 7-6。

表 7-6　几何公差的几何特征和符号

公差类型	几何特征	符号	公差类型	几何特征	符号	公差类型	几何特征	符号
形状公差	直线度	—	方向公差	垂直度	⊥	位置公差	同轴度（用于轴线）	◎
	平面度	▱		倾斜度	∠			
	圆度	○		线轮廓度	⌒		对称度	⌯
	圆柱度	⌭		面轮廓度	⌓		线轮廓度	⌒
	线轮廓度	⌒	位置公差	位置度	⌖		面轮廓度	⌓
	面轮廓度	⌓		同心度（用于中心点）	◎	跳动公差	圆跳动	↗
方向公差	平行度	//					全跳动	⌰

2. 几何公差在图样上的标注

（1）公差框格

几何公差在图形内用公差框格标注，公差框格由两个或多个矩形框格组成。框格中的内容有几何特征符号、公差数值、基准字母，如图 7-34 所示。公差值前加注 ϕ，表示公差带是圆形或圆柱形。

几何公差框格画法如图 7-35 所示，图中 h 为字高。

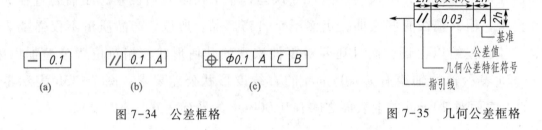

图 7-34 公差框格　　　　　　　图 7-35 几何公差框格

（2）被测要素

用带箭头的指引线将框格与被测要素相连，按以下方式标注：

① 当被测要素是轮廓线或轮廓面时，指引线的箭头指向该要素的轮廓线或其延长线（应与尺寸线明显错开），如图 7-36a、b 所示。箭头也可指向引出线的水平线，引出线引自被测面，如图 7-36c 所示。

② 当被测要素为轴线、中心平面或中心点时，则带箭头的指引线应与尺寸线的延长线重合（图 7-37a、b、c）。

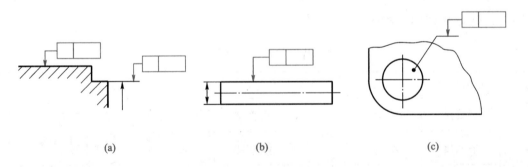

图 7-36 被测要素为轮廓线或轮廓面的注法

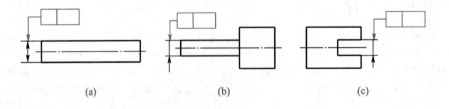

图 7-37 被测要素为轴线或中心平面的注法

（3）基准要素　基准要素是零件上用于确定被测要素的方向和位置的点、线或面。

基准用大写字母表示，字母标注在基准方格内，基准方格与涂黑的或空白的三角形

相连（图7-38），表示基准的字母还应注在公差框格内。带基准字母
的基准三角形应按如下规定放置：

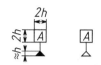

① 当基准要素是轮廓线或轮廓面时，基准三角形放置在要素的外
轮廓上或其延长线上（与尺寸线明显错开），如图7-39a所示，基准
三角形还可置于自实际表面引出线的水平线上，如图7-39b所示。

图7-38　基准符号

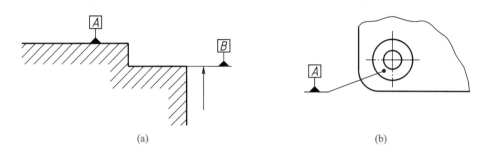

(a) (b)

图7-39　基准要素为轮廓线或轮廓面的注法

② 当基准要素是轴线、中心平面或中心点时，基准三角形应放置在尺寸线或其延长
线上（图7-40a、b、c）。如尺寸线处安排不下两个箭头，则其中一个箭头可用基准三角
形代替（图7-40b、c）。

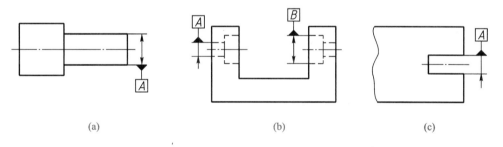

(a) (b) (c)

图7-40　基准要素为轴线或中心平面的注法

3. 几何公差实例

图7-41所示为曲轴几何公差标注实例，其几何公差含义如下：

$\boxed{= \mid 0.025 \mid F}$ 键槽的中心平面对基准 F（左端圆台部分的轴线）的对称度公差为
0.025 mm。

$\boxed{/\!/ \mid \phi 0.02 \mid A\text{—}B}$ $\phi 40$ 的轴线对公共基准线 A—B（$\phi 30$ 公共轴线）的平行度公差为
0.02 mm。

$\boxed{\nearrow \mid 0.025 \mid C\text{—}D}$
$\boxed{\diamondsuit \mid 0.006}$ $\phi 30$ 的外圆表面对公共基准线 C—D（中心轴基准轴线）的径向圆跳动
公差为0.025 mm；圆柱度公差为 0.006 mm。

203

曲轴几何公
差标注实例

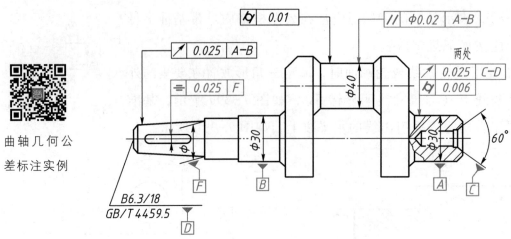

图 7-41 曲轴几何公差标注实例

综前所述，零件几何参数准确与否，不仅取决于尺寸，也取决于几何误差。因而，在设计零件时，对同一被测要素除给定尺寸公差外，还应根据其功能和互换性要求，给定几何公差。同样在加工零件时，既要保证尺寸公差，还要达到零件图样上标注的几何公差要求，加工出的零件才算合格。

四、热处理

在机器制造和修理过程中，为改善材料的机械加工工艺性能（好加工），并使零件能获得良好的力学性能和使用性能，在生产过程中常采用热处理的方法。**热处理可分为退火、正火、淬火、回火及表面热处理等。**

当零件表面有各种热处理要求时，一般可按下述原则标注：

（1）零件表面需全部进行某种热处理时，可在技术要求中用文字统一加以说明。

（2）零件表面需局部热处理时，可在技术要求中用文字说明；也可在零件图上标注。需要将零件局部热处理或局部镀（涂）覆时，应用粗点画线画出其范围并标注相应的尺寸，也可将其要求注写在表面粗糙度符号长边的横线上，如图 7-42 所示。

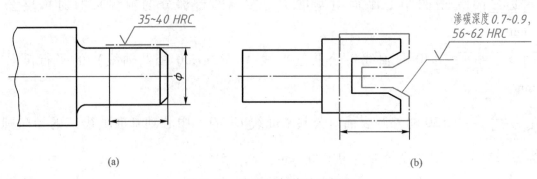

图 7-42 表面局部热处理标注

第六节　识读零件图

识读零件图，就是要根据零件图形想象出零件的结构形状，同时弄清零件在机器中的作用、零件的自然概况、尺寸类别、尺寸基准和技术要求等，以便在制造零件时采用合理的加工方法。正确、熟练地识读零件图，是工程技术人员和技术工人必须掌握的基本功。

一、识读零件图的步骤

1. 看标题栏

通过看标题栏了解零件的概貌。从标题栏中可以了解到零件的名称、材料、绘图比例等，结合对全图的浏览，可对零件有个初步的认识。在可能的情况下，还应搞清楚零件在机器中的作用以及与其他零件的关系。

2. 看各视图

看视图分析表达方案，想象零件整体形状。看图时应首先找到主视图，围绕主视图，根据投影规律再去分析其他视图。要分析零件的类别及其结构组成，按"先大后小、先外后内、先粗后细"的顺序，有条不紊地识读。

3. 看尺寸标注

看尺寸标注，明确各部位结构尺寸的大小。看尺寸时，首先要找出三个坐标方向的尺寸基准，然后从基准出发，按形体分析法找出各组成部位的定形、定位尺寸，深入了解基准之间、尺寸之间的相互关系。

4. 看技术要求

看技术要求，全面掌握质量指标。分析零件图上所标注的公差、配合、表面粗糙度、热处理及表面处理等技术要求。

通过上述分析，对所分析的零件，即可得到全面的认识，从而真正读懂零件图。

二、典型零件分析

机器零件形状千差万别，它们既有共同之处，又各有特点。按其形状特点可分为以下几类：

（1）轴套类零件　如机床主轴、各种传动轴、空心套等。

（2）叉架（叉杆和支架）类零件　如摇杆、连杆、轴承座、支架等。

（3）轮盘类零件　如各种车轮、手轮、凸缘压盖、圆盘等。

（4）箱体类零件　如变速箱、阀体、机座、床身等。

上述各类零件在选择视图时都有各自的特点，要根据视图选择的原则来分析、确定各类零件的表达方案。

1. 轴套类零件

轴套类零件包括各种轴、套筒和衬套等。轴类零件和套类零件的形体特征都是回转体，大多数轴的长度大于它的直径。按外部轮廓形状可将轴分为光轴、台阶轴、空心轴等。轴上常见的结构有越程槽（或退刀槽）、倒角、圆角、键槽、螺纹等。在机器中，轴的主要作用是支承转动零件（如齿轮、带轮）和传递转矩。

大多数套类零件的壁厚小于它的内孔直径。在套类零件上常有油槽、倒角、退刀槽、螺纹、油孔、销孔等。套类零件的主要作用是支承和保护转动零件，或用来保护与它的外壁相配合的表面。

例 7-1　按识读零件图的步骤分析车床尾座空心套零件图（图 7-43）。

（1）看标题栏[①]　由标题栏可知，零件名称为车床尾座空心套，属轴套类零件，材料为 45 钢，比例为 1:2。从零件的名称可分析它的功用，由此可对零件有个概括的了解。

（2）分析视图　根据视图的布置和有关的标注，首先找到主视图，再接着根据投影规律，看清弄懂其他各视图以及所采用的各种表达方法。空心套的一组视图，包括两个基本视图（主、左视图）、两个移出断面图（主视图下方）和 B 向斜视图。

主视图为全剖视图，表达了套筒的内外基本形状。回转体零件一般都在车床、磨床上加工，并根据结构特点和主要工序的加工位置情况（轴线水平放置），一般将轴横放，因此可用一个基本视图——主视图来表达它的整体结构形状。这种选择符合零件主要加工位置原则。

左视图的主要目的是为表明 B 向斜视图投射方向和位置。

B 向斜视图表示倾斜 45° 外圆表面上的刻线情况。

在主视图下方，有两个移出断面面，因它们画在剖切线的延长线上，所以没有标注。通过断面图可进一步看到空心套外表面下方有一宽为 10 mm 的键槽；距离右端 148.5 mm 处有一个距空心套中心线 12 mm 的 φ8 通孔；右下方的断面图清楚地表达了 M8-6H 的螺孔和 φ5 的油孔，从主视图还可见到在油孔旁有一个宽为 2 mm、深为 1 mm 的油槽。

分析图形，不仅要着重看清主要结构的形状，而且更要细致、认真地分析每一个细小部位的结构，以便能较快地想象出零件的结构形状。

---

① 图 7-43 中的标题栏是学习时用的简化格式，在实际工作中应采用标准的标题栏。

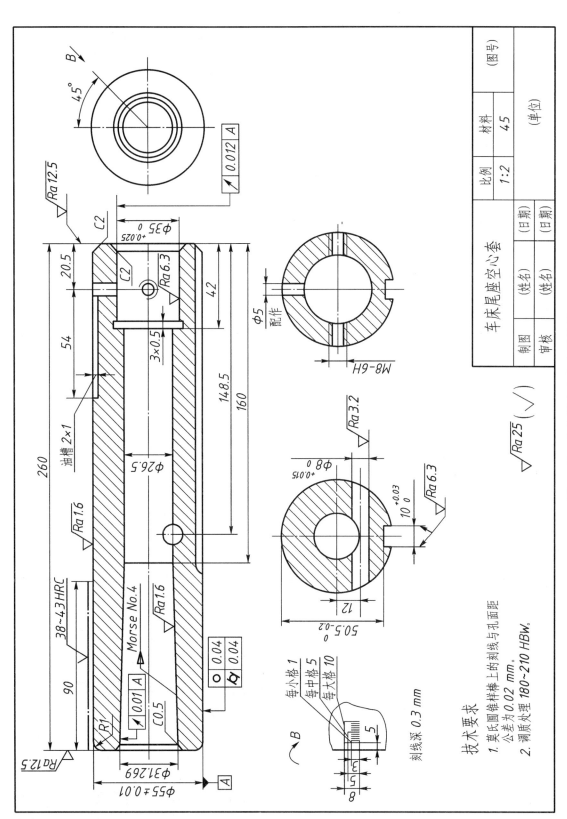

图 7 - 43 车床尾座空心套零件图

（3）看尺寸标注　看懂图样上标注的尺寸是很重要的。轴套类零件的主要尺寸是径向尺寸和轴向尺寸（高、宽尺寸和长度尺寸）。

在加工和测量径向尺寸时，均以轴线为基准（设计基准）；轴的长度方向的尺寸一般都以重要的定位面（轴肩）作为主要尺寸基准。

空心套的径向尺寸基准为中心线，长度尺寸基准是右端面。如图中 20.5、42、148.5、160 等尺寸，均从右端面注起，该端面也是加工过程的测量基准；左端锥孔长度自然形成，不用标注。

"$\phi5$ 配作"说明 $\phi5$ 的孔必须与螺母装配后一起加工。左端长度尺寸 90 表示热处理淬火的范围。

尺寸是零件加工的重要依据，看尺寸必须认真，应避免因看错尺寸而造成废品。

（4）看技术要求　技术要求可从以下几方面来分析：

① 极限配合与表面粗糙度　为保证零件质量，重要的尺寸应标注尺寸偏差（或公差），零件的工作表面应标注表面粗糙度，对加工提出严格的要求。

空心套外径尺寸 $\phi55\pm0.01$，表面粗糙度 Ra 的上限值为 1.6 μm，锥孔表面粗糙度 Ra 的上限值为 1.6 μm，这样的表面精度只有经过磨削才能达到，而 $\phi26.5$ 的内孔和端面的表面粗糙度 Ra 的上限值为 25 μm 和 12.5 μm，车削就可以达到。

② 几何公差　空心套外圆 $\phi55$ 要求圆柱度公差为 0.04 mm，两端内孔的圆跳动公差分别为 0.01 mm 和 0.012 mm。这些要求在零件加工过程中必须严格加以保证。

③ 其他技术要求　空心套材料为 45 钢，为了提高材料的强度和韧性要进行调质处理，硬度为 180~210HBW；为增加其耐磨性，至左端 90 mm 处一段 $\phi55$ 外圆柱表面要求表面淬火，硬度为 38~43HRC；技术要求中第一条对锥孔加工时提出检验误差的要求。

通过以上分析，可以看出轴套类零件在表达方面的特点：按加工位置画出一个主视图；为表达、标注其他结构形状和尺寸，还要画出断面图、斜视图等。尺寸标注特点是按径向和轴向选择基准，径向基准为轴线，轴向基准一般选重要的定位面为主要尺寸基准，再按加工、测量要求选取辅助面为辅助基准。轴套类零件的技术要求比较复杂，要根据使用要求和零件在机器中的作用，恰当地给定技术条件。

总之，轴套类零件的视图表达比较简单，主要是按加工状态来选择主视图。尺寸标注主要是径向和轴向两个方向，基准选择也比较容易。但是，其技术要求的内容往往比较复杂。

2. 轮盘类零件

轮盘类零件有各种手轮、带轮、花盘、法兰、端盖及压盖等，其中轮类零件多用于传递扭矩；盘类零件起连接、轴向定位、支承和密封作用。轮盘类零件的结构形状比较复杂，它主要由同一轴线不同直径的若干个回转体组成，盘体部分的厚度比较薄，其长径比小于1。

例7-2 分析手轮零件图（图7-44）。

（1）看标题栏 由图样的标题栏可知，零件名称为手轮，材料为HT150（灰铸铁），比例为1：1。

（2）分析视图 从图形表达方案看，因轮盘类零件一般都是短粗的回转体，主要在车床或镗床上加工，故主视图常采用轴线水平放置的投射方向，符合零件的加工位置原则。为清楚表达零件的内部结构，主视图A—A是用两个相交的剖切平面剖开零件后画出的全剖视图。为表达外部轮廓，还选取了一个左视图，从图中可清楚地看到手轮的轮缘、轮毂、轮辐各部分之间的形状和位置关系。

（3）看尺寸标注 盘类零件的径向尺寸基准为轴线。在标注圆柱体的直径时，一般都注在投影为非圆的视图上；轴向尺寸以手轮的端面为基准。图7-44中标注了轮缘、轮毂、轮辐的定位、定形尺寸。由于手轮的形状比较简单，所以尺寸较少，很容易看懂。

（4）看技术要求 手轮的配合面很少，所以技术要求简单，精度较低，只有尺寸$\phi18H9$和$6js9$为配合尺寸。大部分为非加工面。图7-44中还注明了两条技术要求：1. 未注铸造圆角为$R2 \sim R4$；2. 铸件尺寸公差按GB/T 6414—DCTG12。

通过以上分析可以看出，轮盘类零件一般选用一两个基本视图，主视图按加工位置画出，并作剖视。尺寸标注比较简单，对结合面（工作面）的有关尺寸精度、表面结构和几何公差有比较严格的要求。

例7-3 分析端盖零件图（图7-45）。

该零件图在此不做详细分析，读者可按上述识读零件图的方法和步骤，参照例7-2自行分析。

3. 叉架类零件

叉架类零件主要包括拨叉、连杆、支架、支座等。叉架类零件在机器或部件中主要是起操纵、连接、传动或支承作用，零件毛坯多为铸、锻件。

根据零件结构形状和作用的不同，一般叉杆类零件的结构可看成是由支承部分、工作部分和连接部分组成，而支架类零件的结构可看成是由支承部分、连接部分和安装部分组成，如图7-46所示。

叉架类零件结构形状复杂，现仅以支架为例，扼要说明一些问题。

例7-4 分析支架零件图（图7-47）。

（1）结构特点 零件一般由以下三部分组成。

① 支承部分 为带孔的圆柱体，其上面往往有安装油杯的凸台或安装端盖的螺孔。

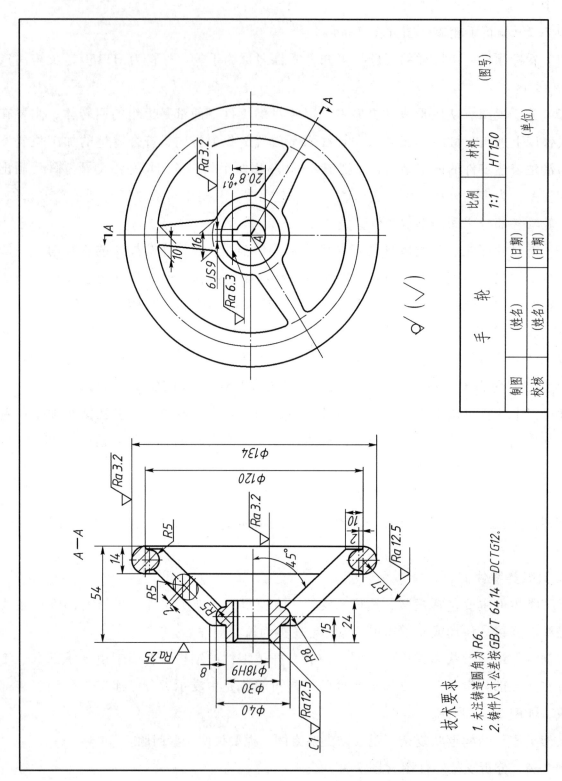

图 7 - 44 手轮零件图

技术要求
1. 未注铸造圆角为 R6。
2. 铸件尺寸公差按 GB/T 6414—DCTG12。

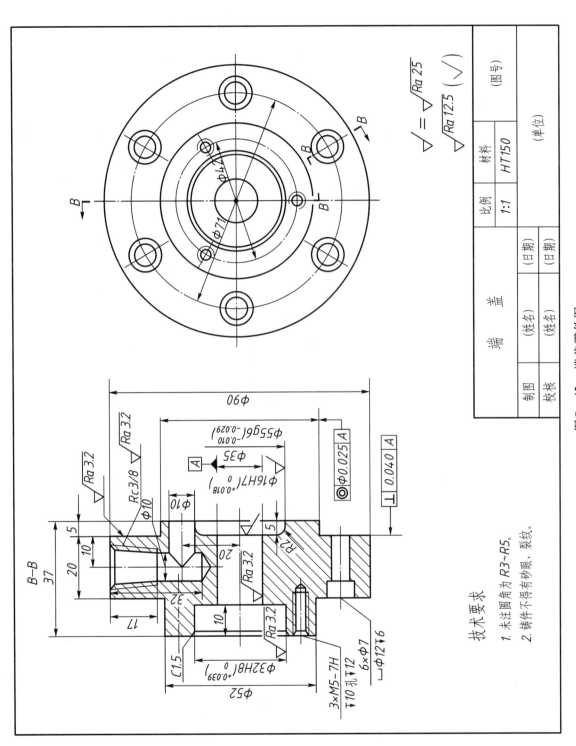

图 7 - 45 端盖零件图

211

② 连接部分 为带有加强肋板的连接板，结构比较匀称。

③ 安装部分 为带安装孔和槽的底板，为使底面接触良好和减少加工面，底面做成凹坑结构。

（2）视图选择 叉架类零件需经过多种机械加工。为此，它的主视图应按工作位置和结构形状特征原则来选择。叉架类零件图一般常用三个基本视图表达，分别显示三个组成部分的形状特征。

由零件图可知，以图 7-46 所示的 K 向作为主视图投射方向，配合全剖视的左视图，表达了支承、连接部分的相互位置关系和零件的大部分结构形状。俯视图突出了肋板的断面形状和底板形状，顶部凸台用 C 向局部视图表示。要注意左视图中肋板的规定画法。

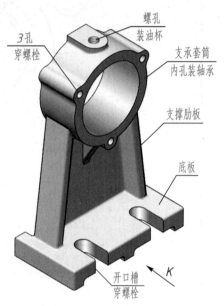

图 7-46 支架类零件的结构

（3）尺寸标注 支架的底面为装配基准面，它是高度方向的尺寸基准，标注出支承部位的中心高尺寸 170±0.1。支架结构左右对称，即选对称面为长度方向的尺寸基准，标注出底板安装槽的定位尺寸 70，还有尺寸 24、82、12、110、140 等。宽度方向以后端面为基准，标注出肋板的定位尺寸 4。

SView

（4）技术要求 支架零件精度要求高的部位是工作部分，即支承部分，支承孔为 $\phi72H8$，表面粗糙度 Ra 的上限值为 3.2 μm。另外，底面的表面粗糙度 Ra 的上限值为 6.3 μm，前、后面 Ra 的上限值分别为 25 μm、6.3 μm，这些平面均为接触面。

通过以上分析可以看出，支架类零件一般需要三个视图，主视图按工作位置和结构形状来确定。为表示内外结构和相互关系，左视图常采用剖视图。尺寸基准一般选安装基面或对称中心面。

4. 箱体类零件

箱体类零件是机器或部件中的主要零件，常见的箱体类零件有减速箱体、泵体、阀体、机座等。箱体类零件的结构复杂，它在传动机构中的作用与叉架类零件相似，主要是容纳和支承传动件，又是保护机器中其他零件的外壳，利于安全生产。箱体类零件的毛坯常为铸件，也有焊接件。

例 7-5 分析蜗杆减速器箱体及其零件图（图 7-48、图 7-49）。

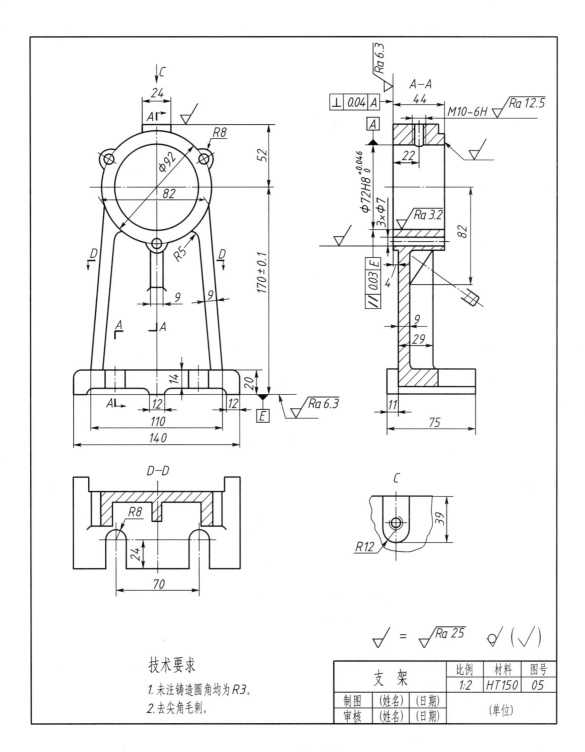

技术要求

1. 未注铸造圆角均为R3。
2. 去尖角毛刺。

支 架		比例	材料	图号
		1:2	HT150	05
制图	(姓名)　(日期)		(单位)	
审核	(姓名)　(日期)			

图 7-47 支架零件图

213

（1）结构特点 蜗杆减速器箱体的体积大，结构形状复杂。用形体分析法可知，蜗杆减速器箱体是一个由上、下圆柱体和底板三个基本形体组成的结构紧凑、有足够强度和刚度的壳体，如图 7-48 所示。

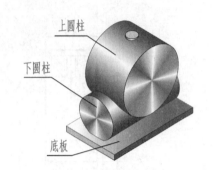
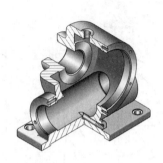

上圆柱

下圆柱

底板

SView

图 7-48 蜗杆减速器箱体形体分析

（2）表达方案 选择箱体表达方案的各视图时，先选择一组基本视图（三视图），再根据需要表达的结构作适当的剖切，增添必要的其他视图。

主视图以能显示箱体的工作位置，并同时满足能表达形状特征和各部位相对位置的方向为投射方向。箱体由于外形比较简单，内部结构较复杂，因此主视图采用半剖视，左视图采用全剖视，这样就可清楚地看到两个互相垂直的圆柱部分的内腔，即容纳蜗轮、蜗杆的部分。

从主视图和左视图可以看到，在 $\phi230$ 的端面上有 6 个 M8 深 20 的螺孔；从剖视部分和 B 向视图可以看到，在 $\phi140$ 的端面上有 3 个 M10 深 20 的螺孔，用来安装箱盖和轴承盖，同时能密封箱体。左视图上方 M20 和下方 M14 的螺孔用以安装注油和放油螺塞。

C 向局部视图表达了底板下面的形状。A 向局部视图表达了箱体后部加强肋板的形状。

（3）尺寸标注 箱体类零件结构复杂，尺寸较多，因此尺寸分析也较困难，一般采用形体分析法标注尺寸。箱体类零件在尺寸标注或分析时应注意以下几个方面：

① 重要轴孔对基准的定位尺寸 由图 7-49 可知，高度方向的主要尺寸基准为底平面，孔 $\phi70^{+0.018}_{-0.012}$ 和 $\phi185^{+0.072}_{0}$ 在高度方向的定位尺寸为 190，而孔 $\phi90^{+0.023}_{-0.012}$ 的定位尺寸为 105 ± 0.09。底平面既是箱体的安装面，又是加工时的测量基准面；既是设计基准，又是工艺基准。高度方向的许多尺寸都是从底面注起的，如 308、30、20、5 等。长度方向的主要尺寸基准为蜗轮的中心平面，宽度方向的主要尺寸基准为蜗杆中心平面。

② 与其他零件有装配关系的尺寸 箱体底板安装孔中心距为 260、160；轴承配合孔的公称尺寸应与轴承外圈尺寸一致，如 $\phi70^{+0.018}_{-0.012}$、$\phi90^{+0.023}_{-0.012}$；安装箱盖的螺孔的位置尺寸应与盖上螺孔的位置尺寸一致等。

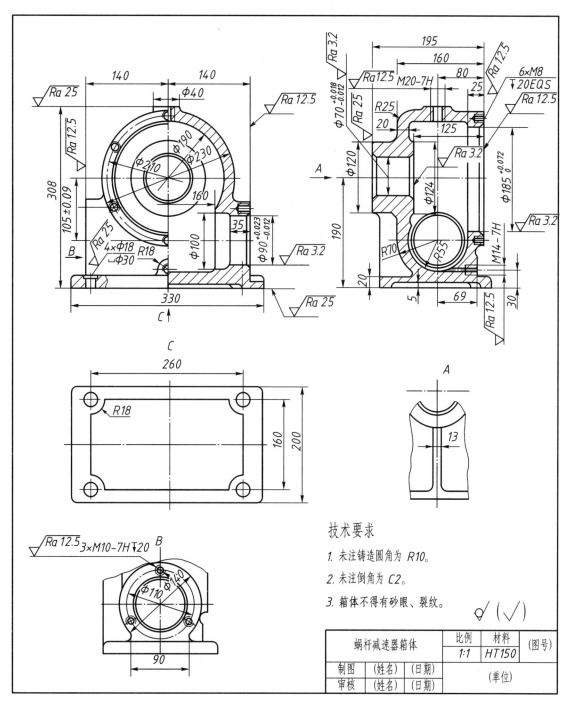

215

技术要求

1. 未注铸造圆角为 R10。

2. 未注倒角为 C2。

3. 箱体不得有砂眼、裂纹。

蜗杆减速器箱体	比例	材料	（图号）
	1:1	HT150	
制图	（姓名）	（日期）	（单位）
审核	（姓名）	（日期）	

图 7-49　蜗杆减速器箱体零件图

（4）技术要求　箱体类零件的技术要求，主要是支承传动轴的轴孔部分，其轴孔的尺寸精度、表面结构和几何公差，都将直接影响减速器的装配质量和使用性能，如尺寸 $\phi70^{+0.018}_{-0.012}$、$\phi90^{+0.023}_{-0.012}$、$\phi185^{+0.072}_{0}$，表面粗糙度 Ra 的上限值分别为 3.2 μm、12.5 μm、25 μm等。此外，有些重要尺寸，如 105±0.09，将直接影响蜗轮蜗杆的啮合关系，因此尺寸精度必须严格要求。

总的说来，由于箱体类零件的结构比较复杂，在主视图选择上一般要按工作位置和结构形状相结合的原则综合考虑，选取最佳方案。对初学者来说，在表达方案的选择、尺寸标注、技术要求的确定上都会感到困难，要逐步提高。

通过对以上四类典型零件的分析可以看出，识读零件图的一般方法是由概括了解到深入细致分析，以分析视图、想象形状为核心，以联系尺寸和技术要求为内容。分析图形离不开尺寸，分析尺寸的同时又要结合技术要求，对有些零件往往还需要借助有关资料才能真正看懂图形。识读零件图是一件很细致的工作，马虎不得，看零件图，不仅需要扎实的基础知识，而且需要一定的实践经验。因此，只有多看多练，打下良好的基础，培养求实的作风，才能不断提高看图能力。

216

本 章 小 结

零件图是加工和检验零件的依据，因此在视图选择、尺寸标注、技术要求等方面都比组合体视图有更进一步的要求。

本章主要内容如下：

1. 视图选择

零件的视图表达要做到完整、清晰、合理、看图方便。在上述前提下，力求表达简洁。主视图是核心，是确定表达方案的关键。

（1）主视图选择　主视图的选择必须遵循三个原则，即形状特征原则、工作位置原则和加工位置原则。一般回转体零件在确定主视图投射方向时主要依据加工位置原则，并将回转轴线水平放置于主视图中；非回转体零件在确定主视图投射方向时主要依据工作位置原则，并同时考虑形状特征原则。与组合体一样，零件的主视图应较明显地反映零件的主要结构形状和各组成部分的相对位置。

在具体应用各原则时还应做具体分析，因各原则有时也会相互矛盾，会顾此失彼，要从有利于看图出发，充分考虑各原则的实现。

（2）其他视图选择　视图数目和表达方法的选择是否恰当，对看图方便和能否表达清楚都有很大影响。因此，在保证充分表达零件结构形状的条件下，视图的数量应尽量少。

2. 尺寸标注

零件图的尺寸标注，除了组合体尺寸注法中已提出的要求外，更重要的是要切合生产实际。必须正确地选择尺寸基准，基准的选择要满足设计和工艺要求。基准一般选择接触面、对称平面、轴线、中心线等。零件图上，设计所要求的重要尺寸必须直接注出，其他尺寸可按加工顺序、测量方便或形体分析进行标注；零件间配合部分的尺寸数值必须相同。此外还应注意不要注成封闭尺寸链。

　　3. 技术要求

　　图样上的图形和尺寸尚不能完全反映对零件各方面的要求，因此还需有技术要求。技术要求主要包括表面结构、尺寸公差、几何公差、热处理和表面修饰的说明以及零件加工、检验、试验、材料等方面要求。

　　总之，在识读零件图时应进行形体分析，这对准确无误、快速看懂零件图是很重要的。

　　1. 什么叫零件图，它在生产中有何作用？一张零件图应包括哪些内容？

　　2. 零件视图的选择应遵循哪些原则？轴套类、轮盘类、叉架类和箱体类零件的视图表达主要应遵循什么原则？举例说明如何进行综合分析。

　　3. 什么是尺寸公差？极限偏差如何标注？

　　4. 几何公差如何标注？

　　5. 解释下列标注的含义：

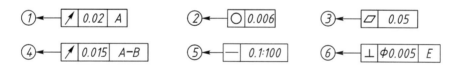

　　6. 什么叫零件表面粗糙度，有何实际意义？它的代（符）号是如何规定的？试举例说明。

　　7. 零件表面粗糙度代号在图样上标注有哪些具体规定？

　　8. 试述看零件图的方法和步骤，并回答下面的问题：

　　（1）轴套类零件的主视图应按什么原则确定投射方向？为什么？除主视图外，一般还有哪些视图？

　　（2）轮盘盖类零件的主视图应按什么原则确定投射方向？

　　（3）叉架类零件的主视图应按什么原则确定投射方向？它与轴套类和轮盘类零件在主视图选择和视图数量上有何区别？

　　（4）箱体类零件的主视图应按什么原则确定投射方向？

第八章

装　配　图

　　装配图是表示机器或部件中零件间的相对位置、连接方式、装配关系的图样。零件图中的各种表达方法同样适用于装配图。由于零件图与装配图适用于不同生产阶段，表达侧重点也不相同，因此两者的视图表达、尺寸标注等内容又有各自的特点和要求。

　　装配体的表达与识读装配图是本章的重点。掌握装配图的规定画法和特殊表达方法，从其功用出发，去分析了解各零件的作用、结构和装配关系，从而理解装配体的工作原理和主要功能，以便顺利识读装配图，建立专业自信。

第一节　装配图概述

一、装配图及其作用

　　装配图是表达机器(或部件)的图样。在设计过程中，一般是先画出装配图，然后拆画零件图；在生产过程中，先根据零件图进行零件加工，然后再依照装配图将零件装配成部件或机器。因此，装配图既是制订装配工艺规程，进行装配、检验、安装及维修的技术文件，也是表达设计思想、指导生产和交流技术的重要技术文件。

二、装配图的内容

　　装配图不仅要表示机器(或部件)的结构，同时也要表达机器(或部件)的工作原理和装配关系。由图 8-1 所示的滑动轴承装配图可以看到，一张完整的装配图应具备如下内容：

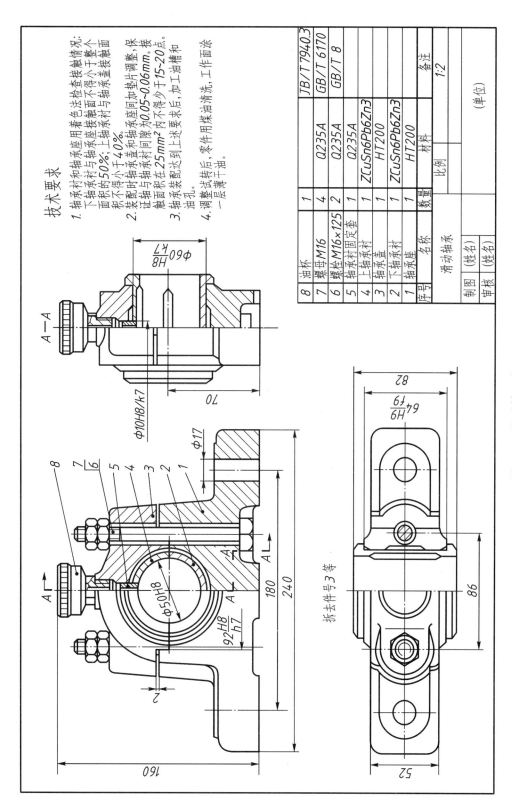

技术要求

1. 轴承衬和轴承座应用着色法检查接触情况：下轴承衬与轴承座面接触不得小于整个面积的50%；上轴承盖面与轴承衬与轴承盖面接触面积不得小于40%。

2. 装配时轴承盖和轴承座间加垫片调整，保证轴承与轴承衬间隙为0.05~0.06mm。接触面积在25mm²内不得少于15~20点。

3. 轴承装配达到上述要求后，加工油槽和油孔。

4. 调整试转后，零件用煤油清洗，工作面涂一层薄干油。

序号	名称	数量	材料	备注
8	油杯	1		JB/T 7940.3
7	螺母M16	4	Q235A	GB/T 6170
6	螺栓M16×125	2	Q235A	GB/T 8
5	轴承衬固定套	1	Q235A	
4	上轴承衬	1	ZCuSn6Pb6Zn3	
3	轴承盖	1	HT200	
2	下轴承衬	1	ZCuSn6Pb6Zn3	
1	轴承座	1	HT200	

滑动轴承

比例 1:2

（单位）

制图　（姓名）
审核　（姓名）

图 8-1　滑动轴承装配图

拆去件号3等

1. 一组图形

选择必要的视图，将装配体的工作原理、零件的装配关系，以及各零件的主要结构形状表达清楚。滑动轴承装配图选用一组三视图，主、左视图采用半剖视，俯视图右半边拆去轴承盖的画法，将装配体表达完整、清楚。

2. 必要尺寸

装配图上的尺寸只需标注装配体的规格（性能）、总体大小、各零件间的配合关系、安装及检验等尺寸。

3. 技术要求

用文字说明或标注标记、代号指明该装配体在装配、检验、调试、运输和安装等方面所需达到的技术要求。

4. 零件序号、标题栏、明细栏

根据生产组织和管理的需要，在装配图上对每个零件编注序号。在标题栏中注明装配体的名称、图号、比例和责任者签字等。明细栏接着标题栏，内容包括零件序号、名称、材料、数量、标准件的规格和代号以及零件热处理要求等。

第二节　装配图表达方案的确定及画法规定

装配图要正确、清楚地表达装配体的结构、工作原理及零件间的装配关系，并不要求把每个零件的各部分结构均完整地表达出来。图样的基本表示法同样适用于装配图，但由于表达的侧重点不同，国家标准对装配图还做了专门的规定。

一、装配图表达方案的确定

在按画法规定绘制装配图前，首先要确定表达方案。

装配图同零件图一样，要以主视图的选择为中心来确定整个视图的表达方案。表达方案的确定依据是装配体的工作原理和零件间的装配关系。以图 8-2 所示的铣床尾座为例，介绍装配图表达方案的选择原则。

1. 主视图的选择

主视图的投射方向应能反映装配体的工作位置和总体结构特征，同时较集中地反映装配体的工作原理和主要装配线，能尽量多地反映该装配体各零件间的相对位置关系。

如图 8-2 所示铣床尾座，其工作原理主要是顶紧工件，主体零件是尾架体 5，通过底座 12 将尾架安装在铣床上，选择主视图投射方向 A，首先符合工作位置，同时反映总体结构特征。主视图作了全剖视，如图 8-3 所示，清晰地表达了主要装配干线顶紧机构的

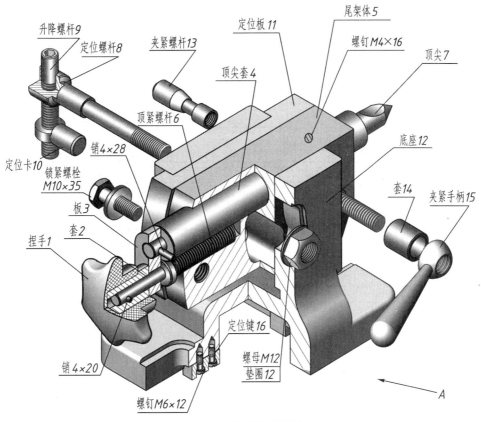

升降螺杆9
定位螺杆8
夹紧螺杆13
定位板11
尾架体5
螺钉M4×16
顶尖7
顶尖套4
底座12
顶紧螺杆6
定位卡10
锁紧螺栓M10×35
销4×28
套14
夹紧手柄15
板3
套2
捏手1
定位键16
销4×20
螺母M12
垫圈12
螺钉M6×12

(a) 铣床尾座轴测图

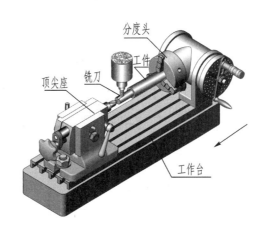

分度头
工件
顶尖座
铣刀
工作台

(b) 铣床附件

图 8-2　铣床尾座及附件

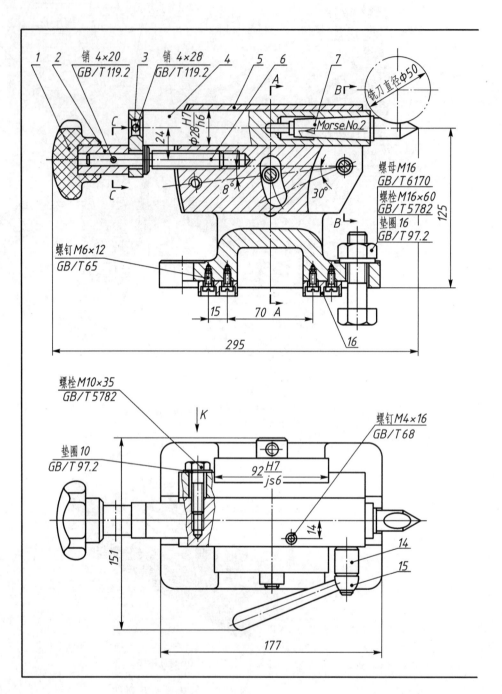

图 8-3 铣床

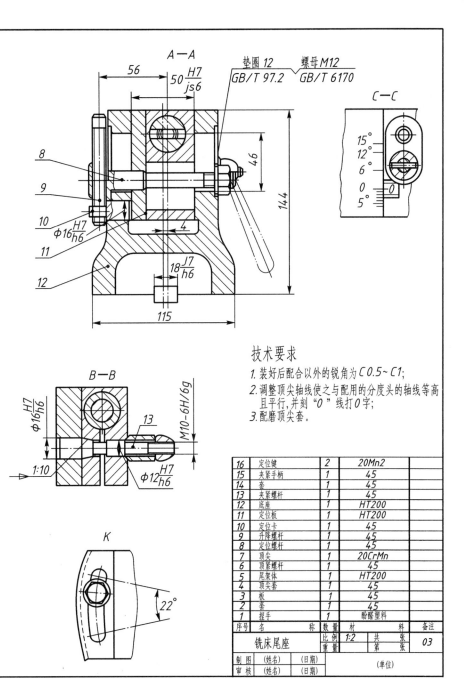

技术要求

1. 装好配合以外的锐角为 C0.5~C1;
2. 调整顶尖轴线使之与配用的分度头的轴线等高且平行,并刻 "0" 线打0字;
3. 配磨顶尖套。

16	定位键	2	20Mn2	
15	夹紧手柄	1	45	
14	套	1	45	
13	夹紧螺杆	1	45	
12	底座	1	HT200	
11	定位板	1	HT200	
10	定位卡	1	45	
9	升降螺杆	1	45	
8	定位螺杆	1	45	
7	顶尖	1	20CrMn	
6	顶紧螺杆	1	45	
5	尾架体	1	HT200	
4	顶尖套	1	45	
3	板	1	45	
2	套	1	45	
1	捏手	1	酚醛塑料	
序号	名 称	数量	材 料	备注

铣床尾座	比例	1:2	共 张	03
	重量		第 张	

制图	(姓名)	(日期)	(单位)
审核	(姓名)	(日期)	

尾座装配图

工作原理和装配关系。

2. 其他视图的选择

对主视图中尚未表达清楚的部分，选择相应的视图作为补充。其他视图的选择要重点突出，相互配合，避免重复。

如图 8-3 所示，由主、俯、左三个基本视图表达了尾座整体结构特征及各部分之间的相互关系。为表达更完善、更清晰，又选择了三个辅助图形。左视图是通过定位螺杆 8 的轴线作全剖视，配合主视图突出表达升降结构的工作原理和各零件的装配关系的。

俯视图一方面表达了铣床尾座的外部形状，更重要的是突出表明了定位板 *11* 与尾架体 *5* 通过螺栓 M10×35 的连接情况及其各装配线在水平面上的相对位置。

B—B 断面突出表达了夹紧机构零件组的装配关系和夹紧原理。

C—C 剖视将顶尖在正平面内转动的角度表示清楚。

K 向局部视图表明了锁紧螺栓 M10×35 的活动范围。

二、装配图画法的基本规定

1. 相邻零件的轮廓线画法

相邻两零件的接触表面和公称尺寸相同的配合面，只用一条共有的轮廓线表示；非接触面画两条轮廓线，如图 8-4 所示。

2. 相邻零件的剖面线画法

在剖视图中，相邻金属零件的剖面线，其倾斜方向应相反，或方向一致而间隔不等；同一装配图中的同一零件的剖面线应方向相同、间隔相等；断面厚度在 2 mm 以下的图形允许以涂黑代替剖面符号，如图 8-4 所示。

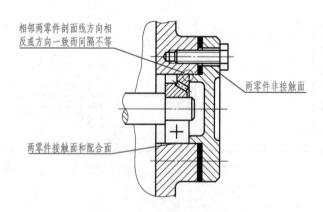

图 8-4 装配图的规定画法

三、装配图的简化画法规定

（1）在装配图中，对于紧固件以及轴、连杆、球、钩子、键、销等实心零件，若按纵向剖切，且剖切平面通过其对称平面或轴线时，则这些零件均按不剖绘制。如需要特别表明零件的构造，如凹槽、键槽、销孔等则可用局部剖视表示，如图 8-5 所示。

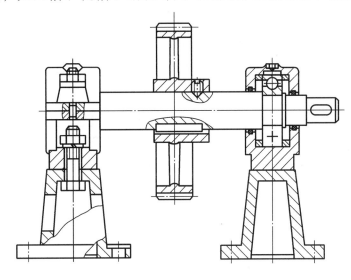

图 8-5　简化画法（一）

（2）在装配图中，可假想沿某些零件的结合面剖切或假想将某些零件拆卸后绘制，需要说明时可加标注"拆去××等"。如图 8-1 所示滑动轴承的俯视图，就是为了更清楚地表达轴承座与下轴承衬的配合关系，沿结合面剖切，拆去轴承盖和上轴承衬的右半部而绘制出的半剖视图，以拆卸代替剖视。结合面不画剖面线，但被剖到的螺栓则必须画出剖面线。图 8-6 所示的 A—A 剖视图也是沿结合面剖切的。

（3）在装配图中，可以单独画出某一零件的视图，但必须标注投射方向和名称并注上相同的字母，如图 8-6 所示的 B 向视图。

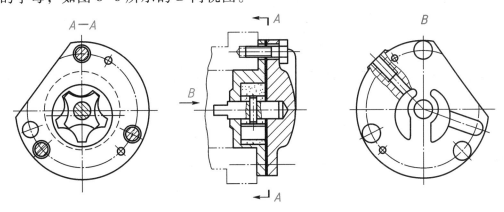

图 8-6　简化画法（二）

225

（4）在装配图中可省略螺栓、螺母、销等紧固件的投影，用细点画线和指引线指明它们的位置。此时，表示紧固件组的公共指引线应根据其不同类型从被连接件的某一端引出，如螺钉、螺柱、销连接从其装入端引出，螺栓连接从其装有螺母一端引出，如图8-7所示。

（5）装配图中若干相同的零、部件组，可仅详细地画出一组，其余只需用细点画线表示出其位置，如图8-8所示。

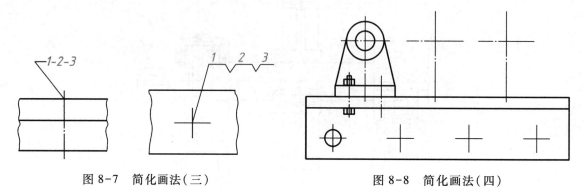

图8-7 简化画法（三）　　　　　图8-8 简化画法（四）

（6）在装配图中，可用粗实线表示带传动中的带，用细点画线表示链传动中的链，如图8-9所示。

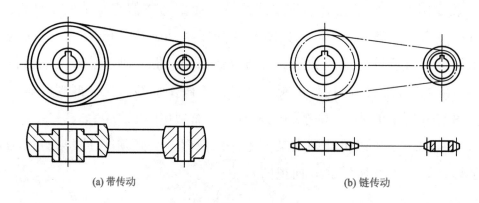

(a) 带传动　　　　　　　　　(b) 链传动

图8-9 简化画法（五）

（7）在装配图中，当剖切平面通过的某些部件为标准产品或该部件已由其他图形表示清楚时，可按不剖绘制（如图8-1中的油杯）。

（8）在装配图中，零件的倒角、圆角、凹坑、凸台、沟槽、滚花、刻线及其他细节等可不画出。

第三节　装配图中的尺寸注法

装配图与零件图的作用不同，对尺寸标注的要求也不同。装配图是设计和装配机器（或部件）时用的图样，因此不必把零件制造时所需要的全部尺寸都标注出来。

一、装配图一般应标注的尺寸

1. 性能（规格）尺寸

性能（规格）尺寸是表示装配体的工作性能或产品规格的尺寸。这类尺寸是设计产品的依据，如图 8-1 所示滑动轴承的轴孔尺寸 $\phi50H8$；图 8-3 铣床尾座上顶针轴线到底面的高度 125，它表明该尾座只限于最大回转半径为 125 mm 工件，即限定了固定在尾座上的被加工工件的直径尺寸。

2. 装配尺寸

用以保证机器（或部件）装配性能的尺寸。装配尺寸有以下两种。

（1）配合尺寸

零件间有配合要求的尺寸，如图 8-1 中的配合尺寸 $92\dfrac{H8}{h7}$、图 8-3 中的配合尺寸 $\phi16\dfrac{H7}{h6}$。

（2）相对位置尺寸

表示装配体在装配时需要保证的零件间较重要的距离尺寸和间隙尺寸，如图 8-1 中轴承盖与轴承座之间的非接触面间距尺寸 2、图 8-3 中的调高机构与顶紧机构中心距尺寸 56 及顶紧机构与底座定位键中心偏移距离尺寸 4 等。

3. 安装尺寸

表示零、部件安装在机器上或机器安装在固定基础上所需要的对外安装时连接用的尺寸，如图 8-1 中的孔 $\phi17$ 和孔距尺寸 180、图 8-3 中的键宽尺寸 $18\dfrac{J7}{h6}$ 等。

4. 总体尺寸

表示装配体所占有空间大小的尺寸，即长度、宽度和高度尺寸，如图 8-1 中的尺寸 240、82、160，图 8-3 中的尺寸 295、151、144，均为总体尺寸。总体尺寸可供包装、运输和安装使用时提供所需要占有空间的大小。

5. 其他重要尺寸

根据装配体的结构特点和需要必须标注的重要尺寸，如运动件的极限位置尺寸、零件间的主要定位尺寸、设计计算尺寸等。图8-3中的 K 向视图尺寸22°表示了螺栓的活动范围。

二、配合尺寸的标注与识读

1. 配合

相同公称尺寸的孔与轴相结合，由于公差带之间的关系，配合有松有紧，可形成三种不同的配合：

（1）间隙配合。孔的实际尺寸大于或等于轴的实际尺寸，配合之间产生间隙。

（2）过盈配合。孔的实际尺寸总小于轴的实际尺寸，配合之间产生过盈。

（3）过渡配合。孔的实际尺寸有时比轴的实际尺寸大，有时比轴的实际尺寸小，即可能产生间隙，也可能产生过盈，且过盈或间隙量都很小。

2. 配合制

孔与轴相配合，由于孔比轴较难加工，通常以孔的尺寸（以下极限偏差为零的基本偏差 H）作为基准，改变轴的不同公差带，形成不同的配合状态，称之为基孔制配合。如果以轴的尺寸（以上极限偏差为零的基本偏差 h）为基准，通过改变孔的不同公差带，形成不同的配合状态，称之为基轴制。特殊场合也可选用两种混合的基准。

3. 在装配图中标注配合的方法

在装配图中只要标注配合的代号，公称尺寸的后面用一分式表示：分子为孔的公差带代号，分母为轴的公差带代号。也可以排成一斜线注写。如：

（1）$\phi 100 \text{H7/f6}$ 或 $\phi 100 \dfrac{\text{H7}}{\text{f6}}$

表示公称尺寸为 $\phi 100$ 的孔与轴配合，用 H 表示基准孔，为基孔制配合。孔的精度为7级，相配合的轴的精度为6级，基本偏差为 f，孔与轴为间隙配合。

（2）$\phi 100 \text{K8/h7}$ 或 $\phi 100 \dfrac{\text{K8}}{\text{h7}}$

表示公称尺寸为 $\phi 100$ 的孔与轴的配合，用 h 表示基准轴，为基轴制配合。孔的精度为8级，轴的精度为7级，基本偏差为 K，为过渡配合。

第四节　装配图中的零部件序号、明细栏和技术要求

一、零部件序号的编排

为便于看图、管理图样和组织生产，装配图上需对每个不同的零、部件进行编号，这种编号称为序号。对于较复杂的较大部件来说，所编序号应包括所属较小部件及直属较大部件的零件。

1. 序号的编排形式

序号的编排有两种形式：

（1）将装配图上所有的零件，包括标准件和专用件一起，依次统一编排序号。如图8-1所示，零件按逆时针方向编排序号。

（2）将装配图上所有的标准件的标记直接注写在图形中的指引线上，而将专用件按顺序编号。如图 8-3 所示专用件按顺时针方向排列，标准件的标记直接注出，不编入序号。

2. 序号的编排方法

（1）序号应编注在视图周围，按顺时针或逆时针方向顺次排列，在水平和铅垂方向应排列整齐。

（2）零件序号和所指零件之间用指引线连接，指引线应自零件的可见轮廓线内引出，并在末端画一圆点；若所指的零件很薄或涂黑的剖面不宜画圆点时，可在指引线末端画出箭头，并指向该零件的轮廓，如图 8-10a 所示。

（3）指引线相互不能相交，不能与零件的剖面线平行。一般指引线应画成直线，必要时允许曲折一次，如图 8-10b 所示。

（4）对于一组紧固件以及装配关系清楚的零件组，允许采用公共指引线，如图 8-10c 所示。

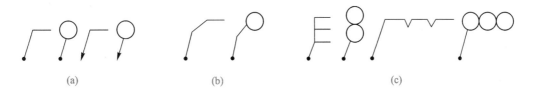

图 8-10　序号标注方法

（5）每一种零、部件（无论件数多少），一般只编一个序号，必要时多处出现的相同

零部件允许重复采用相同的序号标注。

二、零件明细栏的编制

零件明细栏一般放在标题栏上方，并与标题栏对齐。填写序号时应由下向上排列，这样便于补充编排序号时被遗漏的零件。当标题栏上方位置不够时，可在标题栏左方继续列表由下向上接排。明细栏的内容如图8-3所示。

三、装配图的技术要求

各类不同的机器（或部件），其性能不同，技术要求也各不相同。因此，在拟定机器（或部件）装配图的技术要求时，应做具体分析。技术要求一般填写在图纸下方的空白处。具体的技术要求应包括以下几个方面（参看图8-3的技术要求）：

1. 装配要求

装配后必须保证的准确度（一般指位置公差）、装配时的加工说明（如组合后加工）、指定的装配方法和装配后的要求（如转动灵活、密封处不得漏油等）。

2. 检验要求

基本性能的检验方法和条件，装配后必须保证准确度的各种检验方法说明等。

3. 使用要求

对产品的基本性能、维护、操作等方面的要求。

第五节　装配体的装配工艺结构

装配体内的零件结构除了要达到设计要求外，还必须考虑它的装配工艺，否则会使装卸困难，甚至达不到设计要求。

常见的装配工艺结构见表8-1。

表8-1　常见的装配工艺结构

内容	正确图例	错误图例	说　明
接触面处的结构			两个零件在同一方向只能有一对接触面，便于装配又降低加工难度。接触面的交角处，不应做成尖角或相同的圆角，否则不能很好地接触。如轴承盖和轴承座接触处的结构

内容	正确图例	错误图例	说　明
圆锥面配合处的结构	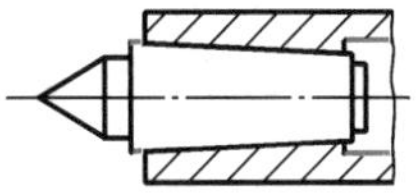	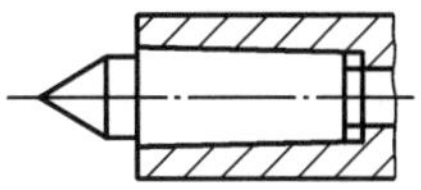	圆锥面接触应有足够的长度，不能再有其他端面接触，以保证配合的可靠性。如尾架顶针与套筒的锥面配合。当顶针底部与套筒同时接触时，就不能保证锥面接触良好
并紧及防松装置	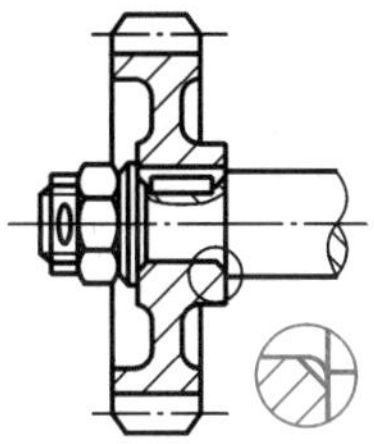	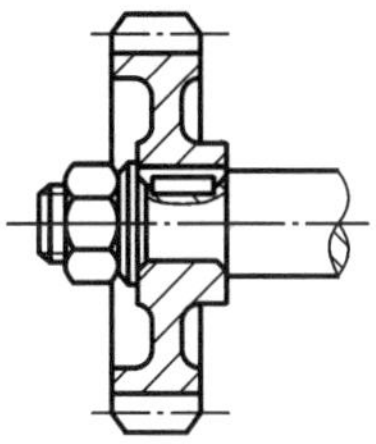	为了把齿轮并紧在轴肩上，在轴肩根部必须有沉割槽。轴肩连接处采用小圆角过渡时，齿轮轴孔的倒角宽度要大于小圆角半径，这样才能保证将齿轮与轴肩并紧。齿轮轴孔的长度应比轴上装齿轮的那一部分长一些，才能把螺母、垫圈并紧。为了防松，采用六角槽形螺母及开口销
轴上定位装置	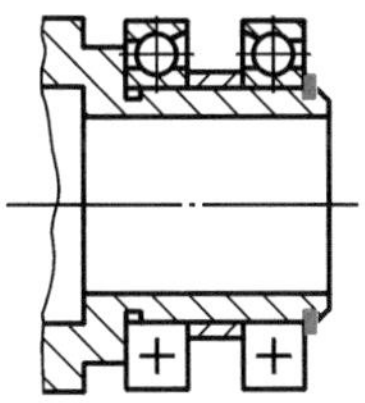	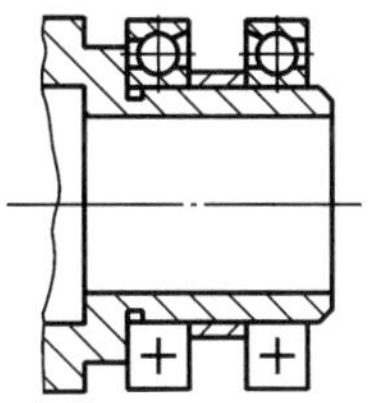	轴上的零件必须有可靠的定位装置，以保证零件不在轴上移动。如左图轴套上装有滚动轴承，采用轴用弹性挡圈将轴承在轴上定位
要考虑装拆方便	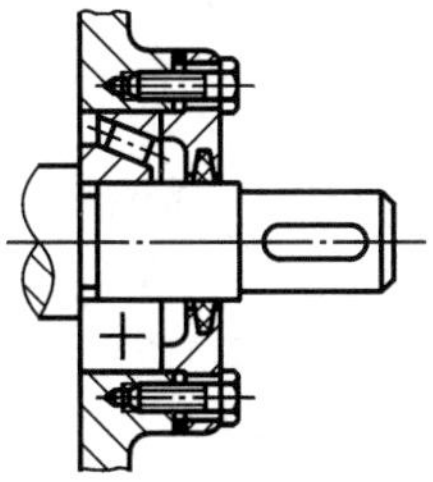	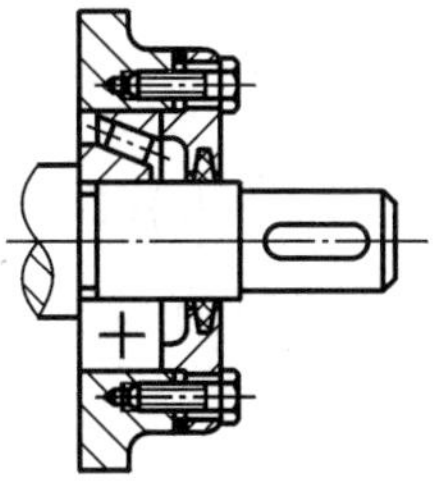	减速箱中轴的轴肩直径应小于圆锥滚子轴承内圈的外径，否则拆卸轴承会发生困难
油封装置			减速箱中轴承盖作油封装置的毛毡要紧套在轴上；轴承盖的孔径应大于轴的直径，以免轴转动时和轴承盖摩擦而损坏零件

第六节　识读装配图及拆画零件图

在进行机械的设计、装配、检验、使用、维修和技术革新等各项生产活动中，都要识读装配图。因此，技术技能型人才必须具备识读装配图的能力。

一、识读装配图的基本要求

（1）了解机器或部件的名称、规格、性能、用途及工作原理；

（2）了解各组成零件的相互位置、装配关系；

（3）了解各组成零件的主要结构形状和在装配体中的作用。

二、识读装配图的方法和步骤

1. 概括了解

（1）看标题栏　从标题栏可了解到装配体名称、比例和大致的用途。

（2）看明细栏　从明细栏可了解到标准件和专用件的名称、数量以及专用件的材料、热处理等要求。

（3）初步看视图　分析表达方法和各视图间的关系，弄清各视图的表达重点。

2. 了解装配关系和工作原理

在一般了解的基础上，结合有关说明书仔细分析机器（或部件）的工作原理和装配关系，这是识读装配图的一个重要环节；分析各装配干线，弄清零件间的配合、定位、连接方式。此外，对运动零件的润滑、密封形式等，也要有所了解。

3. 分析视图，看懂零件的结构形状

分析视图，了解各视图、剖视图、断面图等的投影关系及表达意图。了解各零件的主要作用，帮助看懂零件结构。分析零件时，应从主要视图中的主要零件开始，可按"先简单，后复杂"的顺序进行。有些零件在装配图上不一定表达完全清楚，可配合零件图来读装配图。这是识读装配图极其重要的方法。

常用的分析方法如下：

（1）利用剖面线的方向和间距来分析。同一零件的剖面线，在各视图上方向一致、间距相等。

（2）利用画法规定来分析。如实心件在装配中规定沿轴线方向剖切可不画剖面线，据此能很快地将螺杆、手柄、螺钉、键、销等零件区分出来。

（3）利用零件序号，对照明细栏来分析。

4. 分析尺寸和技术要求

（1）分析尺寸 找出装配图中的性能（规格）尺寸、装配尺寸、安装尺寸、总体尺寸和其他重要尺寸。

（2）技术要求 一般是对装配体提出的装配要求、检验要求和使用要求等。

综上所述，识读装配图只有按步骤对装配体进行全面了解，分析和总结全部资料，认真归纳，才能准确无误地看懂装配体。

例 8-1 识读台虎钳装配图。台虎钳如图 8-11 所示；台虎钳结构分解图如图 8-12 所示；台虎钳装配图如图 8-13 所示。

第一步，概括了解

从标题栏和有关说明书中可知台虎钳由钳身、钳座、底盘、螺杆等 15 个不同的零件组成。它安装在一般的工作台上，用钳口夹紧被加工零件，进行加工。钳身可以回转 360°，以适应加工需要。台虎钳装配图共采用了两个基本视图、一个向视图和三个局部视图。

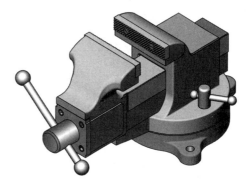

SView

图 8-11 台虎钳

233

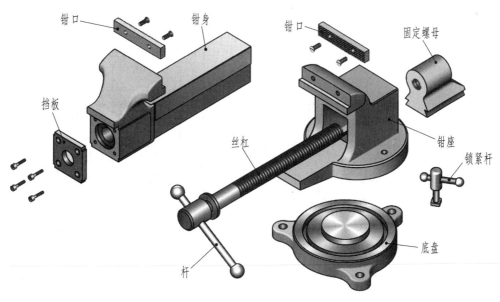

图 8-12 台虎钳结构分解图

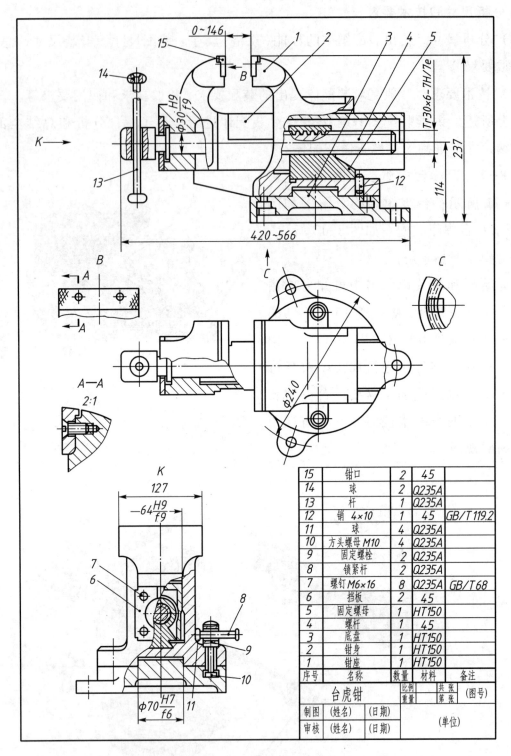

图 8-13 台虎钳装配图

15	钳口	2	45	
14	球	2	Q235A	
13	杆	1	Q235A	
12	销 4×10	1	45	GB/T 119.2
11	球	4	Q235A	
10	方头螺母 M10	4	Q235A	
9	固定螺栓	2	Q235A	
8	锁紧杆	2	Q235A	
7	螺钉 M6×16	8	Q235A	GB/T 68
6	挡板	2	45	
5	固定螺母	1	HT150	
4	螺杆	1	45	
3	底盘	1	HT150	
2	钳身	1	HT150	
1	钳座	1	HT150	
序号	名称	数量	材料	备注

台虎钳		比例		共张	(图号)
		重量		第张	
制图	(姓名)	(日期)		(单位)	
审核	(姓名)	(日期)			

234

第二步，了解装配关系和工作原理

钳座 *1* 装在底盘 *3* 上，底盘安装在工作台上，当松开锁紧杆 *8*、固定螺栓 *9*、方头螺母 *10* 装置时，钳身可绕底盘转动。

钳身 *2* 安装在钳座里并可滑动。固定螺母 *5* 通过燕尾槽和销 *12* 固定在钳座上。螺杆 *4* 左端通过挡板 *6* 固定在钳身上，可以转动，螺纹部分装在螺母里。因此，当旋转杆 *13* 时，螺杆转动并通过螺母带动钳身移动，起夹紧和松开工件的作用。

第三步，分析视图，看零件

装配图采用了主、俯两个基本视图和 *K* 向视图。为了表达内部的装配关系，多处采取了局部剖视。其中 *K* 向视图则因受图幅限制而移放到左下方。主视图和 *K* 向视图表达了台虎钳的主要装配关系，俯视图主要表示钳座、底盘的外部形状和螺杆的定位情况。*B* 向局部视图和 *A—A* 局部剖视表示了钳口 *15* 的安装情况。*C* 向局部视图是为了表示底盘下面有一方形孔与 T 形槽相通，方头螺母 *10* 就是从这个方孔放入槽内的。

看钳身零件结构，由主视图和 *K* 向视图可知道，钳身是从钳座的方孔中穿过去的，其长度尺寸可由主视图来判断。高度尺寸也可从主视图看出。钳身中间是空的，以便装放螺杆和固定螺母，钳身与钳口连接部分的形状及宽度，可从主视图和 *K* 向视图上看出。

第四步，分析尺寸

如图 8-13 所示，尺寸 127 是规格尺寸，0~146 为性能尺寸（表示被夹持工件的最大厚度）、$\phi 30 \frac{H9}{f9}$、$64 \frac{H9}{f9}$ 是配合尺寸，$\phi 240$ 是安装尺寸，420~566、237 是总体尺寸，Tr30×6-7H/7e 是重要的设计尺寸。

其他零件均可以按上述方法逐一地加以分析，从上面各视图的分析中就能看懂台虎钳上各零件的结构形状。

例 8-2 识读图 8-14 所示球阀装配图，拆画阀体零件图。

第一步，概括了解

图 8-14 所示装配体的名称是球阀，阀是管道系统中用来启闭或者调节流体流量的部件，球阀是阀的一种。从明细栏和序号可知球阀由 13 种零件组成，其中标准件两种。按序号依次查明各零件的名称和所在位置。球阀装配图由三个基本视图表达。主视图采用全剖视图，表达各零件之间的装配关系。左视图采用拆去扳手的半剖视，表达球阀的内部结构及阀盖方形凸缘的外形。俯视图采用局部剖视，主要表达球阀的外形。

第二步，了解装配关系和工作原理

球阀中的阀杆和阀芯包容在阀体里，阀盖通过螺柱与阀体连接。球阀的工作原理是驱动扳手转动阀杆和阀芯，控制球阀启闭，可参阅图 8-15 所示的球阀立体图。图 8-14

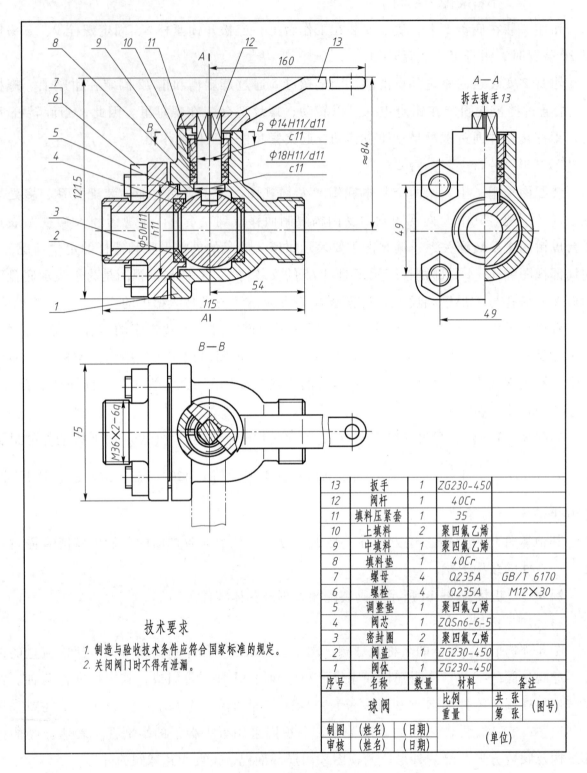

技术要求

1. 制造与验收技术条件应符合国家标准的规定。
2. 关闭阀门时不得有泄漏。

13	扳手	1	ZG230-450	
12	阀杆	1	40Cr	
11	填料压紧套	1	35	
10	上填料	2	聚四氟乙烯	
9	中填料	1	聚四氟乙烯	
8	填料垫	1	40Cr	
7	螺母	4	Q235A	GB/T 6170
6	螺栓	4	Q235A	M12×30
5	调整垫	1	聚四氟乙烯	
4	阀芯	1	ZQSn6-6-5	
3	密封圈	2	聚四氟乙烯	
2	阀盖	1	ZG230-450	
1	阀体	1	ZG230-450	
序号	名称	数量	材料	备注

球阀		比例		共　张	（图号）
		重量		第　张	
制图	（姓名）	（日期）	（单位）		
审核	（姓名）	（日期）			

图 8-14　球阀装配图

所示阀芯的位置为阀门全部开启、管道畅通。当扳手按顺时针方向旋转90°时（图中细双点画线为扳手转动的极限位置），阀门全部关闭，管道断流。所以，阀芯是球阀的关键零件。下面针对阀芯与有关零件之间的包容关系和密封关系做进一步分析。

（1）包容关系。阀体1和阀盖2都带有方形凸缘，它们之间用四个螺栓6和螺母7连接，阀芯4通过两个密封圈定位于阀体空腔内，并用合适的调整垫5调节阀芯与密封圈之间的松紧程度。通过填料压紧套11与阀体内的螺纹旋合，将零件8、9、10固定于阀体中。

（2）密封关系。两个密封圈3和调整垫5形成第一道密封。阀体与阀杆之间的填料垫8及填料9、10用填料压紧套11压紧，形成第二道密封。

第三步，想象阀芯零件的结构形状

利用装配图特有的表达方法和投影关系，将零件的投影从重叠的视图中分离出来，从而读懂零件的基本结构。从装配图的主、左视图中根据相同的剖面线方向和间隔，将阀芯的投影轮廓分离出来，结合球阀的工作原理以及阀芯与阀杆的装配关系，从而完整地想象出阀芯是一个左、右两边截成平面的球体，中间是通孔，上部是圆弧形凹槽，如图8-16所示。

第四步，拆画阀芯零件图

（1）从球阀装配图中分离阀芯的投影，补齐装配图中被遮挡的轮廓线和投影线，对装配图中未表达清楚的结构进行补充设计。

（2）确定表达方案并绘图。因零件图与装配图的表达重点不同，拆画时的表达方案不一定照搬装配图，而应针对零件的形状特征分析选择表达方案，重新选择的方案可能与装配图基本相同或完全不同。零件上的细小工艺结构，如倒角、退刀槽和圆角等，在装配图中往往不画，在拆画零件图时应将其画完整。

由于阀体装配图的视图能反映阀芯的主要形体特征，所以零件图的视图与装配图一致。

（3）标注零件图尺寸。装配图上零件的尺寸不完整，拆画零件图时，在装配图中已有的尺寸，在零件图上不能改动。其他尺寸可由装配图按比例量取。对于标准结构，如螺钉沉头孔、键槽、倒角等，应根据有关标准查阅其参数值确定。

（4）确定技术要求。根据零件的作用，合理选用并标注表面结构要求。根据零件加工工艺，查阅资料提出工艺规范等技术要求。

按以上步骤画出阀芯零件图，如图8-17所示。

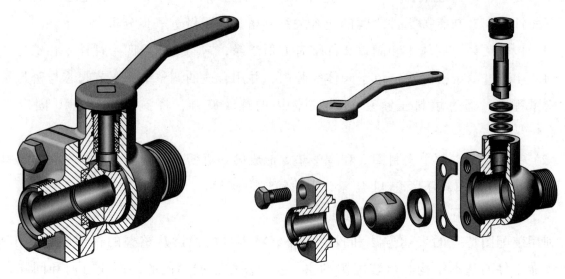

图 8-15 球阀立体图 　　　　　　　　　图 8-16 球阀结构分解图

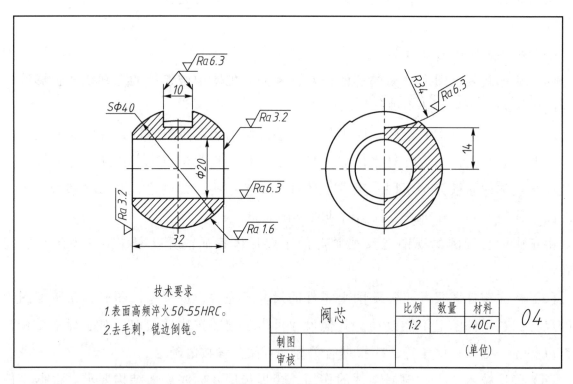

技术要求
1.表面高频淬火50~55HRC。
2.去毛刺，锐边倒钝。

阀芯	比例	数量	材料	04
	1:2		40Cr	
制图			（单位）	
审核				

图 8-17 阀芯零件图

第七节　画装配图

画装配图的步骤与画零件图的步骤相似，主要的不同点就是画装配图时要从整个装配体的结构特点、工作原理出发，确定合理的表达方案。本节所介绍的装配图画法是通过装配体实物测绘后的装配图。一般画图步骤是：根据测绘好的零件草图，经过整理后，参考装配示意图，确定表达方案及画图比例，再画出装配图。

画装配图的一般步骤如下：

一、绘图准备

（1）对装配体和装配体内的全部零件要认真地测绘，充分掌握画装配图的第一手资料。

（2）系统地掌握有关装配图的一些基本知识，并在绘图过程中很好地去体会、运用。

（3）必备的技术资料和绘图工具。

（4）画出全部专用件的草图（在测绘过程中进行）。标准件要根据其结构形状和测量尺寸，核查确定标准件规格、代号或标记。

二、分析装配体结构及工作原理

此项内容，前面已分析过，这里不再重复。

三、确定表达方案，选定一组视图

前面讲过，装配图表达的主要内容是部件的工作原理及零件之间的装配关系。这也是确定装配图表达方案的主要依据。装配图同零件图一样，也要以主视图的选择为中心来确定整个表达方案。

根据上述方法确定的开关杠杆装配图，如图 8-18 所示。

四、绘制装配图

（1）根据装配体大小、视图数量决定图幅比例及幅面大小。画出图框，定出标题栏和明细栏的位置。

（2）画出各视图的主要基准线，如中心线、对称线和主要端面轮廓线等。

（3）从主要装配干线入手，逐一画出该干线上的每个零件，逐步延伸，完成该视图。几个基本视图要相互配合进行，完成全部视图底稿。底稿用细实线画出。

（4）检查校核、描深、标注尺寸并编排零件序号等。

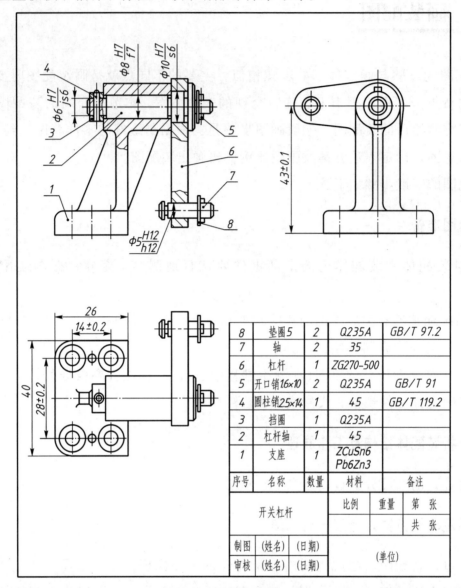

图 8-18　开关杠杆装配图

本 章 小 结

装配图是表达机器或部件的图样，是表达设计思想、指导装配和进行技术交流的重要技术文件。装配图主要表达机器和部件的结构形状、工作原理、零件间的相互位置和配合、连接、传动关系，以及主要零件的基本形状，作为装配、调试和检验的依据。

本章主要内容概括如下：

1. 一张完整的装配图应包括四个方面内容

一组视图，必要的尺寸，技术要求，序号、标题栏及明细栏。

2. 装配图的表达方法

要正确、清楚地表达装配体的结构、工作原理及零件间的装配关系，视图、剖视图、断面图等零件图的各种表达方法对装配图基本上都是适用的，但装配图表达方案的选择与零件图有所不同，装配图主要是依据装配体的工作原理和零件间的装配关系来确定主视图的投射方向，而零件图则是根据工作位置、加工位置以及形状特征来确定主视图的投射方向。

装配图的简化画法也很重要，要逐步学习掌握。

3. 装配图的尺寸和技术要求

装配图上一般只需要标注装配体的规格性能、配合、安装、检验及总体尺寸等。

装配体的技术要求主要是装配、检验、使用时应达到的技术指标。

4. 装配图的识读

识读装配图主要是了解构成装配体的各零件间的相互关系，即它们在装配体中的位置、作用、固定或连接方法、运动情况及装拆顺序等，从而进一步了解装配体的性能、工作原理及各零件的主要结构形状。

识读装配图的主要方法是：首先看标题栏和明细栏，了解基本情况；其次读视图，以序号指引、结合画法、尺寸标注等分析工作原理、装配关系；最后识读零件结构形状，借助剖面线分离出零件、想象零件的形状、拆画零件图。

绘制装配图的步骤要领归结为"四定一审"。

定数　选择必要的视图和剖切面，确定视图数量。

定位　配置各视图的相对位置及需要的范围。

定基　选定作图基准，通常以底面和中心线为基准。

定号　图形画成后，将零件按一定的时针方向编排序号，完成标题栏、明细栏。

审核　认真负责，周到细致，整理加深。

思 考 题

1. 什么叫装配图？它有什么作用？一张完整的装配图应包括哪些基本内容？

2. 装配图表达方案的选择原则是什么？举例说明。

3. 读装配图的目的是什么？有哪些方法和步骤？

4. 装配图有哪些画法规定？如何区分装配体内的两相邻零件？

5. 装配图应标注哪些尺寸？试分析图 8-3 铣床尾座装配图中的尺寸各属哪类尺寸？

6. 图 8-1 中滑动轴承装配图采用了哪些画法规定？

7. 试分析图 8-1、图 8-3、图 8-13 各装配图中配合尺寸表示的配合性质，属何种配合？

8. 试分析图 8-1、图 8-3、图 8-13 各装配体的拆卸顺序。

9. 比较装配图和零件图在内容与要求上有哪些区别？

第九章

常用零部件的测绘

零件测绘是依据实际零件，徒手按目测比例画出草图，测量并标注尺寸、技术要求，整理成零件图的过程。测绘零件和装配体是工程技术人员必须具备的一项技能。

零部件测绘是理论与实践的结合，是机械制图知识的综合运用。通过测绘实践，将大大提升机械制图综合应用能力和技术素养。

第一节　零件测绘与常用测绘工具

零件测绘是对实际零件进行尺寸测量，并绘制视图和综合分析技术要求的工作过程，在机器设备维修、仿制以及推广新技术中经常遇到。

一、零件测绘的一般过程

（1）了解分析零件。测绘时，首先了解零件的名称、材料及其在装配体上的作用，与其他零件的关系，然后对零件的结构形状、加工工艺过程、技术要求及热处理等进行全面的了解分析。

（2）确定表达方案。在对零件进行全面了解、认真分析的基础上，根据零件表达方案的选择原则，确定最佳表达方案。

（3）绘制零件草图。根据已选定的表达方案，徒手绘制草图。

（4）测绘零件尺寸、注写技术要求。测量零件的全部尺寸，并根据尺寸标注的原则和要求加以标注。确定技术要求，完成注写。

（5）检查校对、填写标题栏。根据零件草图，结合实物进行认真检查和校对，最后填写标题栏。

二、画零件草图的要求和步骤

零件草图是零件真实情况的记录，又是绘制零件图的依据。因此要求画好草图，并基本上符合零件图的各项内容要求。

1. 绘制零件草图的要求

草图一般应徒手以目测的比例绘制在坐标纸或白纸上。绘制草图要做到内容完整、表达正确、尺寸齐全、要求合理、比例匀称，并具有与零件图相同的内容。

2. 绘制零件草图的步骤

下面以图 9-1 所示拨杆的零件草图为例说明零件草图的绘图步骤。

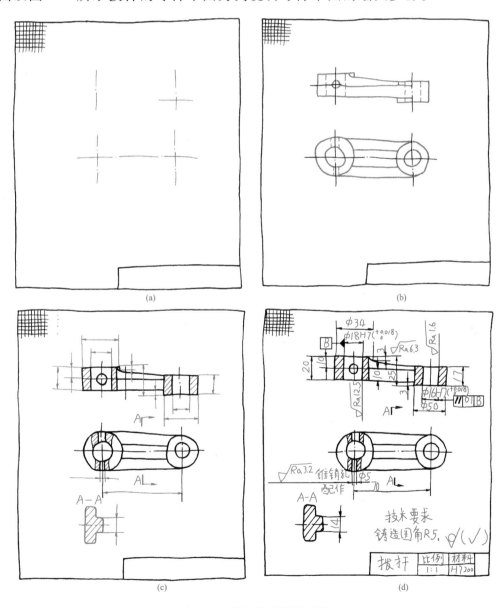

图 9-1　零件草图绘图步骤

（1）在确定表达方案的基础上，选定比例、布局图面，草绘各视图的基准线，如图9-1a所示。

（2）草绘基本视图的外轮廓，如图9-1b所示。

（3）草绘剖视图、断面图等必要的图形，如图9-1c所示。

（4）选择长、宽、高各方向尺寸基准，画出尺寸界线和尺寸线，如图9-1c所示。

（5）标注尺寸、注写技术要求、填写标题栏并加以检查，如图9-1d所示。

三、测量零件尺寸

测量零件尺寸是测绘工作的一项重要内容。测量尺寸要做到：测量基准合理，使用量具适当，测量方法正确，测量结果准确。

测量基准，一般选择零件上磨损较轻、较大的加工表面作为测量基准面。基准选择是否合理，将直接影响测量的精确程度。

零件测绘常用的工具见表9-1，各种量具的精度不同，使用的范围也不同，测量时，应根据被测表面的精度、加工和使用情况进行适当的选择。

表9-1　零件测绘常用的工具

名称	图　示	使用说明	注意事项
钢直尺	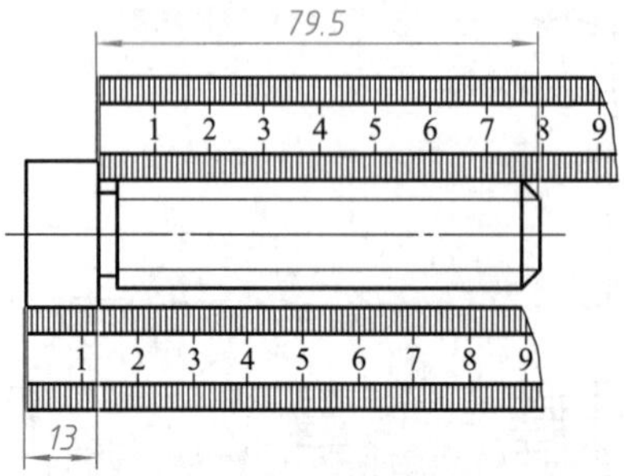	精确度达0.5 mm，只能应用在精度要求不高的场合	使用时钢直尺要贴紧或平行于被测零件的长度
内外卡钳	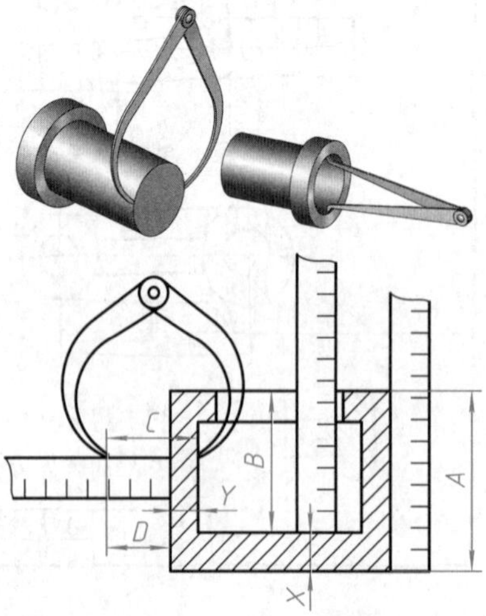	需借助钢直尺或游标卡尺读出数值。 侧壁厚度 $Y=C-D$； 底壁厚度 $X=A-B$	注意两卡爪松紧程度合适。测量后应立即读出示值，防止两卡爪松动。退出时注意防止卡钳碰到工件，造成测量数据不准确

名称	图 示	使用说明	注意事项
游标卡尺	尺深端面 内量爪 尺框 紧固螺钉 尺身 主标尺 测深直尺 游标尺 外量爪 (a) 游标卡尺 (b) 用游标卡尺测外圆　(c) 用游标卡尺测内圆 主标尺 尺身 卡爪 固定螺钉 游标尺 (d) 深度游标卡尺　(e) 用深度游标卡尺测深度	常用测量工具，精确度达0.02 mm，可测量长度，内、外圆，深度	测量外径和内径时，应保证卡爪处于直径处。卡爪与接触面松紧适度。测量之前应检查卡尺的精度是否准确
千分尺	45 40 35 0.01 mm	精确度为0.01 mm，比游标卡尺的准确度高，应用于测量长度	千分尺以25 mm为一个量程，如测量35 mm长度，应选用25~50 mm量程的千分尺。使用前需用标准测量棒校准千分尺的精确度

245

名称	图　示	使用说明	注意事项
万能角度尺	(a) 万能角度尺 (b) 用万能角度尺测角度	精确度为 2′，应用于测量斜度和锥度	先对度数，后微调测量分值，相加后为实测的角度
螺纹规	1.75 1.5	测量螺纹的螺距	仅适用于米制螺纹，测量时要保证选用的螺距与实际螺纹的螺距完全吻合
尺规	25 22 25 20	测量小圆弧尺寸，分凸弧和凹弧的测量	选择与所测圆弧一致的凸形或凹形尺规贴紧检测，尺规上的数值为圆弧值

246

四、绘制零件图的方法和步骤

由于测绘是在现场进行的，所绘草图不一定很完善，因此在画零件图之前，对草图要进行全面审查校核；对所测得的尺寸要参照标准尺寸进行圆整；对于标准件的规格等要查阅有关标准系列值选取；对有些问题，如方案的选择、尺寸的标注等由于当时绘制草图时比较匆忙可能考虑不周之处，需要重新考虑。经过复查、修改后即可进行零件工作图的绘制。

具体绘图步骤如下：

（1）根据零件的复杂程度、体积大小、结构形状，确定绘图比例。

（2）根据选定的绘图比例和确定的表达方案及视图数量，估计各视图所占的面积，并充分留有余地，选取较合适的图幅。

（3）用细实线轻轻画出各视图的基准线，完成底稿。

（4）检查底稿、加深。

（5）标注尺寸、注写技术要求，填写标题栏。

（6）责任者签字。

第二节　标准件的测绘

一、螺纹的测绘

螺纹的测绘，首先是测定螺纹的牙型、大径和螺距，然后查阅螺纹有关标准，确定螺纹的种类。对于螺纹的线数和旋向，可目测直接确定。

1. 大径的测定

外螺纹的大径，可以用游标卡尺测定。内螺纹的大径不易直接测量，一般是通过测定与它配合的外螺纹大径来确定。如果没有配合件，可以测定内螺纹的小径，再从螺纹标准中查出它的大径。

2. 牙型和螺距的测定

用螺纹规可直接测定螺纹的牙型和螺距。测定时选择与被测螺纹能完全吻合的螺纹规，螺纹规上所标出的牙型和螺距为所测结果，如图 9-2a 所示。

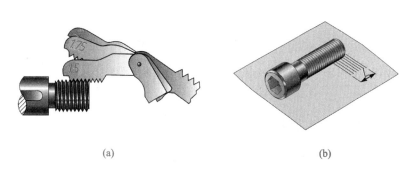

(a)　　　　　　　　　　(b)

图 9-2　螺纹牙型和螺距的测定

247

没有螺纹规时，可用拓印法测定螺距。将螺纹在纸上印出痕迹，如图 9-2b 所示。一般先量出 5 个或 10 个螺距的长度，算出平均螺距，然后从螺纹标准中查出与实测值最接近的标准螺距，对照所测得的螺纹大径及牙型，确定属于哪一种螺纹，记下螺纹代号。

管螺纹来源于英制，在标准中规定了每 25.4 mm 长度内有几个螺纹。管螺纹的测绘方法与普通螺纹相同。测绘螺纹时，当发现测得的大径与普通螺纹表列的大径相差较多时，应考虑改查管螺纹标准。

二、直齿圆柱齿轮测绘

测绘步骤如下：

（1）数出齿数 z。

（2）测出齿顶圆直径 d_a。当齿数是偶数时，可直接用游标卡尺测出，如图 9-3a 所示；如为奇数齿（图 9-3b），则应先测出孔径 D_1 及孔壁到齿顶间的径向距离 H，然后由 $d_a = 2H + D_1$ 算出，如图 9-3c 所示。

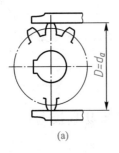 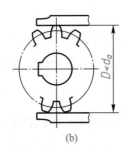 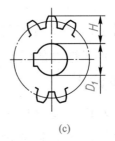

图 9-3　齿轮测绘

（3）计算模数 m。模数 m 由下面公式求出：

$$m = \frac{d_a}{z+2}$$

求出模数后与表 6-6 的标准模数对照，选取相接近的标准模数，即为被测直齿圆柱齿轮的模数。

（4）计算 d。$d = mz$，用相啮合齿轮两轴的中心距校对，应符合

$$a = \frac{a_1 + a_2}{2} = \frac{m(z_1 + z_2)}{2}$$

（5）测量与计算齿轮的其他各部分尺寸。

（6）绘制标准直齿圆柱齿轮零件图。

在齿轮零件图中，除具有一般零件图的内容外，齿顶圆直径、分度圆直径及有关齿轮的基本尺寸要直接注出，齿根圆直径一般由加工时刀具的尺寸决定，图上可以不注。

其他各主要参数在图纸右上角列表说明。

图 9-4 是圆柱齿轮零件图。

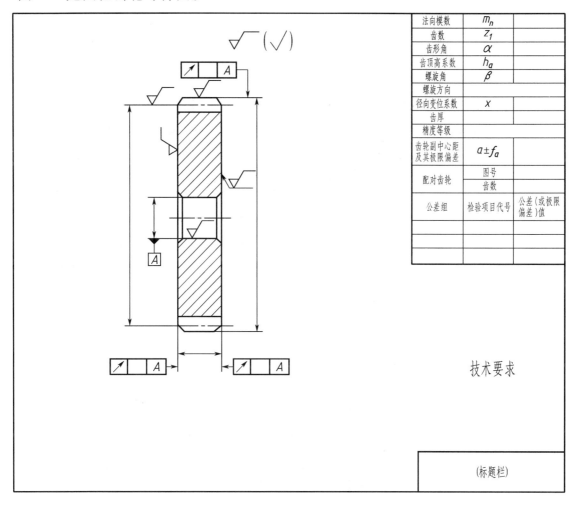

法向模数	m_n	
齿数	z_1	
齿形角	α	
齿顶高系数	h_a	
螺旋角	β	
螺旋方向		
径向变位系数	x	
齿厚		
精度等级		
齿轮副中心距及其极限偏差	$a\pm f_a$	

配对齿轮	图号	
	齿数	

公差组	检验项目代号	公差(或极限偏差)值

技术要求

(标题栏)

图 9-4　圆柱齿轮零件图

第三节　装配体的测绘

对装配体进行测量、绘制零件草图并绘制成装配图的过程称为装配体的测绘。

一、了解测绘对象

测绘前首先要对测绘的装配体进行认真分析研究,了解其用途、性能、工作原理、结构特点、各零件的装配关系、相对位置关系以及加工方法等。具体方法是:

（1）参考有关资料、说明书,与同类产品进行比较分析;

（2）通过拆卸,对零部件进行全面分析。

二、拆卸零件，画装配示意图

拆卸零件时应注意：

（1）在拆卸零件前，先测量重要的装配尺寸，如相对位置尺寸、极限位置尺寸、装配间隙等，以便校核图样和装配部件。

（2）拆卸时应用合适的拆卸工具，保证拆卸顺利，不损坏零件。

（3）按一定顺序拆卸。对过盈配合的零件，原则上不拆卸；过渡配合的零件，若不影响零件的测量工作，一般也不拆卸。

（4）将拆卸的零件编号并登记，加上号签，妥善保管，要防止零件碰伤、生锈和丢失。

（5）对零件较多的装配体，为便于拆卸后重新装配，往往要绘制装配示意图。

装配示意图是用简明的符号和线条表达零件的相互位置、连接方式和装配关系。画装配示意图时，零件应按国家标准《机械制图 机构运动简图用图形符号》（GB/T 4460—2013）的规定绘制。

三、画零件草图

将拆卸下来的零件逐一画出零件草图（标准件不必画零件草图，但应注写标准件的代号和数量）。画零件草图时，应先画出视图，引出尺寸线，然后逐一测量并填写尺寸数字。

测量和填写尺寸数字时，各零件间有联系的尺寸数值要协调一致，配合尺寸在两个零件草图上应成对标注。如实际测量的某零件内孔尺寸是 $\phi 8.02$ mm，与之相配合的轴上的轴段尺寸为 $\phi 7.98$ mm，那么，在画零件图时应标注相同的公称尺寸 $\phi 8$ mm，并在尺寸后面注出极限偏差值。

四、画装配图

画装配图的步骤与画零件图的步骤相似，不同点是画装配图是要从整个装配体的结构特点、工作原理出发，确定合理的表达方案。

1. 确定表达方案

2. 画装配图步骤

（1）选择图幅、确定比例、布置图形，画出各视图的基准线；

（2）画主要零件的轮廓；

（3）按示意图所示各零件间的相互关系，画出其余零件；

（4）检查、描图、画剖面线、标注尺寸、编写序号、填写明细栏和标题栏，完成全图。

例 9-1　测绘机用虎钳装配体。

1. 分析测绘对象

图 9-5 所示的机用虎钳是安装在机床工作台上，用于夹紧工件，以便进行切削加工的一种通用工具，其工作原理如图 9-6 所示：固定钳座 1 安装在机床工作台上，起机座作用，用扳手转动螺杆 8，能带动螺母块 9 做左右移动，螺母带着螺钉 3（自制螺钉）、活动钳身 4、钳口板 2 做左右移动，起夹紧或松开工件的作用。

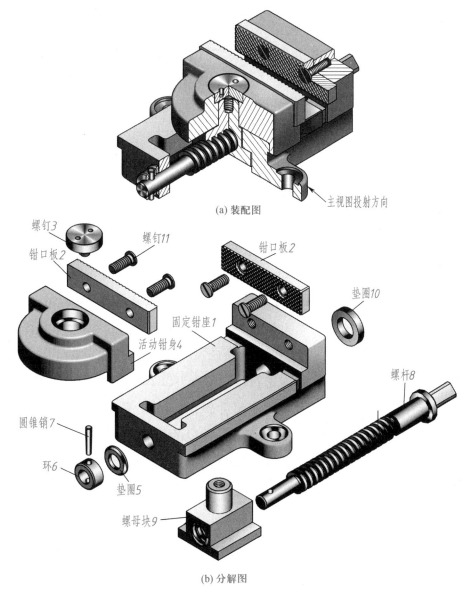

(a) 装配图

(b) 分解图

图 9-5　机用虎钳

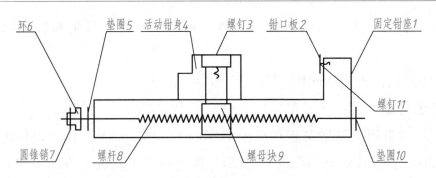

图 9-6　机用虎钳装配示意图

2. 测绘机用虎钳零件图

（1）螺杆

螺杆零件分析。螺杆是机用虎钳中的重要零件，螺杆的结构形状是阶梯轴，其中间段是用于传动的矩形螺纹，左端有销孔，右端是连接其他零件的方榫，螺杆左右两轴段与固定钳座上的轴孔有配合关系。

确定表达方案。螺杆属于轴类零件，主视图选择其轴线水平放置，符合加工位置原则。螺杆上的矩形螺纹应用局部放大图表示其牙型；螺杆右端的方榫宜用移出断面图表示其断面形状；左端锥销孔用局部剖视图表达。

绘制螺杆零件草图。

① 选定比例，布置图面，画基准线。

② 草绘主视图的外轮廓，绘制局部剖视图、移出断面图和局部放大图。

③ 选择尺寸基准，径向尺寸基准为螺杆轴线，轴向尺寸基准为轴环左端面。画出尺寸界限和尺寸线，如图 9-7 所示。

④ 集中测量零件尺寸并进行标注。螺杆直径尺寸的测量：用游标卡尺测量出各轴段直径尺寸，然后进行圆整，使其符合国家标准（GB/T 2822—2005）推荐的尺寸系列；螺杆长度尺寸的测量：长度尺寸一般为非功能尺寸，由钢直尺测出的数据圆整成整数即可。需要注意的是，长度尺寸要直接测量，不要用各轴段的长度累加计算总长。

⑤ 按规定线型徒手加深图线，注写技术要求，填写标题栏，最后做整体检查，如图 9-8 所示。

a. 确定尺寸公差　与固定钳座有配合关系的直径 $\phi12$ 和 $\phi18$ 处，宜采用较小的间隙配合，选择基孔制，为 $\phi12f7$ 和 $\phi18f7$，查阅附表 15 轴的极限偏差表得尺寸为 $\phi12_{-0.034}^{-0.016}$ 和 $\phi18_{-0.034}^{-0.016}$。

b. 确定几何精度　螺杆两端 $\phi12$ 和 $\phi18$ 圆柱的轴线应保证同轴度要求。

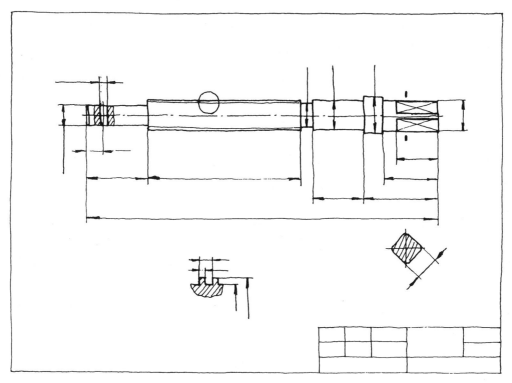

图 9-7　草绘螺杆零件图形并标注尺寸界限和尺寸线

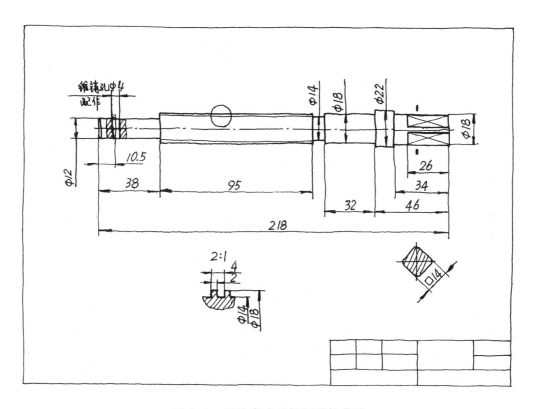

图 9-8　测绘完成的螺杆零件草图

c. 确定表面粗糙度　直径 $\phi12$ 和 $\phi18$ 处轴段的表面粗糙度要求最高，Ra 值取 $1.6\ \mu\mathrm{m}$，锥销孔表面取 $Ra1.6$，其余为 $Ra6.3$。

d. 确定材料和表面处理方法　材料为 45 钢（参阅有关材料和热处理资料）；热处理选取淬火，硬度 40~45HRC。

（2）固定钳座

固定钳座零件分析。固定钳座是机用虎钳中的底座，安装在机床工作台上。

确定表达方案。固定钳座属于箱体类零件，主视图以该零件工作位置和最能表达其形状特征及各部位相对位置的方向作为投射方向。固定钳座外形比较简单，内部结构相对较复杂，宜采用剖视图。俯视图反映零件的整体形状，其中用于固定钳口板的螺纹孔采用局部剖视表达；零件前后对称，左视图宜采用半剖视。三个视图已经能够清晰、完整地表达被测零件。

绘制固定钳座零件草图。

① 草绘固定钳座零件图形。

② 选择长、宽、高方向的尺寸基准，画出尺寸界限和尺寸线，如图 9-9 所示。长度方向尺寸基准：钳座右侧平面；宽度方向尺寸基准：前后对称平面；高度方向尺寸基准：与活动钳身配合的表面。

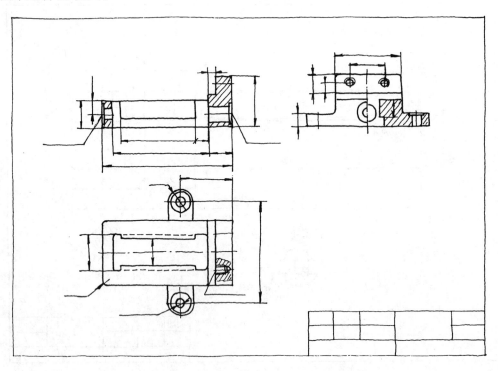

图 9-9　草绘固定钳座图形并标注尺寸界限和尺寸线

③ 集中测量零件尺寸并进行标注。

④ 按规定线型徒手加深图线，注写技术要求，填写标题栏，最后做整体检查，如图 9-10 所示。

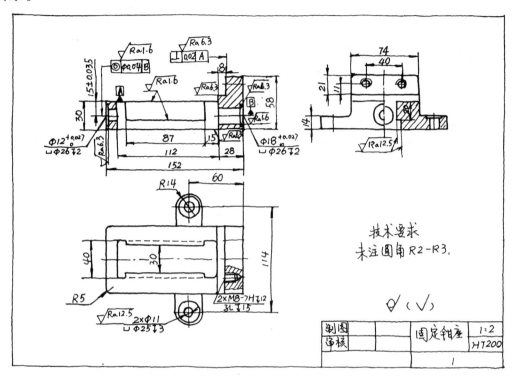

图 9-10　测绘完成的固定钳座零件图

a. 确定尺寸公差　左右两端 $\phi12$、$\phi18$ 孔与螺杆配合处采用基孔制，公差带代号为 H8，查阅附表 16 得尺寸为 $\phi12^{+0.027}_{0}$ 和 $\phi18^{+0.027}_{0}$；孔的定位尺寸 15 有精度要求，选取公差带代号为 js10，查得尺寸为 15 ± 0.035。

b. 确定几何精度　$\phi12^{+0.027}_{0}$ 和 $\phi18^{+0.027}_{0}$ 两孔要保证同轴度要求；与钳口板的配合面和固定钳座的水平基准面有垂直度要求。

c. 确定表面粗糙度　与活动钳身的配合面、与螺母块产生相对滑动的上下表面以及与螺杆配合的内孔表面要求最高，取 $Ra1.6$；与钳口板的配合面、钳座底面、$\phi12$ 和 $\phi18$ 沉孔处端平面表面均选取 $Ra6.3$；其余的加工表面为 $Ra12.5$。

其他零件测绘略，全部零件图如图 9-11 和图 9-12 所示。

3. 确定装配体表达方案

机用虎钳装配体用三个基本视图来表达，主视图按工作位置放置，采用全剖视图，反映机用虎钳的工作原理和零件间的配合关系；俯视图反映固定钳座的结构形状，并通过局部剖视图表达了钳口板与钳座连接的局部结构；左视图采用半剖视。采用一个表示单个零件的视图，反映钳口板的安装情况。

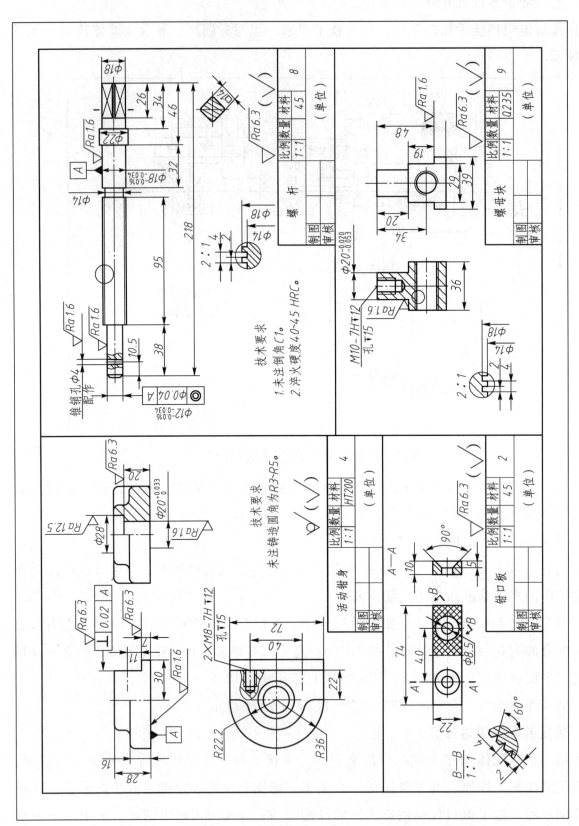

图 9-11 机用虎钳零件图（一）

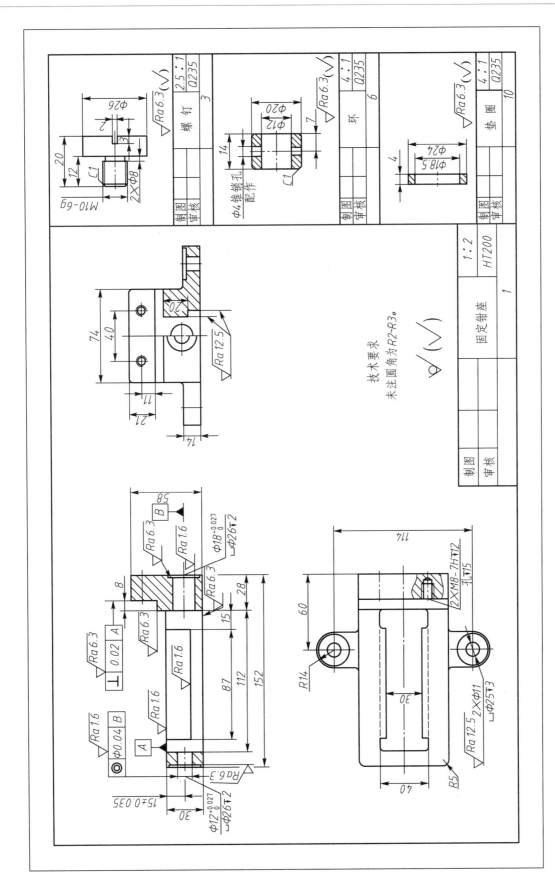

图 9-12 机用虎钳零件图（二）

4. 绘制装配图

（1）布置图面、画出基准线。根据装配体大小、视图数量确定图幅比例及幅面大小。

画出图框，定出标题栏和明细栏的位置。画出各视图的主要基准线。

（2）画出底稿。从主要装配干线入手，从外向内、自下而上地逐一画出每个零件，逐步完成该视图。几个基本视图要相互配合进行，均用细实线绘制。如图 9-13 所示。

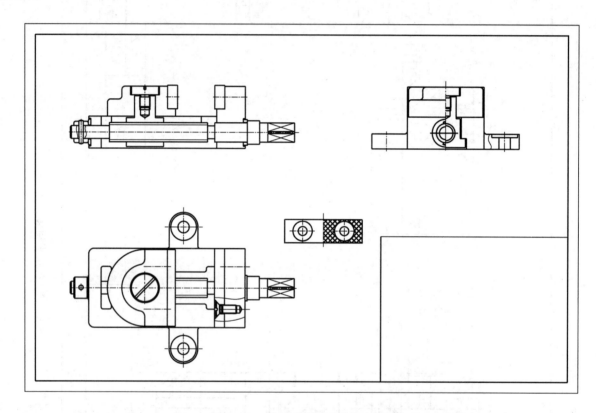

图 9-13　机用虎钳装配图（一）

（3）检查校核、描深、标注尺寸并编排零件序号。完成全部视图底稿后画出剖面线，如图 9-14 所示。标注尺寸，编排零件序号，填写标题栏、明细栏。注写技术要求。检查校核、描深、完成装配图。如图 9-15 所示。

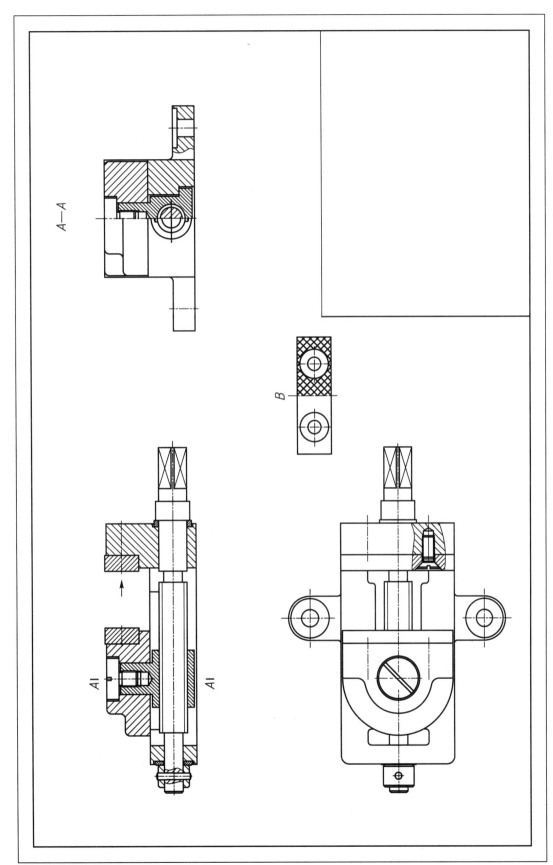

图 9-14 机用虎钳装配图（二）

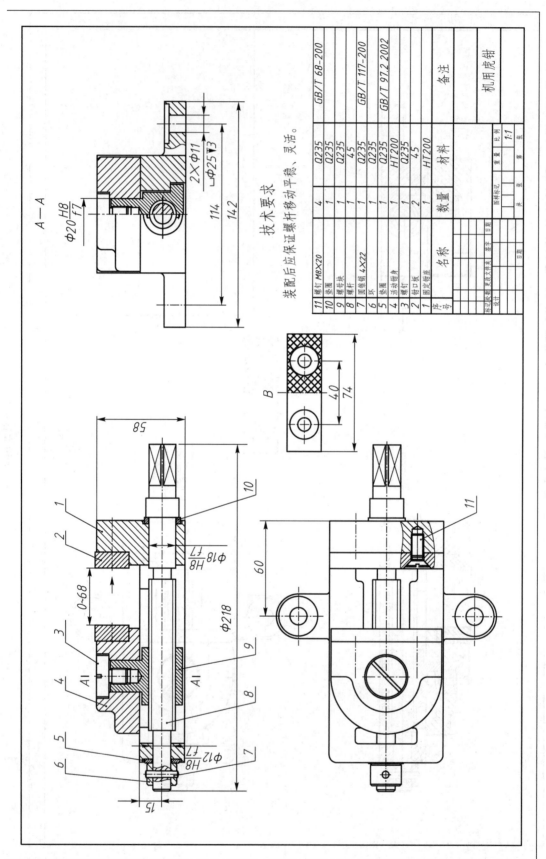

图 9-15　机用虎钳装配图

本 章 小 结

零部件的测绘就是依据实际零部件画出视图，测量其尺寸和确定技术要求。是理论与实际联系、学用结合，注重实践的重要环节。对工程技术人员而言，是一项非常重要的技能。

常用的长度测量工具有钢直尺，游标卡尺和内、外卡钳等；常用的角度测量工具有万能角度尺；常用的螺纹测量工具为螺纹规。

零部件测绘的主要步骤是：分析测绘对象→确定表达方案→绘制草图→测量实体→标注尺寸→确定技术要求→完成零件图或装配图

零部件测绘注意的问题有：

1. 有配合关系的尺寸，一般只测出其公称尺寸，其配合性质的公差等级应经过分析判断来确定，并从教材或有关手册中的公差与配合表查出其偏差值。

2. 零件上已标准化的工艺结构，如倒角、键槽、中心孔等，它们的结构尺寸应在有关手册上查阅相关标准来确定，不可标注该结构要素的实测尺寸。

3. 表面粗糙度的选取，应根据零件形体结构分析和各部分作用，用目测、感触或用粗糙度样块与原零件进行比对确定相应的参数值。配合面、定位面、密封面等重要表面的要求较高。

4. 零件图的技术要求，一般有这样几项：说明对毛坯的要求，如铸造后时效处理等；对材料和性能的要求，如热处理方法和硬度等；对加工零件的要求，如加工方法与精度等；对零件检验的要求如泵体类零件一般需经过加压试验等。装配图的技术要求，一般是指装配的方法与技术要求；检验和调试中的特殊要求和使用中的注意事项等。

思 考 题

1. 怎样测量和规范配合尺寸中的公称尺寸和极限偏差？

2. 零件草图与零件图有何异同？

3. 绘制零件图和装配图的视图选择有何异同？

4. 常用的测量工具有哪些？

5. 测绘装配体的主要方法和步骤是怎样的？

第十章

其他图样

本章主要介绍机械制造中经常用到的展开图和焊接图。

将钣金制件的表面按其真实形状和大小，依次连续地展开在一个平面上的作图方法，称为表面展开，展开所得到的图形称为表面展开图。焊接图是供焊接加工时所用的图样。

钣金制件和焊接件在造船、化工、冶金和汽车制造业中都有着广泛应用。掌握钣金制件的展开图和焊接图上焊缝符号表示法的读画是工程素质的重要组成部分。

第一节 展开图

在生产实践和实际生活中，常常会遇到金属薄板制件，如图 10-1a、b 所示的分离器和吸尘器。制造这类产品，一般是先在薄板上画出展开图，然后下料，再弯卷成型，最后将接缝处连接起来。把薄板制件的表面展开在一个平面上所得的图形，称为表面展开图。本节主要介绍三种展开方法。

一、平行线展开法

平行线展开法适用于棱柱和圆柱的表面展开。

圆柱的表面展开图，如图 10-2 所示。圆柱的表面展开图是一个矩形，高 H 即圆

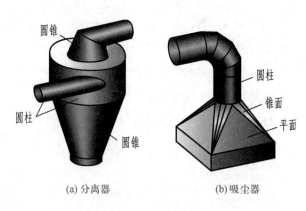

圆锥

圆柱

圆锥

圆柱

锥面

平面

(a) 分离器　　　　　　　(b) 吸尘器

图 10-1　薄板制件

柱的高度，长是圆柱的底圆周长。

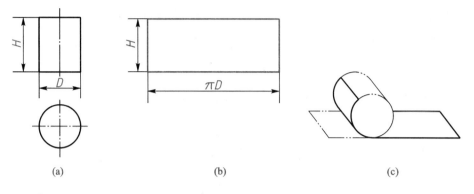

图 10-2　圆柱的表面展开图

如果圆柱的上底面与轴线不垂直，则可根据表面点的投影方法，找出数个点，然后圆滑地连成曲线。常见的直角弯头是两个圆筒交成直角，每个圆筒的截平面与轴线成 45°，如图 10-3 所示。

例 10-1　将图 10-3 所示的斜口圆筒表面展开。

解　由于圆筒表面的每根素线都与轴线平行并垂直于底圆，所以可以用平行线法作图。

作图步骤(图 10-4)：

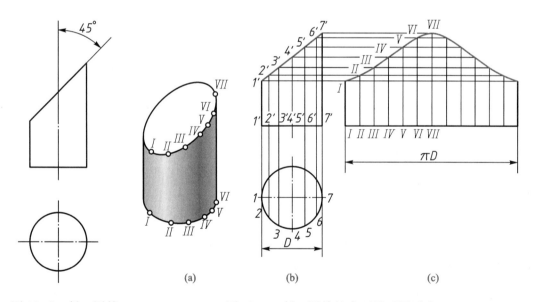

图 10-3　斜口圆筒　　　　图 10-4　斜口圆筒的表面展开图画法

（1）先将底圆分成若干等分（将圆周 12 等分），得分点 *1*、*2*、*3*、…、*7*；过各分点在主视图上作相应的素线 *1′1′*、*2′2′*、*3′3′*、…、*7′7′*。

（2）将底圆在左视图位置展成一条直线，其长度等于 πD，然后将其 12 等分，得分点 Ⅰ、Ⅱ、Ⅲ、…、Ⅶ。

（3）根据投影关系，主视图上的 *1'1'* 应该与表面展开图 Ⅰ Ⅰ 高平齐，*2'2'* 与 Ⅱ Ⅱ 高平齐……*7'7'* 与 Ⅶ Ⅶ 高平齐。这样就求得了展开图中的点 Ⅰ、Ⅱ、…、Ⅶ。

（4）依次圆滑地连接各点，就得到了前半面圆筒的表面展开图。然后可以根据对称性（对称中心线为 Ⅶ Ⅶ）将圆筒的后半面表面展开。

另外，如果圆筒体需要焊接，下料时应注意留出焊缝空隙，若是薄铁皮卷边连接，则要注意留出一定的余量。

例 10-2 将图 10-5a 所示的直角弯头表面展开。

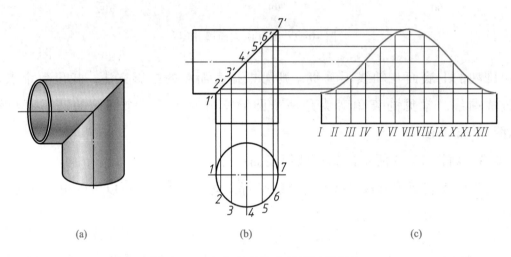

图 10-5 直角弯头的表面展开图画法

解 图 10-5 所示是一个两节直径相等的直角弯头。它相当于两个斜口圆筒的组合。所以一个直角弯头的表面展开图实际上就是两个斜口圆筒的表面展开图。其作法同 45°斜口圆筒的表面展开画法。作一个组合的弯头时，可下两块同样大小的料，但需注意接口的部位要留出一定的余量。

二、放射线展开法

放射线展开法适用于圆锥的制件，如锥管类工件。

例 10-3 作正圆锥的表面展开图（图 10-6）。

解 如图 10-6 所示的正圆锥，它的表面展开图是一个扇形。该扇形的半径等于主视图中轮廓素线 *s'7'* 的实长，而扇形的弧长则等于俯视图上的圆周长 πD。

作图步骤：

（1）画出正圆锥的主、俯视图，如图 10-6 所示。

（2）将俯视图的圆周分成 12 等分，按投影关系在主视图上找出 *1*、*2*、*3*、…、*7* 的对应投影 *1'*、*2'*、*3'*、…、*7'*。过锥顶连接 *1's'*、*2's'*、*3's'*、…、*7's'*，其中 *s'7*、*s'1* 反映素线的实长。

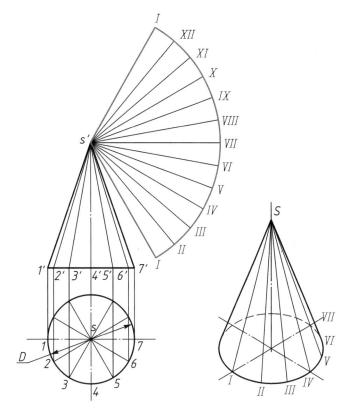

图 10-6 作正圆锥的表面展开图

（3）以 s' 为圆心，以 $s'7'$ 长为半径画圆弧，然后近似地以弦长代替弧长，在圆弧上量取 Ⅰ Ⅱ、Ⅱ Ⅲ、…、ⅫⅠ 等 12 段弦长，使其均等于底圆上两相邻等分点之间的距离；最后，连接两起、止线 s' Ⅰ，得一扇形，即为正圆锥的表面展开图。

例 10-4 作正棱锥的表面展开图（图 10-7）。

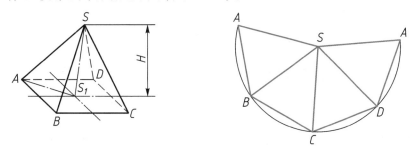

图 10-7 作正棱锥的表面展开图

解 如图 10-7 所示，由于正棱锥的棱线有汇聚点 S，因此以 S 为中心将棱锥依次翻转开来，即可得到表面展开图。

作图步骤：

（1）棱线长度 AS 可按下式计算：

$$AS = \sqrt{H^2 + (AS_1)^2}$$

式中：H——正棱锥的高；

　　　AS_1——棱线底端点到正 n 边形中心的长度。

（2）取棱锥棱线长 $\overline{AS}$ 为半径，以 S 为中心画圆弧。

（3）以棱锥的底边长为弦，在圆弧上依次截取数次（此四棱锥截取 4 次），用直线连接所截各点，可得棱锥的表面展开图。

三、三角形展开法

三角形展开法适用于平面锥体和不规则变形接头等制件的表面展开。运用三角形展开法应先掌握用直角三角形法求直线的实长。

1. 用直角三角形法求直线的实长

前面讲过的一般位置直线，其投影不能反映直线的实长。现分析直线和它的投影之间的关系，以寻找图解法求实长的方法，如图 10-8 所示。

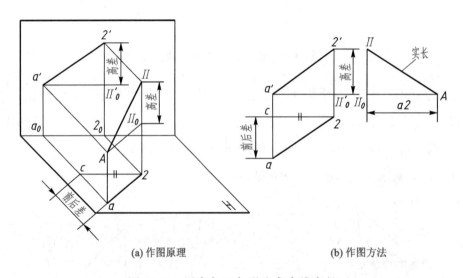

(a) 作图原理　　　　　　　　　　　　　　(b) 作图方法

图 10-8　用直角三角形法求直线实长

在一般位置直线 $A\,II$ 及其水平投影 $a2$ 所决定的铅垂面 $A\,II\,2a$ 内，作 $A\,II_0 /\!/ a2$，则 $\triangle A\,II_0\,II$ 为一个直角三角形。可见，求直线 $A\,II$ 实长的问题可以归结为作出直角三角形 $A\,II_0\,II$ 的全等三角形问题。直角三角形一直角边 $A\,II_0 = a2$，另一直角边 $II\,II_0$ 等于点 II 和点 A 的高度差，它们可以从直线的投影图中量得。因此用直线的水平投影（$a2$）和两点的高度差（$II\,II_0$）为两直角边画出直角三角形 $A\,II_0\,II$ 的全等三角形，就可求出直线 $A\,II$ 的实长。

根据以上分析，依据直线的两面投影求实长的作图方法如图 10-8b 所示。

（1）在适当位置作直角 $\triangle a' \mathbb{I}'_0 2'$，长度从投影图中量取，在适当位置作 $A\mathbb{I}$ 的 H 面投影 $a2$，其中 $c2 /\!/ a'\mathbb{I}'_0$，$ac = aa_0 - 22_0$。

（2）在适当位置作直角三角形，$\mathbb{I}\mathbb{I}_0 = 2'\mathbb{I}'_0$，$\mathbb{I}_0 A = a2$，连接 $\mathbb{I}$、A，即为直线的实长。

2. 用三角形展开法作棱锥台和不规则变形接头的表面展开图。

例 10-5 图 10-9 是正四棱锥台管的投影图和轴测图。图中下底边长度为 a，上底边长度为 b，高为 h，作四棱台锥管的表面展开图。

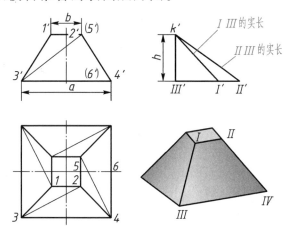

图 10-9　正四棱锥台管的投影图、轴测图

分析　该正四棱锥台管的表面由四个相同的等腰梯形所组成，但这四个等腰梯形由于都不平行于基本投影面（H、V、W），所以在主、俯视图上都没有反映出真实形状。要想解决作表面展开图的问题，就得求出等腰梯形的实形。为此，首先把等腰梯形的两对角连一条线，使一个梯形变成两个三角形，如图 10-9 所示。求出两个三角形各边实长，便可作出等腰梯形，从而作出表面展开图。

由图 10-9 可知，$\triangle \mathbb{I}\mathbb{I}\mathbb{II}$ 的 $\mathbb{I}\mathbb{I}$ 边是侧垂线，因此投影 12 和 $1'2'$ 都反映实长。只要把 $\mathbb{I}\mathbb{II}$、$\mathbb{II}\mathbb{II}$ 两边的实长求出，即可作出三角形之实形。

解　用直角三角形法，求 $\mathbb{I}\mathbb{II}$ 边的实长，在图 10-9 的主视图右侧截取 $k'\mathbb{II}' = h$，由点 $\mathbb{II}'$ 截取 $\mathbb{II}'\mathbb{I}' = 31$，连接 $k'\mathbb{I}'$，便是 $\mathbb{I}\mathbb{II}$ 边的实长。用同样的方法求出 $\mathbb{II}\mathbb{II}$ 边的实长。

表面展开图的作图方法：用已知的三边作出 $\triangle \mathbb{I}\mathbb{II}\mathbb{II}$，再用同样的方法，以 $\mathbb{II}\mathbb{II}$ 边为已知边，作出 $\triangle \mathbb{II}\mathbb{II}\mathbb{IV}$，即可得梯形 $\mathbb{I}\mathbb{II}\mathbb{II}\mathbb{IV}$ 之实形。连续进行三角形作图，即可得到正四棱锥台管的表面展开图，如图 10-10 所示。

例 10-6　作上圆下方变形接头的表面展开图（图 10-11）。

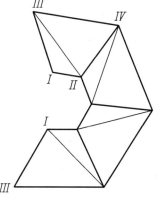

图 10-10　利用三角形法作正四棱锥台管的表面展开图

解 图 10-11 所示的上圆下方变形接头的表面，由四个等腰三角形和四个四分之一斜圆锥面组成。

投影分析：画展开图时，对于等腰三角形，它的底边在投影图上反映实长，因此只要设法求出等腰三角形的两腰实长即可。对于斜圆锥面，可将它近似地分成若干小三角形（图中分成四个三角形），然后求出各个小三角形的实形。将这些等腰三角形和小三角形的实形依次画在一起，即得接头的展开图。

作图步骤：

（1）用直角三角形法求出等腰三角形两腰和各个小三角形的两边的实长，在图 10-11a 的主视图右侧截取 $R\,\mathrm{I} = h$，由 I 点截取 $\mathrm{I}\,a_1 = 1a$，连接 Ra_1，便是 $A\,\mathrm{I}$ 的实长。用同样的方法可求得 $B\,\mathrm{I}$、$C\,\mathrm{I}$ 的实长 Rb_1 和 Rc_1（$E\,\mathrm{I}$、$D\,\mathrm{I}$ 的实长分别等于 $A\,\mathrm{I}$、$B\,\mathrm{I}$ 的实长）。

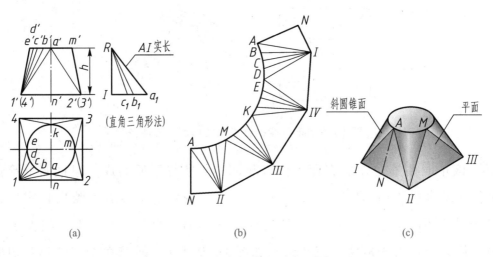

(a)　　　　　　　　　(b)　　　　　　　　　(c)

图 10-11　上圆下方变形接头的表面展开图画法

（2）作 $\mathrm{I}\,\mathrm{IV} = 14$，分别以 I、IV 为圆心，以 Ra_1 为半径作弧，交于点 E。再分别以 I、E 为圆心，Rb_1、$\overset{\frown}{ED}$ 为半径作弧交于点 D。以此类推，依次求出各小三角形的顶点 C、B、A。然后光滑连接各点 A、B、C、D、E，即得一个等腰三角形和一个四分之一锥面的展开图，如图 10-11b 所示。

（3）用同样方法作出其他表面的展开图，依次排列即得整个接头的表面展开图（为了方便下料，图 10-11c 中将等腰三角形 $\mathrm{I}\,A\,\mathrm{II}$ 分成两个相等的直角三角形）。

第二节　焊接图

焊接图是供焊接加工时所用的图样。这种图样要求把零件或构件的全部结构形状、尺寸和技术要求都表达得完整、清晰。本节简要介绍图样上的焊缝符号表示法（GB/T 324—2008）。

一、焊缝符号

1. 基本符号

基本符号是表示焊缝横截面形状的符号，见表 10-1。

表 10-1 常用焊缝的基本符号

序 号	名 称	示 意 图	符 号
1	I 形焊缝		‖
2	V 形焊缝		V
3	单边 V 形焊缝		V
4	带钝边 V 形焊缝		Y
5	角焊缝	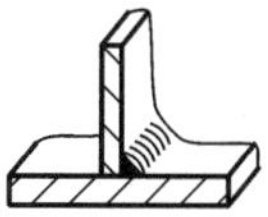	△
6	塞焊缝或槽焊缝	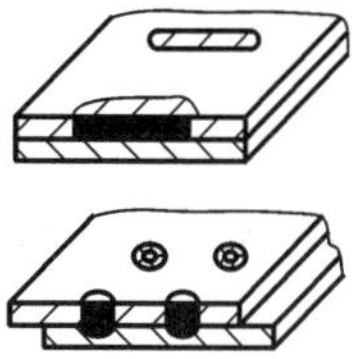	⊓
7	点焊缝	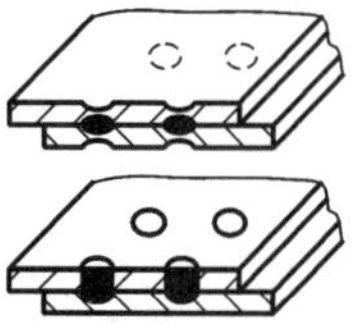	○

2. 辅助符号

辅助符号是表示焊缝表面形状特征的符号，见表 10-2。

表 10-2 辅 助 符 号

序号	名 称	示 意 图	符 号	说 明
1	平面符号		—	焊缝表面齐平（一般通过加工）

序号	名　称	示　意　图	符　号	说　明
2	凹面符号		⌣	焊缝表面凹陷
3	凸面符号		⌢	焊缝表面凸起

不需要确切地说明焊缝的表面形状时，可以不用辅助符号。辅助符号的应用示例见表10-3。

表 10-3　辅助符号的应用示例

名　称	示　意　图	符　号
平面 V 形对接焊缝		$\overline{\bigvee}$
凸面 X 形对接焊缝		$\bigtimes$
凹面角焊缝		⌒△
平面封底 V 形焊缝		$\underline{\vee}$

3. 补充符号

补充符号是为了补充说明焊缝的某些特征而采用的符号，见表 10-4。补充符号的应用示例见表 10-5。

表 10-4　补　充　符　号

序号	名　称	示　意　图	符　号	说　明
1	带垫板符号		▭	表示焊缝底部有垫板
2	三面焊缝符号		⊏	表示三面带有焊缝
3	周围焊缝符号		○	表示环绕工件周围焊缝
4	现场符号		⚑	表示在现场或工地上进行焊接

续表

序号	名 称	示 意 图	符 号	说 明
5	尾部符号		 <	可以参照 GB/T 5185 标注焊接工艺方法等内容

表 10-5   补充符号的应用示例

示 意 图	标 注 示 例	说 明
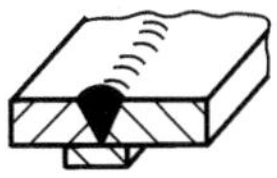	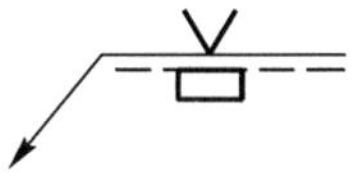	表示 V 形焊缝的背面底部有垫板
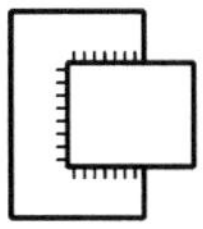	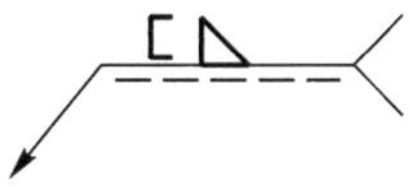	工件三面带有焊缝，焊接方法为手工电弧焊
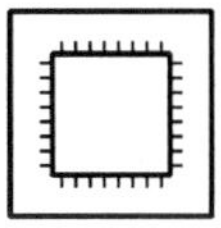	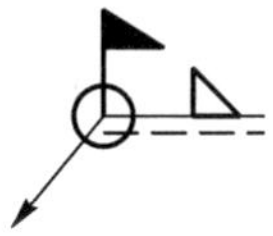	表示在现场沿工件周围施焊

二、符号在图样上的位置

1. 基本要求

完整的焊缝表示方法除了上述基本符号、辅助符号、补充符号以外，还包括指引线、一些尺寸符号及数据。

指引线一般由带有箭头的指引线（简称箭头线）和两条基准线（一条为细实线，另一条为细虚线）两部分组成，如图 10-12 所示。

2. 箭头线和接头的关系

箭头线和接头的关系有以下两种（图 10-13）：

（1）焊缝在接头的箭头侧；

（2）焊缝在接头的非箭头侧。

271

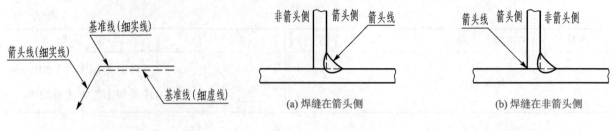

图 10-12 指引线　　　　　　　图 10-13 带单角焊缝的 T 形接头

3. 基本符号相对基准线的位置

（1）如果焊缝在接头的箭头侧，则将基本符号标在基准线的实线侧，如图 10-14a 所示；

（2）如果焊缝在接头的非箭头侧，则将基本符号标在基准线的虚线侧，如图 10-14b 所示；

（3）标对称焊缝及双面焊缝时，可不加虚线，如图 10-14c、d 所示。

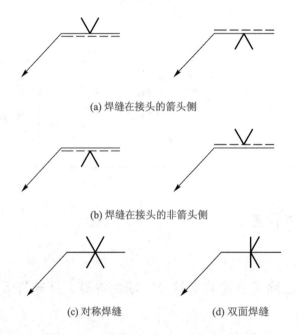

(a) 焊缝在接头的箭头侧

(b) 焊缝在接头的非箭头侧

(c) 对称焊缝　　　　　　　(d) 双面焊缝

图 10-14 基本符号相对基准线的位置

三、焊缝尺寸符号及其标注位置

（1）基本符号必要时可附带有尺寸符号及数据，这些尺寸符号见表 10-6。

（2）焊缝尺寸的标注示例见表 10-7。

四、符号应用举例

符号应用举例见表 10-8。

表 10-6 焊缝尺寸符号

符号	名 称	示 意 图	符号	名 称	示 意 图
δ	工件厚度	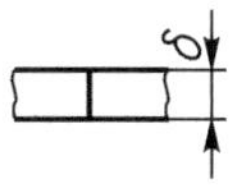	e	焊缝间距	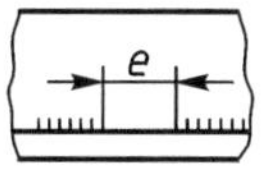
α	坡口角度	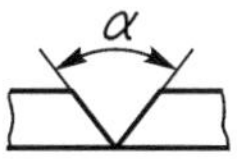	K	焊角尺寸	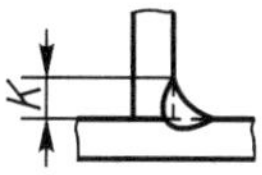
b	根部间隙	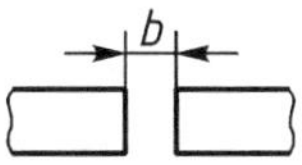	d	熔核直径	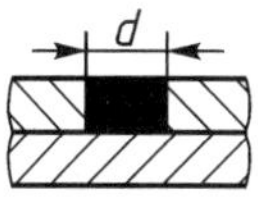
p	钝边	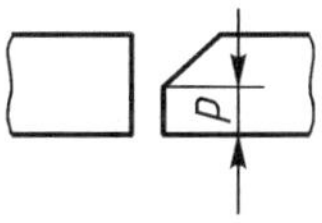	S	焊缝有效厚度	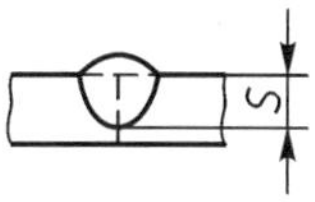
c	焊缝宽度	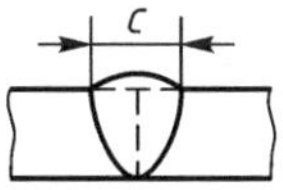	N	相同焊缝数量符号	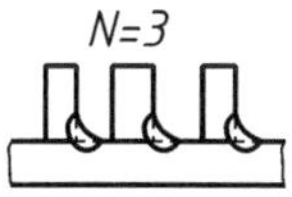
R	根部半径	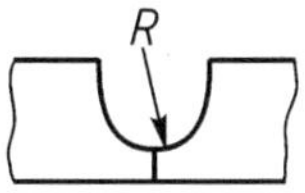	H	坡口深度	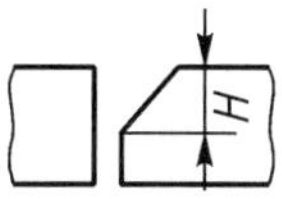
l	焊缝长度	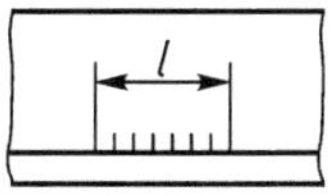	h	余高	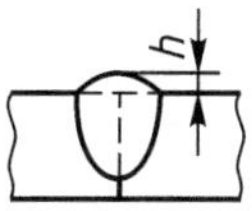
n	焊缝段数	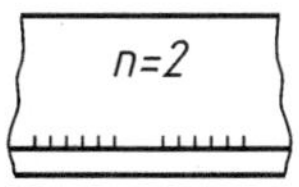	β	坡口面角度	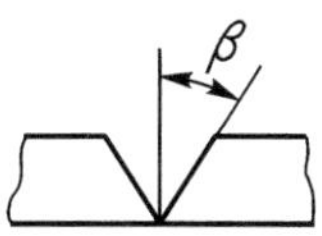

273

表 10-7 焊缝尺寸的标注示例

序号	名称	示意图	焊缝尺寸符号	示例
1	对接焊缝		S：焊缝有效厚度	$S\curlyvee$ $S\parallel$ $S\vee$
2	连续角焊缝		K：焊角尺寸	$K\triangle$
3	断续角焊缝		l：焊缝长度（不计弧坑） e：焊缝间距 n：焊缝段数	$K\triangle n\times l(e)$
4	交错断续角焊缝		$\left.\begin{array}{l}l \\ e \\ n\end{array}\right\}$见序号3 K：见序号2	$\dfrac{K\triangleright\; n\times l}{K\triangleright\; n\times l}\;\dfrac{(e)}{(e)}$
5	塞焊缝或槽焊缝		$\left.\begin{array}{l}l \\ e \\ n\end{array}\right\}$见序号3 c：槽宽 $\left.\begin{array}{l}n \\ e\end{array}\right\}$见序号3 d：孔的直径	$c\sqcap n\times l(e)$ $d\sqcap n\times l(e)$
6	缝焊缝		$\left.\begin{array}{l}l \\ e \\ n\end{array}\right\}$见序号3 c：焊缝宽度	$c\ominus n\times l(e)$
7	点焊缝		n：见序号3 e：间距 d：焊点直径	$d\bigcirc n\times(e)$

表 10-8 符号应用举例

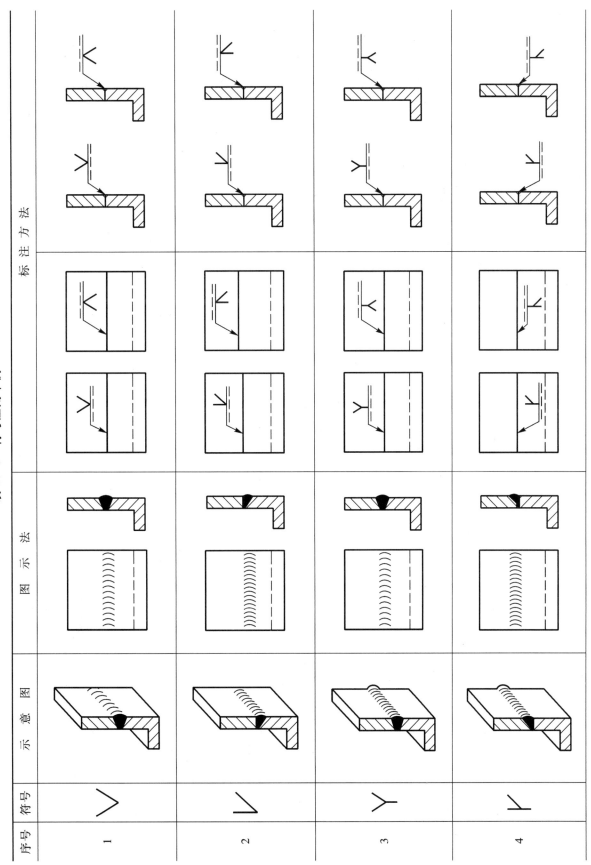

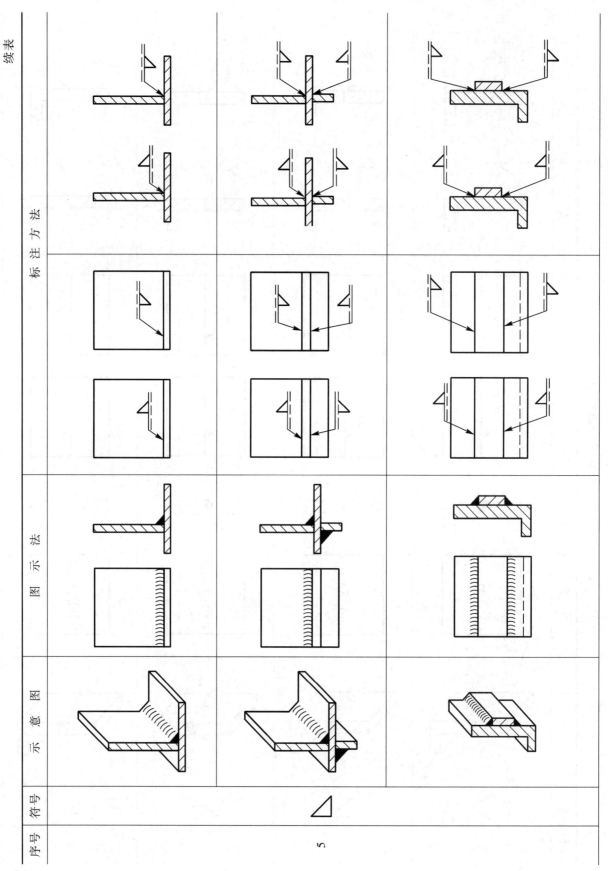

续表

序号	符号	示 意 图	图 示 法	标 注 方 法
6	双面 ‖			
7	双面 ∨			
8				

本章小结

1. 展开图

展开图的作图方法有平行线法、放射线法、三角形法等。

这几种方法的适用范围为：

（1）一端或两端带有斜口圆柱的展开图适用于平行线法。

（2）圆锥或圆锥台的展开图适用于平行线法或放射线法。

（3）棱锥或棱锥台的展开图适用于三角形法。

2. 焊接图

在图样上焊缝一般由焊缝符号表示。焊缝符号一般由基本符号与指引线组成，必要时还可以加上辅助符号、补充符号和焊缝尺寸符号。

思 考 题

1. 展开图的常用作图法有哪几种？适用范围各是什么？

2. 焊缝的常用基本符号是什么？

附　　录

一、螺纹

附表 1　普通螺纹（摘自 GB/T 193—2003、GB/T 196—2003）

标 记 示 例

普通粗牙螺纹，公称直径 10 mm，中径公差带代号 5 g，顶径公差带代号 6 g，中等旋合长度标记为：M10-5 g 6 g

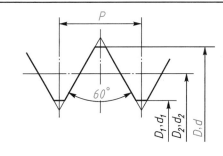

mm

公称直径 D、d		螺距 P		粗牙小径 D_1、d_1	公称直径 D、d		螺距 P		粗牙小径 D_1、d_1
第一系列	第二系列	粗牙	细牙		第一系列	第二系列	粗牙	细牙	
3		0.5	0.35	2.459	20		2.5	2、1.5、1	17.294
	3.5	0.6		2.850		22	2.5		19.294
4		0.7	0.5	3.242	24		3		20.752
	4.5	0.75		3.688		27	3		23.752
5		0.8		4.134	30		3.5	（3）、2、1.5、1	26.211
6		1	0.75	4.917		33	3.5	（3）、2、1.5	29.211
	7	1		5.917	36		4	3、2、1.5	31.670
8		1.25	1、0.75	6.647		39	4		34.670
10		1.5	1.25、1、0.75	8.376	42		4.5	4、3、2、1.5	37.129
12		1.75	1.25、1	10.106		45	4.5		40.129
	14	2	1.5、1.25、1	11.835	48		5		42.587
16		2	1.5、1	13.835		52	5		46.587
	18	2.5	2、1.5、1	15.294	56		5.5		50.046

注：1. 优先选用第一系列，括号内尺寸尽可能不用。第三系列未列入。

　　2. M14×1.25 仅用于发动机的火花塞。

附表 2　55°非密封管螺纹（摘自 GB/T 7307—2001）　　　　mm

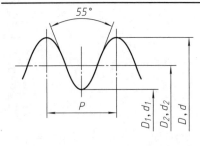

标记示例：

G3/4 LH

（55°非密封管螺纹，尺寸代号为 3/4、左旋）

尺寸代号	每 25.4 mm 内所包含的牙数 n	螺距 P	基本直径	
			大径 D、d	小径 D_1、d_1
3/8	19	1.337	16.662	14.950
1/2	14	1.814	20.955	18.631
1	11	2.309	33.249	30.291
1½	11	2.309	47.803	44.845
2	11	2.309	59.614	56.656
2½	11	2.309	75.184	72.226
3	11	2.309	87.884	84.926

附表 3　梯形螺纹直径与螺距系列、公称尺寸
（GB/T 5796.2—2005、GB/T 5796.3—2005、GB/T 5796.4—2005）

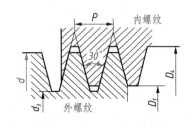

标记示例

公称直径 28 mm、螺距 5 mm、中径公差带代号为 7H 的单线右旋梯形内螺纹，其标记为：Tr28×5-7H

公称直径 28 mm、导程 10 mm、螺距 5 mm、中径公差带代号为 8e 的双线左旋梯形外螺纹，其标记为：Tr28×10（P5）LH-8e

内外螺纹旋合所组成的螺纹副的标记为：Tr24×8-7H/8e

公称直径 d		螺距	大径	小径		公称直径 d		螺距	大径	小径	
第一系列	第二系列	P	D_4	d_3	D_1	第一系列	第二系列	P	D_4	d_3	D_1
16		2	16.50	13.50	14.00		22	3	22.50	18.50	19.00
		④		11.50	12.00			⑤		16.50	17.00
	18	2	18.50	15.50	16.00	24		8	23.00	13.00	14.00
		④		13.50	14.00			3	24.50	20.50	21.00
20		2	20.50	17.50	18.00			⑤		18.50	19.00
		④		15.50	16.00			8	25.00	15.00	16.00

注：1. 螺纹公差带代号：外螺纹有 9c、8c、8e、7e；内螺纹有 9H、8H、7H。

　　2. 优先选用圆圈内的螺距。

二、螺栓

附表 4　六角头螺栓（摘自 GB/T 5782—2016、GB/T 5783—2016）

六角头螺栓（GB/T 5782—2016）　　　　　六角头螺栓　全螺纹（GB/T 5783—2016）

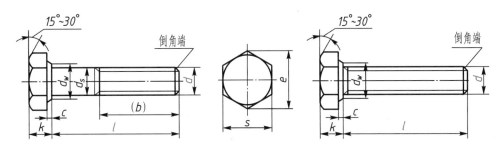

标 记 示 例

螺纹规格 d＝M12、公称长度 l＝80 mm、性能等级为 8.8 级、表面氧化、产品等级为 A 级的六角头螺栓：

螺栓　GB/T 5782　M12×80

螺纹规格 d＝M12、公称长度 l＝80 mm、性能等级为 8.8 级、表面氧化、全螺纹、产品等级为 A 级的

六角头螺栓：螺栓　GB/T 5783　M12×80

mm

螺纹规格	d	M4	M5	M6	M8	M10	M12	M16	M20	M24	M30	M36	M42	M48
b 参考	$l \leq 125$	14	16	18	22	26	30	38	46	54	66	—	—	—
	$125 < l \leq 200$	20	22	24	28	32	36	44	52	60	72	84	96	108
	$l > 200$	33	35	37	41	45	49	57	65	73	85	97	109	121
c max		0.4	0.5		0.6			0.8				1		
k max	A	2.925	3.65	4.15	5.45	6.58	7.68	10.18	12.715	15.215	—	—	—	—
	B	3	3.74	4.24	5.54	6.69	7.79	10.29	12.85	15.35	19.12	22.92	26.42	30.42
d_s max		4	5	6	8	10	12	16	20	24	30	36	42	48
s max		7	8	10	13	16	18	24	30	36	46	55	65	75
e min	A	7.66	8.79	11.05	14.38	17.77	20.03	26.75	33.53	39.98	—	—	—	—
	B	7.50	8.63	10.89	14.2	17.59	19.85	26.17	32.95	39.55	50.85	60.79	71.3	82.6
d_w min	A	5.88	6.88	8.88	11.63	14.63	16.63	22.49	28.19	33.61	—	—	—	—
	B	5.74	6.74	8.74	11.47	14.47	16.47	22	27.7	33.25	42.75	51.11	59.95	69.45
l 范围	GB/T 5782	25~40	25~50	30~60	40~80	45~100	50~120	65~160	80~200	90~240	110~300	140~360	160~440	180~480
	GB/T 5783	8~40	10~50	12~60	16~80	20~100	25~120	30~150	40~150	50~150	60~200	70~200	80~200	100~200
l 系列	GB/T 5782	20~65（5 进位）、70~160（10 进位）、180~500（20 进位）												
	GB/T 5783	8、10、12、16、20~65（5 进位）、70~160（10 进位）、180、200												

注：1. P——螺距。末端应倒角，对螺纹规格 $d \leq$ M4 为辗制末端（GB/T 2）。

　　2. 螺纹公差带：6 g。

　　3. 产品等级：A 级用于 d＝1.6~24 mm 和 $l \leq 10d$ 或 ≤ 150 mm（按较小值）；

　　B 级用于 $d >$ 24 mm 或 $l < 10d$ 或 > 150 mm（按较小值）的螺栓。

三、螺柱

附表5　双头螺柱(摘自 GB/T 897～900—1988)

$b_m = 1d$　GB/T 897—1988　　$b_m = 1.25d$　GB/T 898—1988　　$b_m = 1.5d$　GB/T 899—1988　　$b_m = 2d$　GB/T 900—1988

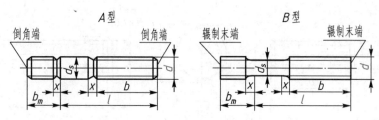

标记示例

两端均为粗牙普通螺纹，$d = 10$ mm，$l = 50$ mm，性能等级为4.8级，B 型，$b_m = 1d$：螺柱　GB/T 897 M10×50

旋入一端为粗牙普通螺纹，旋螺母一端为螺距 $P = 1$ mm 的细牙普通螺纹，$d = 10$ mm，$l = 50$ mm，性能等级为4.8级，A 型，$b_m = 1d$：螺柱　GB/T 897　AM10-M10×1×50

旋入一端为过渡配合的第一种配合，旋螺母一端为粗牙普通螺纹，$d = 10$ mm，$l = 50$ mm，性能等级为8.8级，B 型，$b_m = 1d$：螺柱　GB/T 897　GM10-M10×50-8.8

mm

螺纹规格 d		M5	M6	M8	M10	M12	M16	M20	M24	M30	M36	M42	M48
b_m	GB/T 897	5	6	8	10	12	16	20	24	30	36	42	48
	GB/T 898	6	8	10	12	15	20	25	30	38	45	52	60
	GB/T 899	8	10	12	15	18	24	30	36	45	54	63	72
	GB/T 900	10	12	16	20	24	32	40	48	60	72	84	96
d_s		5	6	8	10	12	16	20	24	30	36	42	48
X		1.5P	1.5P	1.5P	1.5P	1.5P	1.5P	1.5P	1.5P	1.5P	1.5P	1.5P	1.5P
$\dfrac{l}{b}$		$\dfrac{16\sim22}{10}$	$\dfrac{20\sim22}{10}$	$\dfrac{20\sim22}{12}$	$\dfrac{25\sim28}{14}$	$\dfrac{25\sim30}{16}$	$\dfrac{30\sim38}{20}$	$\dfrac{35\sim40}{25}$	$\dfrac{45\sim50}{30}$	$\dfrac{60\sim65}{40}$	$\dfrac{65\sim75}{45}$	$\dfrac{70\sim80}{50}$	$\dfrac{80\sim90}{60}$
		$\dfrac{25\sim50}{16}$	$\dfrac{25\sim30}{14}$	$\dfrac{25\sim30}{16}$	$\dfrac{30\sim38}{16}$	$\dfrac{32\sim40}{20}$	$\dfrac{40\sim55}{30}$	$\dfrac{45\sim65}{35}$	$\dfrac{55\sim75}{45}$	$\dfrac{70\sim90}{50}$	$\dfrac{80\sim110}{60}$	$\dfrac{85\sim110}{70}$	$\dfrac{95\sim110}{80}$
			$\dfrac{32\sim75}{18}$	$\dfrac{32\sim90}{22}$	$\dfrac{40\sim120}{26}$	$\dfrac{45\sim120}{30}$	$\dfrac{60\sim120}{38}$	$\dfrac{70\sim120}{46}$	$\dfrac{80\sim120}{54}$	$\dfrac{95\sim120}{60}$	$\dfrac{120}{78}$	$\dfrac{120}{90}$	$\dfrac{120}{102}$
					$\dfrac{130}{32}$	$\dfrac{130\sim180}{36}$	$\dfrac{130\sim200}{44}$	$\dfrac{130\sim200}{52}$	$\dfrac{130\sim200}{60}$	$\dfrac{130\sim200}{72}$	$\dfrac{130\sim200}{84}$	$\dfrac{130\sim200}{96}$	$\dfrac{130\sim200}{108}$
										$\dfrac{210\sim250}{85}$	$\dfrac{210\sim300}{97}$	$\dfrac{210\sim300}{109}$	$\dfrac{210\sim300}{121}$
l(系列)		16、(18)、20、(22)、25、(28)、30、(32)、35、(38)、40、45、50、(55)、60、(65)、70、(75)、80、(85)、90、(95)、100、110、120、130、140、150、160、170、180、190、200、210、220、230、240、250、260、280、300											

注：1. 括号内的规格尽可能不采用。
　　2. P 为螺距。
　　3. $d_s \approx$ 螺纹中径(仅适用于 B 型)。

282

四、螺母

附表6　六角螺母（摘自 GB/T 6170—2015、GB/T 41—2000）

1型六角螺母（GB/T 6170—2015）　　六角螺母　C 级（GB/T 41—2000）

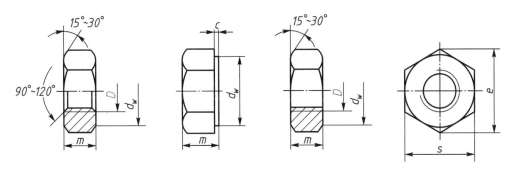

标　记　示　例

螺纹规格 D ＝M12、性能等级为10级、不经表面处理、产品等级为 A 级的1型六角螺母：

螺母　GB/T 6170　M12

螺纹规格 D ＝M12、性能等级为5级、不经表面处理、产品等级为 C 级的六角螺母：

螺母　GB/T 41　M12

mm

283

螺纹规格 D		M4	M5	M6	M8	M10	M12	M16	M20	M24	M30	M36	M42	M48
c max		0.4	0.5		0.6			0.8					1	
s 公称＝max		7	8	10	13	16	18	24	30	36	46	55	65	75
e min	A、B级	7.66	8.79	11.05	14.38	17.77	20.03	26.75	32.95	39.55	50.85	60.79	71.3	82.6
	C级	—	8.63	10.89	14.2	17.59	19.85	26.17	32.95	39.55	50.85	60.79	71.3	82.6
m max	A、B级	3.2	4.7	5.2	6.8	8.4	10.8	14.8	18	21.5	25.6	31	34	38
	C级	—	5.6	6.4	7.9	9.5	12.2	15.9	19.0	22.3	26.4	31.9	34.9	38.9
d_w min	A、B级	5.9	6.9	8.9	11.6	14.6	16.6	22.5	27.7	33.3	42.8	51.1	60	69.5
	C级	—	6.7	8.7	11.5	14.5	16.5	22	27.7	33.3	42.8	51.1	60	69.5

注：1. A 级用于 $D \leqslant 16$ mm 的1型六角螺母；B 级用于 $D > 16$ mm 的1型六角螺母；C 级用于螺纹规格为 M5～M64 的六角螺母。

　　2. 螺纹公差：A、B 级为6H，C 级为7H；性能等级：A、B 级为6、8、10级（钢），A2-50、A2-70、A4-50、A4-70级（不锈钢），CU2、CU3、AL4级（有色金属）；C 级为4、5级。

五、垫圈

附表 7　平垫圈（摘自 GB/T 97.1~97.2—2002）

平垫圈　A 级（GB/T 97.1—2002）　　　平垫圈　倒角型　A 级（GB/T 97.2—2002）

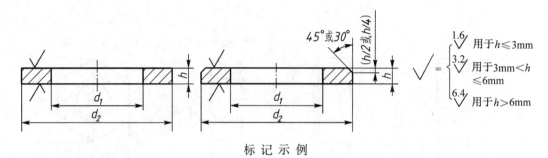

标 记 示 例

标准系列、公称尺寸 $d=8$ mm、性能等级为 140HV 级、不经表面处理的平垫圈：

　　垫圈　GB/T 97.1　8

mm

公称规格	内径 d_1		外径 d_2		厚度 h		
（螺纹大径 d）	公称（min）	max	公称（max）	min	公称	max	min
1.6	1.7	1.84	4	3.7	0.3	0.35	0.25
2	2.2	2.34	5	4.7	0.3	0.35	0.25
2.5	2.7	2.84	6	5.7	0.5	0.55	0.45
3	3.2	3.38	7	6.64	0.5	0.55	0.45
4	4.3	4.48	9	8.64	0.8	0.9	0.7
5	5.3	5.48	10	9.64	1	1.1	0.9
6	6.4	6.62	12	11.57	1.6	1.8	1.4
8	8.4	8.62	16	15.57	1.6	1.8	1.4
10	10.5	10.77	20	19.48	2	2.2	1.8
12	13	13.27	24	23.48	2.5	2.7	2.3
16	17	17.27	30	29.48	3	3.3	2.7
20	21	21.33	37	36.38	3	3.3	2.7
24	25	25.33	44	43.38	4	4.3	3.7
30	31	31.39	56	55.26	4	4.3	3.7
36	37	37.62	66	64.8	5	5.6	4.4
42	45	45.62	78	76.8	8	9	7
48	52	52.74	92	90.6	8	9	7
56	62	62.74	105	103.6	10	11	9
64	72	70.74	115	113.6	10	11	9

注：平垫圈　倒角型　A 级（GB/T 97.2—2002）用于螺纹规格为 M5~M64。

六、螺钉

附表 8　螺钉（摘自 GB/T 65—2016、GB/T 67—2016）

1. 开槽圆柱头螺钉（GB/T 65—2016）

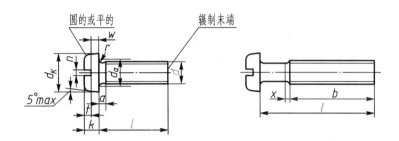

无螺纹部分杆径约等于中径或允许等于螺纹大径

标 记 示 例

螺纹规格 d = M5、公称长度 l = 20 mm、性能等级为 4.8 级、不经表面处理的 A 级开槽圆柱头螺钉：

螺钉　GB/T 65　M5×20

2. 开槽盘头螺钉（GB/T 67—2016）

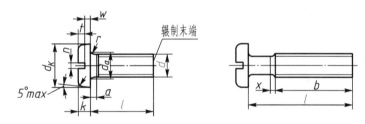

无螺纹部分杆径约等于中径或允许等于螺纹大径

标 记 示 例

螺纹规格 d = M5、公称长度 l = 20 mm、性能等级为 4.8 级、不经表面处理的 A 级开槽盘头螺钉：

螺钉　GB/T 67　M5×20

mm

螺纹规格 d		M1.6		M2		M2.5		M3		(M3.5)		M4		M5		M6		M8		M10	
类别		GB/T 65	GB/T 67	GB/T 65	GB/T 67	GB/T 65	GB/T 67	GB/T 65	GB/T 67	GB/T 65	GB/T 67	GB/T 65	GB/T 67	GB/T 65	GB/T 67	GB/T 65	GB/T 67	GB/T 65	GB/T 67	GB/T 65	GB/T 67
P		0.35		0.4		0.45		0.5		0.6		0.7		0.8		1		1.25		1.5	
a max		0.7		0.8		0.9		1		1.2		1.4		1.6		2		2.5		3	
b min		25		25		25		25		38		38		38		38		38		38	
d_k	公称= max	3.00	3.2	3.80	4.0	4.50	5.0	5.50	5.6	6.00	7.00	7	8	8.5	9.5	10	12	13	16	16	20
	min	2.86	2.9	3.62	3.7	4.32	4.7	5.32	5.3	5.82	6.64	6.78	7.64	8.28	9.14	9.78	11.57	12.73	15.57	15.73	19.48
d_a max		2		2.6		3.1		3.6		4.1		4.7		5.7		6.8		9.2		11.2	

		M1.6		M2		M2.5		M3		(M3.5)		M4		M5		M6		M8		M10	
k	公称= max	1.10	1.00	1.40	1.30	1.80	1.50	2.00	1.80	2.40	2.10	2.6	2.40	3.30	3.00	3.9	3.6	5	4.8	6	
	min	0.96	0.86	1.26	1.16	1.66	1.36	1.86	1.66	2.26	1.96	2.46	2.26	3.12	2.86	3.6	3.3	4.7	4.5	5.7	
n	公称	0.4		0.5		0.6		0.8		1		1.2		1.2		1.6		2		2.5	
	min	0.46		0.56		0.66		0.86		1.06		1.26		1.26		1.66		2.06		2.56	
	max	0.60		0.70		0.80		1.00		1.20		1.51		1.51		1.91		2.31		2.81	
r min		0.1		0.1		0.1		0.1		0.1		0.2		0.2		0.25		0.4		0.4	
r_f 参考		—	0.5	—	0.6	—	0.8	—	0.9	—	1	—	1.2	—	1.5	—	1.8	—	2.4	—	3
t min		0.45	0.35	0.6	0.5	0.7	0.6	0.85	0.7	1	0.8	1.1	1	1.3	1.2	1.6	1.4	2	1.9	2.4	
w min		0.4	0.3	0.5	0.4	0.7	0.5	0.75	0.7	1	0.8	1.1	1	1.3	1.2	1.6	1.4	2	1.9	2.4	
x max		0.9		1		1.1		1.25		1.5		1.75		2		2.5		3.2		3.8	

l

公称	min	max	(商品规格范围)
2	1.8	2.2	
2.5	2.3	2.7	
3	2.8	3.2	
4	3.76	4.24	
5	4.76	5.24	
6	5.76	6.24	
8	7.71	8.29	商品
10	9.71	10.29	
12	11.65	12.35	
(14)	13.65	14.35	
16	15.65	16.35	规格
20	19.58	20.42	
25	24.58	25.42	
30	29.58	30.42	
35	34.5	35.5	范围
40	39.5	40.5	
45	44.5	45.5	
50	49.5	50.5	
(55)	54.05	55.95	
60	59.05	60.95	

注：1. 尽可能不采用括号内的规格。

　　2. P——螺距。

　　3. 公称长度在阶梯虚线以上的螺钉，制出全螺纹（$b=l-a$）。

　　4. 开槽圆柱头螺钉（GB/T 65）无公称长度 $l=2.5$ mm 规格。

七、销

附表9 圆柱销 不淬硬钢和奥氏体不锈钢（摘自 GB/T 119.1—2000）

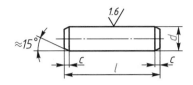

标 记 示 例

公称直径 $d = 8$ mm、公差为 m6、公称长度 $l = 30$ mm、材料为钢、不经淬火、不经表面处理的圆柱销：

销 GB/T 119.1 8m6×30

mm

d 公称	2	2.5	3	4	5	6	8	10	12	16	20
$c \approx$	0.35	0.40	0.50	0.63	0.80	1.2	1.6	2.0	2.5	3.0	3.5
l（商品范围）	6~20	6~24	8~30	8~40	10~50	12~60	14~80	16~95	22~140	26~180	35~200
l（系列）	6、8、10、12、14、16、18、20、22、24、26、28、30、32、35、40、45、50、55、60、65、70、75、80、85、90、95、100、120、140、160、180、200										

注：1. 公称直径 d 的公差规定为 m6 和 h8，其他公差由供需双方协议。

2. 公称长度 l 大于 200 mm，按 20 mm 递增。

附表10 圆锥销（摘自 GB/T 117—2000）

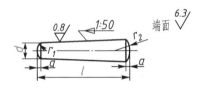

$$r_1 = d, r_2 \approx \frac{a}{2} + d + \frac{(0.02l)^2}{8a}$$

标 记 示 例

公称直径 $d = 10$ mm、公称长度 $l = 60$ mm、材料 35 钢、热处理硬度 28~38 HRC、表面氧化处理的 A 型圆锥销：

销 GB/T 117 10×60

mm

d 公称	2	2.5	3	4	5	6	8	10	12	16	20
$a \approx$	0.25	0.3	0.4	0.5	0.63	0.8	1	1.2	1.6	2	2.5
l（商品范围）	10~35		12~45	14~55	18~60	22~90	22~120	26~160	32~180	40~200	45~200
l（系列）	10、12、14、16、18、20、22、24、26、28、30、32、35、40、45、50、55、60、65、70、75、80、85、90、95、100、120、140、160、180、200										

注：1. 公称直径 d 的公差规定为 h10，其他公差如 a11、c11 和 f8 由供需双方协议。

2. 圆锥销有 A 型和 B 型。A 型为磨削，锥面 $Ra = 0.8$ μm；B 型为切削或冷镦，锥面 $Ra = 3.2$ μm。

3. 公称长度 l 大于 200 mm，按 20 mm 递增。

八、键

1. GB/T 1095—2003　平键　键槽的剖面尺寸

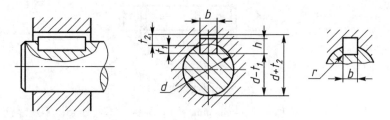

2. GB/T 1096—2003　普通型　平键

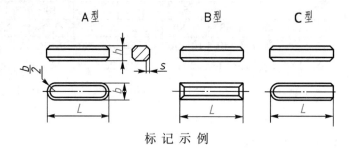

标 记 示 例

平头普通平键（B 型）b＝16mm、h＝10mm、L＝100mm：GB/T 1096　键　B16×10×100

mm

轴径 d	键尺寸				键						槽				
					宽度 b					深　度				半径 r
						极限偏差				轴 t₁		毂 t₂		
	宽度 b	高度 h	长度 L	倒角或倒圆 s	基本尺寸	松连接		正常连接		紧密连接				
						轴 H9	毂 D10	轴 N9	毂 JS9	轴和毂 P9	基本尺寸	极限偏差	基本尺寸	极限偏差	min (max)
自 6~8	2	2	6~20	0.16~0.25	2	+0.025 / 0	+0.060 / +0.020	-0.004 / -0.029	±0.0125	-0.006 / -0.031	1.2	+0.1 / 0	1	+0.1 / 0	0.08 (0.16)
>8~10	3	3	6~36		3						1.8		1.4		
>10~12	4	4	8~45	0.25~0.40	4	+0.030 / 0	+0.078 / +0.030	0 / -0.030	±0.015	-0.012 / -0.042	2.5		1.8		
>12~17	5	5	10~56		5						3.0		2.3		0.16 (0.25)
>17~22	6	6	14~70		6						3.5		2.8		
>22~30	8	7	18~90		8	+0.036 / 0	+0.098 / +0.040	0 / -0.036	±0.018	-0.015 / -0.051	4.0		3.3		
>30~38	10	8	22~110		10						5.0	+0.2 / 0	3.3	+0.2 / 0	
>38~44	12	8	28~140	0.40~0.60	12	+0.043 / 0	+0.120 / +0.050	0 / -0.043	±0.0215	-0.018 / -0.061	5.0		3.3		0.25 (0.40)
>44~50	14	9	36~160		14						5.5		3.8		
>50~58	16	10	45~180		16						6.0		4.3		
L（系列）	6、8、10、12、14、16、18、20、22、25、28、32、36、40、45、50、56、63、70、80、90、100、110、125、140、160、180														

注：1. 轴槽、轮毂槽的键槽宽度 b 两侧面粗糙度参数 Ra 值推荐为 1.6~3.2 μm。

　　2. 轴槽底面、轮毂槽底面的表面粗糙度参数 Ra 值为 6.3 μm。

附表 12　半圆键（摘自 GB/T 1098—2003、GB/T 1099.1—2003）

1. GB/T 1098—2003 半圆键　键槽的剖面尺寸　　2. GB/T 1099.1—2003　普通型　半圆键

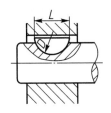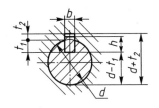

标 记 示 例

普通型　半圆键 $b=6$ mm、$h=10$ mm、$D=25$ mm：GB/T 1099.1　键　6×10×25

mm

键			键						槽					
键尺寸 $b \times h \times D$	倒角或倒圆 s		宽度 b						深　度				半径 R	
			基本尺寸	极限偏差					轴 t_1		毂 t_2			
				正常连接		紧密连接	松连接							
				轴 N9	毂 JS9	轴和毂 P9	轴 H9	毂 D10	基本尺寸	极限偏差	基本尺寸	极限偏差	min	max
	min	max												
1×1.4×4	0.16	0.25	1.0	−0.004 −0.029	±0.0125	−0.006 −0.031	+0.025 0	+0.060 +0.020	1.0	+0.1 0	0.6	+0.1 0	0.08	0.16
1.5×2.6×7			1.5						2.0		0.8			
2×2.6×7			2.0						1.8		1.0			
2×3.7×10			2.0						2.9		1.0			
2.5×3.7×10			2.5						2.7		1.2			
3×5×13			3.0						3.8		1.4			
3×6.5×16			3.0						5.3		1.4			
4×6.5×16	0.25	0.40	4.0	0 −0.030	±0.015	−0.012 −0.042	+0.030 0	+0.078 +0.030	5.0	+0.2 0	1.8		0.16	0.25
4×7.5×19			4.0						6.0		1.8			
5×6.5×16			5.0						4.5		2.3			
5×7.5×19			5.0						5.5		2.3			
5×9×22			5.0						7.0		2.3			
6×9×22			6.0						6.5	+0.3 0	2.8	+0.2 0		
6×10×25			6.0						7.5		2.8			
8×11×28	0.40	0.60	8.0	0 −0.036	±0.018	−0.015 −0.051	+0.036 0	+0.098 +0.040	8.0		3.3		0.25	0.40
10×13×32			10.0						10.0		3.3			

注：1. 轴槽、轮毂槽的键槽宽度 b 两侧面粗糙度参数按 GB/T 1031，选 Ra 值为 1.6~3.2 μm。

2. 轴槽底面、轮毂槽底面的表面粗糙度参数按 GB/T 1031，选 Ra 为 6.3 μm。

九、滚动轴承

附表 13　滚动轴承（摘自 GB/T 276—2013，GB/T 297—2015，GB/T 301—2015）　　mm

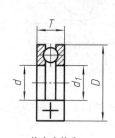

深沟球轴承				圆锥滚子轴承						推力球轴承			
标记示例（参考）：滚动轴承 6208 GB/T 276—2013				标记示例（参考）：滚动轴承 30209 GB/T 297—2015						标记示例（参考）：滚动轴承 51205 GB/T 301—2015			
轴承型号	d	D	B	轴承型号	d	D	B	C	T	轴承型号	d	D	T	d_1
尺寸系列（02）				尺寸系列（02）						尺寸系列（12）			
6202	15	35	11	30203	17	40	12	11	13.25	51202	15	32	12	17
6203	17	40	12	30204	20	47	14	12	15.25	51203	17	35	12	19
6204	20	47	14	30205	25	52	15	13	16.25	51204	20	40	14	22
6205	25	52	15	30206	30	62	16	14	17.25	51205	25	47	15	27
6206	30	62	16	30207	35	72	17	15	18.25	51206	30	52	16	32
6207	35	72	17	30208	40	80	18	16	19.75	51207	35	62	18	37
6208	40	80	18	30209	45	85	19	16	20.75	51208	40	68	19	42
6209	45	85	19	30210	50	90	20	17	21.75	51209	45	73	20	47
6210	50	90	20	30211	55	100	21	18	22.75	51210	50	78	22	52
6211	55	100	21	30212	60	110	22	19	23.75	51211	55	90	25	57
6212	60	110	22	30213	65	120	23	20	24.75	51212	60	95	26	62

290

续表

轴承型号	d	D	B	轴承型号	d	D	B	C	T	轴承型号	d	D	T	d_1
尺寸系列（18）				尺寸系列（03）						尺寸系列（13）				
61802	15	24	5	30302	15	42	13	11	14.25	51304	20	47	18	22
61803	17	26	5	30303	17	47	14	12	15.25	51305	25	52	18	27
61804	20	32	7	30304	20	52	15	13	16.25	51306	30	60	21	32
61805	25	37	7	30305	25	62	17	15	18.25	51307	35	68	24	37
61806	30	42	7	30306	30	72	19	16	20.75	51308	40	78	26	42
61807	35	47	7	30307	35	80	21	18	22.75	51309	45	85	28	47
61808	40	52	7	30308	40	90	23	20	25.25	51310	50	95	31	52
61809	45	58	7	30309	45	100	25	22	27.25	51311	55	105	35	57
61810	50	65	7	30310	50	110	27	23	29.25	51312	60	110	35	62
61811	55	72	9	30311	55	120	29	25	31.5	51313	65	115	36	67
61812	60	78	10	30312	60	130	31	26	33.5	51314	70	125	40	72
61813	65	85	10	30313	65	140	33	28	36.0	51315	75	135	44	77

291

十、标准公差数值

附表 14　标准公差数值（摘自 GB/T 1800.1—2009）

公称尺寸 /mm		标准公差等级																	
		μm										mm							
大于	至	IT1	IT2	IT3	IT4	IT5	IT6	IT7	IT8	IT9	IT10	IT11	IT12	IT13	IT14	IT15	IT16	IT17	IT18
6	10	1	1.5	2.5	4	6	9	15	22	36	58	90	0.15	0.22	0.36	0.58	0.90	1.5	2.2
10	18	1.2	2	3	5	8	11	18	27	43	70	110	0.18	0.27	0.43	0.70	1.10	1.8	2.7
18	30	1.5	2.5	4	6	9	13	21	33	52	84	130	0.21	0.33	0.52	0.84	1.30	2.1	3.3
30	50	1.5	2.5	4	7	11	16	25	39	62	100	160	0.25	0.39	0.62	1.00	1.60	2.5	3.9
50	80	2	3	5	8	13	19	30	46	74	120	190	0.30	0.46	0.74	1.20	1.90	3.0	4.6
80	120	2.5	4	6	10	15	22	35	54	87	140	220	0.35	0.54	0.87	1.40	2.20	3.5	5.4
120	180	3.5	5	8	12	18	25	40	63	100	160	250	0.40	0.63	1.00	1.60	2.50	4.0	6.3

注：基本尺寸小于或等于 1 mm 时，无 IT14～IT18。

十一、轴的极限偏差表

附表 15　轴的极限偏差（摘自 GB/T 1800.2—2020）　　　　　　μm

注：各偏差单元以"上偏差 / 下偏差"形式表示。

公称尺寸/mm	c11	d8	d9	e7	e8	f7	f8	g6	g7	h5	h6	h7	h8	h9	h10	h11	js6
>10~14	−95/−205	−50/−77	−50/−93	−32/−50	−32/−59	−16/−34	−16/−43	−6/−17	−6/−24	−0/−8	0/−11	0/−18	0/−27	0/−43	0/−70	0/−110	±5.5
>14~18	−95/−205	−50/−77	−50/−93	−32/−50	−32/−59	−16/−34	−16/−43	−6/−17	−6/−24	−0/−8	0/−11	0/−18	0/−27	0/−43	0/−70	0/−110	±5.5
>18~24	−110/−240	−65/−98	−65/−117	−40/−61	−40/−73	−20/−41	−20/−53	−7/−20	−7/−28	0/−9	0/−13	0/−21	0/−33	0/−52	0/−84	0/−130	±6.5
>24~30	−110/−240	−65/−98	−65/−117	−40/−61	−40/−73	−20/−41	−20/−53	−7/−20	−7/−28	0/−9	0/−13	0/−21	0/−33	0/−52	0/−84	0/−130	±6.5
>30~40	−120/−280	−80/−119	−80/−142	−50/−75	−50/−89	−25/−50	−25/−64	−9/−25	−9/−34	0/−11	0/−16	0/−25	0/−39	0/−62	0/−100	0/−160	±8
>40~50	−130/−290	−80/−119	−80/−142	−50/−75	−50/−89	−25/−50	−25/−64	−9/−25	−9/−34	0/−11	0/−16	0/−25	0/−39	0/−62	0/−100	0/−160	±8
>50~65	−140/−330	−100/−146	−100/−174	−60/−90	−60/−106	−30/−60	−30/−76	−10/−29	−10/−40	0/−13	0/−19	0/−30	0/−46	0/−74	0/−120	0/−190	±9.5
>65~80	−150/−340	−100/−146	−100/−174	−60/−90	−60/−106	−30/−60	−30/−76	−10/−29	−10/−40	0/−13	0/−19	0/−30	0/−46	0/−74	0/−120	0/−190	±9.5
>80~100	−170/−390	−120/−174	−120/−207	−72/−107	−72/−126	−36/−71	−36/−90	−12/−34	−12/−47	0/−15	0/−22	0/−35	0/−54	0/−87	0/−140	0/−220	±11
>100~120	−180/−400	−120/−174	−120/−207	−72/−107	−72/−126	−36/−71	−36/−90	−12/−34	−12/−47	0/−15	0/−22	0/−35	0/−54	0/−87	0/−140	0/−220	±11
>120~140	−200/−450	−145/−208	−145/−245	−85/−125	−85/−148	−43/−83	−43/−106	−14/−39	−14/−54	0/−18	0/−25	0/−40	0/−63	0/−100	0/−160	0/−250	±12.5
>140~160	−210/−460	−145/−208	−145/−245	−85/−125	−85/−148	−43/−83	−43/−106	−14/−39	−14/−54	0/−18	0/−25	0/−40	0/−63	0/−100	0/−160	0/−250	±12.5
>160~180	−230/−480	−145/−208	−145/−245	−85/−125	−85/−148	−43/−83	−43/−106	−14/−39	−14/−54	0/−18	0/−25	0/−40	0/−63	0/−100	0/−160	0/−250	±12.5

公称尺寸/mm	k6	k7	m6	m7	n5	n6	n7	p6	p7	r6	r7	s5	s6	t6	t7	u6	v6	x6	y6	z6
>10~14	+12/+1	+19/+1	+18/+7	+25/+7	+20/+12	+23/+12	+30/+12	+29/+18	+36/+18	+34/+23	+41/+23	+36/+28	+39/+28	—	—	+44/+33	—	+51/+40	—	+61/+50
>14~18	+12/+1	+19/+1	+18/+7	+25/+7	+20/+12	+23/+12	+30/+12	+29/+18	+36/+18	+34/+23	+41/+23	+36/+28	+39/+28	—	—	+44/+33	+50/+39	+56/+45	—	+71/+60
>18~24	+15/+2	+23/+2	+21/+8	+29/+8	+24/+15	+28/+15	+36/+15	+35/+22	+43/+22	+41/+28	+49/+28	+44/+35	+48/+35	—	—	+54/+41	+60/+47	+67/+54	+76/+63	+86/+73
>24~30	+15/+2	+23/+2	+21/+8	+29/+8	+24/+15	+28/+15	+36/+15	+35/+22	+43/+22	+41/+28	+49/+28	+44/+35	+48/+35	+54/+41	+62/+41	+61/+48	+68/+55	+77/+64	+88/+75	+101/+88
>30~40	+18/+2	+27/+2	+25/+9	+34/+9	+28/+17	+33/+17	+42/+17	+42/+26	+51/+26	+50/+34	+59/+34	+54/+43	+59/+43	+64/+48	+73/+48	+76/+60	+84/+68	+96/+80	+110/+94	+128/+112
>40~50	+18/+2	+27/+2	+25/+9	+34/+9	+28/+17	+33/+17	+42/+17	+42/+26	+51/+26	+50/+34	+59/+34	+54/+43	+59/+43	+70/+54	+79/+54	+86/+70	+97/+81	+113/+97	+130/+114	+152/+136
>50~65	+21/+2	+32/+2	+30/+11	+41/+11	+33/+20	+39/+20	+50/+20	+51/+32	+62/+32	+60/+41	+70/+41	+66/+53	+72/+53	+85/+66	+96/+66	+106/+87	+121/+102	+141/+122	+163/+144	+191/+172
>65~80	+21/+2	+32/+2	+30/+11	+41/+11	+33/+20	+39/+20	+50/+20	+51/+32	+62/+32	+62/+43	+72/+43	+72/+59	+78/+59	+94/+75	+105/+75	+121/+102	+139/+120	+165/+146	+193/+174	+229/+210
>80~100	+25/+3	+38/+3	+35/+13	+48/+13	+38/+23	+45/+23	+58/+23	+59/+37	+72/+37	+73/+51	+86/+51	+86/+71	+93/+71	+113/+91	+126/+91	+146/+124	+168/+146	+200/+178	+236/+214	+280/+258
>100~120	+25/+3	+38/+3	+35/+13	+48/+13	+38/+23	+45/+23	+58/+23	+59/+37	+72/+37	+76/+54	+89/+54	+94/+79	+101/+79	+126/+104	+139/+104	+166/+144	+194/+172	+232/+210	+276/+254	+332/+310
>120~140	+28/+3	+43/+3	+40/+15	+55/+15	+45/+27	+52/+27	+67/+27	+68/+43	+83/+43	+88/+63	+103/+63	+110/+92	+117/+92	+147/+122	+162/+122	+195/+170	+227/+202	+273/+248	+325/+300	+390/+365
>140~160	+28/+3	+43/+3	+40/+15	+55/+15	+45/+27	+52/+27	+67/+27	+68/+43	+83/+43	+90/+65	+105/+65	+118/+100	+125/+100	+159/+134	+174/+134	+215/+190	+253/+228	+305/+280	+365/+340	+440/+415
>160~180	+28/+3	+43/+3	+40/+15	+55/+15	+45/+27	+52/+27	+67/+27	+68/+43	+83/+43	+93/+68	+108/+68	+126/+108	+133/+108	+171/+146	+186/+146	+235/+210	+277/+252	+335/+310	+405/+380	+490/+465

十二、孔的极限偏差表

附表 16　孔的极限偏差(摘自 GB/T 1800.2—2020)　　　　μm

代号 公称尺寸/mm	C 11	D 9	D 10	E 8	E 9	F 8	F 9	G 6	G 7	H 6	H 7	H 8	H 9	H 10	H 11	H 12
>10 ~14	+205	+93	+120	+59	+75	+43	+59	+17	+24	+11	+18	+27	+43	+70	+110	+180
>14 ~18	+95	+50	+50	+32	+32	+16	+16	+6	+6	0	0	0	0	0	0	0
>18 ~24	+240	+117	+149	+73	+92	+53	+72	+20	+28	+13	+21	+33	+52	+84	+130	+210
>24 ~30	+110	+65	+65	+40	+40	+20	+20	+7	+7	0	0	0	0	0	0	0
>30 ~40	+280 +120	+142	+180	+89	+112	+64	+87	+25	+34	+16	+25	+39	+62	+100	+160	+250
>40 ~50	+290 +130	+80	+80	+50	+50	+25	+25	+9	+9	0	0	0	0	0	0	0
>50 ~65	+330 +140	+174	+220	+106	+134	+76	+104	+29	+40	+19	+30	+46	+74	+120	+190	+300
>65 ~80	+340 +150	+100	+100	+60	+60	+30	+30	+10	+10	0	0	0	0	0	0	0
>80 ~100	+390 +170	+207	+260	+125	+159	+90	+123	+34	+47	+22	+35	+54	+87	+140	+220	+350
>100 ~120	+400 +180	+120	+120	+72	+72	+36	+36	+12	+12	0	0	0	0	0	0	0
>120 ~140	+450 +200	+245	+305	+148	+185	+106	+143	+39	+54	+25	+40	+63	+100	+160	+250	+400
>140 ~160	+460 +210															
>160 ~180	+480 +230	+145	+145	+85	+85	+43	+43	+14	+14	0	0	0	0	0	0	0

代号 公称尺寸/mm	JS 7	JS 8	K 6	K 7	M 7	M 8	N 6	N 7	P 6	P 7	R 6	R 7	S 6	S 7	T 6	T 7	U 6
>10 ~14	±9	±13	+2	+6	0	+2	-9	-5	-15	-11	-20	-16	-25	-21	—	—	-30
>14 ~18			-9	-12	-18	-25	-20	-23	-26	-29	-31	-34	-36	-39	—	—	-41
>18 ~24	±10	±16	+2	+6	0	+4	-11	-7	-18	-14	-24	-20	-31	-27	—	—	-37 -50
>24 ~30			-11	-15	-21	-29	-24	-28	-31	-35	-37	-41	-44	-48	-37 -50	-33 -54	-44 -57
>30 ~40	±12	±19	+3	+7	0	+5	-12	-8	-21	-17	-29	-25	-38	-34	-43 -59	-39 -64	-55 -71
>40 ~50			-13	-18	-25	-34	-28	-33	-37	-42	-45	-50	-54	-59	-49 -65	-45 -70	-65 -81
>50 ~65	±15	±23	+4	+9	0	+5	-14	-9	-26	-21	-35 -54	-30 -60	-47 -66	-42 -72	-60 -79	-55 -85	-81 -100
>65 ~80			-15	-21	-30	-41	-33	-39	-45	-51	-37 -56	-32 -62	-53 -72	-48 -78	-69 -88	-64 -94	-96 -115
>80 ~100	±17	±27	+4	+10	0	+6	-16	-10	-30	-24	-44 -66	-38 -73	-64 -86	-58 -93	-84 -106	-78 -113	-117 -139
>100 ~120			-18	-25	-35	-48	-38	-45	-52	-59	-47 -69	-41 -76	-72 -94	-66 -101	-97 -119	-91 -126	-137 -159
>120 ~140	±20	±31	+4	+12	0	+8	-20	-12	-36	-28	-56 -81	-48 -88	-85 -110	-77 -117	-115 -140	-107 -147	-163 -188
>140 ~160											-58 -83	-50 -90	-93 -118	-85 -125	-127 -152	-119 -159	-183 -208
>160 ~180			-21	-28	-40	-55	-45	-52	-61	-68	-61 -86	-53 -93	-101 -126	-93 -133	-139 -164	-131 -171	-203 -228

十三、基孔制优先、常用配合

附表 17　基孔制优先、常用配合（摘自 GB/T 1801—2009）

轴（间隙配合：a～h；过渡配合：js、k、m；过盈配合：n～z）

基准孔	a	b	c	d	e	f	g	h	js	k	m	n	p	r	s	t	u	v	x	y	z
H6						H6/f5	H6/g5	H6/h5	H6/js5	H6/k5	H6/m5	H6/n5	H6/p5	H6/r5	H6/s5	H6/t5					
H7						▼H7/f6	▼H7/g6	▼H7/h6	H7/js6	▼H7/k6	H7/m6	▼H7/n6	▼H7/p6	H7/r6	▼H7/s6	H7/t6	▼H7/u6	H7/v6	H7/x6	H7/y6	H7/z6
H8					H8/e7	▼H8/f7	H8/g7	▼H8/h7	H8/js7	H8/k7	H8/m7	H8/n7	H8/p7	H8/r7	H8/s7	H8/t7	H8/u7				
H8				H8/d8	H8/e8	H8/f8		H8/h8													
H9			H9/c9	▼H9/d9	H9/e9	H9/f9		▼H9/h9													
H10			H10/c10	H10/d10				H10/h10													
H11	H11/a11	H11/b11	▼H11/c11	H11/d11				▼H11/h11													
H12		H12/b12						H12/h12													

注：1. 标注▼的配合为优先配合。

　　2. $\dfrac{H6}{n5}$、$\dfrac{H7}{p6}$ 在基本尺寸小于或等于 3 mm 和 $\dfrac{H8}{r7}$ 在小于或等于 100 mm 时，为过渡配合。

十四、基轴制优先、常用配合

附表 18　基轴制优先、常用配合（摘自 GB/T 1801—2009）

孔（间隙配合：A～H；过渡配合：JS、K、M；过盈配合：N～Z）

基准轴	A	B	C	D	E	F	G	H	JS	K	M	N	P	R	S	T	U	V	X	Y	Z
h5						F6/h5	G6/h5	H6/h5	JS6/h5	K6/h5	M6/h5	N6/h5	P6/h5	R6/h5	S6/h5	T6/h5					
h6						F7/h6	▼G7/h6	▼H7/h6	JS7/h6	▼K7/h6	M7/h6	▼N7/h6	▼P7/h6	R7/h6	▼S7/h6	T7/h6	▼U7/h6				
h7					E8/h7	▼F8/h7		▼H8/h7	JS8/h7	K8/h7	M8/h7	N8/h7									
h8				D8/h8	E8/h8	F8/h8		H8/h8													
h9				▼D9/h9	E9/h9	F9/h9		▼H9/h9													
h10				D10/h10				H10/h10													
h11	A11/h11	B11/h11	▼C11/h11	D11/h11				▼H11/h11													
h12		B12/h12						H12/h12													

注：标注▼的配合为优先配合。

郑重声明

读者意见反馈

为收集对教材的意见建议，进一步完善教材编写并做好服务工作，读者可将对本教材的意见建议通过如下渠道反馈至我社。

咨询电话　400-810-0598

反馈邮箱　zz_dzyj@pub.hep.cn

通信地址　北京市朝阳区惠新东街4号富盛大厦1座

　　　　　高等教育出版社总编辑办公室

邮政编码　100029

防伪查询说明

用户购书后刮开封底防伪涂层，使用手机微信等软件扫描二维码，会跳转至防伪查询网页，获得所购图书详细信息。

防伪客服电话

（010）58582300

学习卡账号使用说明

一、注册/登录

访问http://abook.hep.com.cn/sve，点击"注册"，在注册页面输入用户名、密码及常用的邮箱进行注册。已注册的用户直接输入用户名和密码登录即可进入"我的课程"页面。

二、课程绑定

点击"我的课程"页面右上方"绑定课程"，在"明码"框中正确输入教材封底防伪标签上的20位数字，点击"确定"完成课程绑定。

三、访问课程

在"正在学习"列表中选择已绑定的课程，点击"进入课程"即可浏览或下载与本书配套的课程资源。刚绑定的课程请在"申请学习"列表中选择相应课程并点击"进入课程"。

如有账号问题，请发邮件至：4a_admin_zz@pub.hep.cn。